AF859420

Risques et accidents industriels majeurs

CHEZ LE MÊME ÉDITEUR

N. MARGOSSIAN
Aide-mémoire du risque chimique, 248 p.

N. MARGOSSIAN
Guide pratique des risques professionnels, 400 p.

CNRS
100 Nouvelles Fiches pratiques de sécurité des produits chimiques au laboratoire, 240 p.

CNRS
100 Fiches pratiques de sécurité des produits chimiques au laboratoire, 232 p.

097590754

363.11
MAR

Nichan Margossian

EXCLU

SORTI DE L'INVENTAIRE

Risques et accidents industriels majeurs

Caractéristiques
Réglementation
Prévention

UNIVERSITÉ DE CORSE
N° 102835
BIBLIOTHÈQUE

L'USINE NOUVELLE

DUNOD

Du même auteur

Aide-mémoire du risque chimique, Dunod, 2002.
Guide pratique des risques professionnels, Dunod, 2003.
Entreprises et sécurité du travail, Publibook, 2004.

Le pictogramme qui figure ci-contre mérite une explication. Son objet est d'alerter le lecteur sur la menace que représente pour l'avenir de l'écrit, particulièrement dans le domaine de l'édition technique et universitaire, le développement massif du photocopillage.
Le Code de la propriété intellectuelle du 1er juillet 1992 interdit en effet expressément la photocopie à usage collectif sans autorisation des ayants droit. Or, cette pratique s'est généralisée dans les établissements d'enseignement supérieur, provoquant une baisse brutale des achats de livres et de revues, au point que la possibilité même pour les auteurs de créer des œuvres nouvelles et de les faire éditer correctement est aujourd'hui menacée.
Nous rappelons donc que toute reproduction, partielle ou totale, de la présente publication est interdite sans autorisation de l'auteur, de son éditeur ou du Centre français d'exploitation du droit de copie (CFC, 20, rue des Grands-Augustins, 75006 Paris).

© Dunod, Paris, 2006
ISBN 2 10 049521 6

Le Code de la propriété intellectuelle n'autorisant, aux termes de l'article L. 122-5, 2° et 3° a), d'une part, que les « copies ou reproductions strictement réservées à l'usage privé du copiste et non destinées à une utilisation collective » et, d'autre part, que les analyses et les courtes citations dans un but d'exemple et d'illustration, « toute représentation ou reproduction intégrale ou partielle faite sans le consentement de l'auteur ou de ses ayants droit ou ayants cause est illicite » (art. L. 122-4).
Cette représentation ou reproduction, par quelque procédé que ce soit, constituerait donc une contrefaçon sanctionnée par les articles L. 335-2 et suivants du Code de la propriété intellectuelle.

TABLE DES MATIÈRES

© Dunod – La photocopie non autorisée est un délit.

AVANT-PROPOS

De tout temps, les êtres humains ont été en permanence confrontés à des accidents corporels ou non, légers ou graves, à des événements et phénomènes de grande ampleur qui les ont profondément marqués. Parmi ces accidents, ceux qui ont été les plus importants par le nombre de victimes et les dégâts causés sont appelés *majeurs* et sont souvent restés dans la mémoire de l'humanité, plusieurs générations, voire plusieurs siècles après ; on les appelle également *catastrophes*, par suite de la gravité de leurs conséquences sur les hommes et l'environnement.

Ces accidents à caractère catastrophique sont soit des phénomènes naturels, sismiques, volcaniques, climatiques et météorologiques, soit encore des événements provoqués directement ou indirectement par les hommes, appelés *technologiques*, tels que les accidents de barrages et de tunnels et ceux dérivant des activités industrielles. Généralement, lorsqu'il s'agit de phénomènes naturels, on parle volontiers de *catastrophes naturelles*, mais lorsqu'ils sont provoqués par les hommes, alors on parle d'*accidents technologiques majeurs* ou *catastrophiques.*

À l'origine de tout accident, même mineur, il existe un risque ou danger, qui, sous certaines conditions, conduit aux accidents. Les risques majeurs ou hauts risques sont à l'origine des accidents majeurs.

Parmi ces accidents majeurs, un grand nombre est d'origine industrielle et a pour siège, les usines et les ateliers de fabrication et de stockage. Certains accidents majeurs apparaissent lors du transport de matières dangereuses mais, comme les transports de produits font partie intégrante des processus industriels, ils seront traités comme des accidents industriels majeurs.

Globalement, on distingue deux classes de risques industriels :

– les risques professionnels qui se traduisent par des accidents de faible importance, avec un nombre limité de victimes et des dégâts ne dépassant pas le cadre de l'atelier ou de l'usine ; ce sont les accidents du travail et, dans une certaine mesure, les maladies professionnelles ou à caractère professionnel ;

– les risques industriels majeurs proprement dits qui se traduisent par des accidents industriels majeurs ; ils seront étudiés dans ce qui suit.

Ce livre s'adresse en priorité aux responsables administratifs et techniques des entreprises industrielles, aux décideurs qui sont amenés à faire des choix et mettre en place des solutions. Il s'adresse également à tous ceux qui sont concernés ou intéressés par les problèmes posés par la sécurité industrielle et les pollutions, comme les agents des collectivités territoriales et administratives (préfectures et directions départemen-

© Dunod – La photocopie non autorisée est un délit.

tales, services de police et de gendarmerie, municipalités), ainsi que les organismes d'employeurs et salariaux et les bureaux d'études et d'ingénierie.

Cet ouvrage traite des différents aspects des risques et des accidents industriels majeurs, de leurs définitions et caractéristiques, des différents types événementiels, de l'aspect réglementaire et organisationnel et enfin de la prévention sous son double aspect, avant et après l'accident. L'approche choisie est à la fois scientifique et technique, accessible à un large public, même non spécialisé ; de nombreux exemples pratiques et des schémas illustrent les données et affirmations du texte.

Il ne traite que des risques et accidents majeurs industriels qui sont essentiellement d'origine chimique, c'est-à-dire qu'ils s'expliquent par la présence de produits chimiques dangereux que l'on rencontre un peu partout, dans toutes les activités industrielles et non seulement dans les industries chimiques et parachimiques. Les risques professionnels et leur prévention ont fait l'objet de deux ouvrages du même auteur, parus aux Éditions Dunod, l'un en 2002, *Aide-mémoire du risque chimique*, l'autre en 2003, *Guide pratique des risques professionnels*. L'ouvrage présenté aujourd'hui est en quelque sorte le troisième volet d'un triptyque consacré aux risques industriels et à leur prévention.

La prévention des accidents majeurs fait appel à des mesures techniques et administratives qui en réalité se complètent. Ces deux aspects seront traités ci-après.

Une importante législation tant internationale que nationale accompagne ces accidents majeurs ; de nombreuses règles de sécurité sont rendues obligatoires afin de réduire la probabilité de tels accidents importants et de circonscrire l'ampleur des dégâts causés.

L'essentiel des mesures préventives est de nature technique, les processus industriels étant, pour l'essentiel, d'ordre scientifique et technologique. Ceci suppose un traitement scientifique des accidents majeurs et une approche technique de la prévention.

Les différentes catégories d'accidents technologiques et de catastrophes naturelles feront l'objet du premier chapitre avec explication des notions de risques et d'accidents.

Le deuxième chapitre sera consacré aux accidents industriels majeurs, à leurs caractéristiques et à une description des principaux d'entre eux, survenus depuis une centaine d'années. La deuxième partie, plus technique sera consacrée aux causes des accidents industriels majeurs, à savoir les produits dangereux et les réactions chimiques dangereuses dont les décompositions thermiques qui jouent un rôle capital dans les incendies et explosions.

Le chapitre 3 détaillera les processus et caractéristiques du risque majeur le plus fréquent, à savoir les incendies et surtout les explosions, avec plusieurs exemples concrets. Y seront abordés, outre les mécanismes des incendies et des explosions, les différents types de réactions qui conduisent aux accidents majeurs comme les combustions, et les réactions en chaîne que sont le plus souvent les oxydoréductions, les polymérisations et la décomposition des explosifs et produits pyrotechniques.

Le chapitre 4 sera consacré au deuxième type de risque majeur, la formation de produits toxiques et écotoxiques, toujours avec des exemples concrets tirés d'accidents survenus. Après avoir explicité succinctement les processus d'intoxication et d'émission des substances dangereuses, ce chapitre passera en revue les principales familles de substances toxiques et écotoxiques qui se forment lors des accidents industriels.

Le chapitre 5 traitera de la législation et des mesures administratives et organisationnelles qui accompagnent toujours les mesures techniques de prévention. Les documents émanant de l'Organisation internationale du travail et de l'Union européenne sont largement évoqués, mais ces textes ne sont que des directives adressées aux États et doivent être transcrits dans les législations nationales pour pouvoir s'appliquer. Il en résulte une étude approfondie de la législation et de la réglementation françaises en matière de maîtrise des risques industriels majeurs, dont essentiellement la notion des installations classées. Enfin, une explicitation succincte de la normalisation permet de mettre en évidence l'importance des normes internationales, européennes et nationales dans la prévention des risques industriels.

Le chapitre 6 abordera la prévention proprement dite, à savoir l'ensemble des mesures techniques à mettre en œuvre pour supprimer les risques d'accidents majeurs et ce, dès la conception des installations et le choix des produits et processus mis en œuvre. La connaissance des risques existant suppose tout d'abord celle des différents produits utilisés ou susceptibles d'être présents volontairement ou accidentellement, mais également celle des processus réactionnels et des installations en place. L'analyse des risques décelés permet de définir les choix et les décisions et leur application sur le terrain ; le fonctionnement des installations peut commencer après les contrôles et vérifications nécessaires. Les différentes mesures techniques et administratives seront développées à la fin du chapitre.

Enfin, le chapitre 7 sera consacré aux interventions après l'accident éventuel, à savoir les secours à caractère médical ainsi que l'organisation des enquêtes de police judiciaire, la recherche juridique des responsabilités et la réparation des dégâts causés. L'importance des conséquences des accidents nécessite une organisation rodée et efficace des interventions pluridisciplinaires et, pour certaines d'entre elles, très rapides. Ces interventions sont placées sous la responsabilité et le concours des autorités et organismes locaux (départementaux et communaux), les plus proches des lieux des accidents.

Différents textes officiels parus sont proposés en annexe dont la consultation pourrait être d'une certaine utilité, évitant ainsi des recherches plus ou moins fastidieuses.

1 • LES ACCIDENTS MAJEURS OU CATASTROPHES

1.1 Définitions

L'accident est défini comme un événement imprévu et soudain, ayant entraîné des dégâts corporels et matériels. Les dégâts provoqués peuvent être plus ou moins importants, à caractère temporaire ou permanent. On distingue, suivant le lieu et l'origine, les accidents domestiques, les accidents du travail pour lesquels il existe une législation et une réglementation particulières, les accidents de la route, les accidents dus aux transports, les accidents de montagne, les accidents technologiques, etc.

Le caractère *a priori* imprévisible de l'accident semble quelque peu désarmant et inquiétant, mais les analyses et les études menées après des catastrophes montrent que s'il existe un risque, un jour, ce risque peut se traduire par un accident, dès lors qu'un certain nombre de paramètres sont réunis. Une ville située sur une faille tectonique peut, à tout moment, être détruite par un tremblement de terre, reste à savoir quand et avec quelle magnitude ; les Californiens vivent toujours dans l'attente du « *big one* », le grand séisme ; les régions côtières peuvent à tout moment subir des raz-de-marée destructeurs.

Une autre caractéristique importante est la soudaineté, la rapidité du phénomène accidentel, ce qui le différencie des atteintes pathologiques comme les épidémies catastrophiques et les maladies professionnelles qui nécessitent des expositions aux produits dangereux plus longues, souvent de plusieurs années. Ainsi, une exposition accidentelle à un produit toxique conduit à une intoxication accidentelle immédiate, alors qu'une exposition chronique à des faibles concentrations, sur un laps de temps beaucoup plus long, se traduit par une pathologie, une maladie. C'est le cas de l'amiante, produit cancérogène bien connu, dont l'inhalation sous forme de poussières fines conduit à des cancers pulmonaires. Il est à l'origine de véritables hécatombes pour les salariés qui ont travaillé sur ces produits mais sans conduire à des accidents. On peut alors parler de risques majeurs, de catastrophes, mais pas d'accidents majeurs.

Il n'existe pas une définition rigoureuse de l'accident majeur. Un accident est appelé *majeur* ou *catastrophique*, lorsqu'il répond conventionnellement aux trois critères suivants (figure 1.1) :

– accident ayant causé un nombre élevé de victimes, blessés ou morts et des dégâts importants tout autour ;

© Dunod – La photocopie non autorisée est un délit.

– accident ayant nécessité la mise en place d'importants moyens de secours et interventions diverses ;
– accident ayant conduit à une pollution permanente ou sur une longue durée, de l'environnement (faune, flore, bâtiments et constructions diverses), avec des dégâts importants, souvent irréversibles.

On distingue généralement, en fonction de leurs nature et caractéristiques, deux types d'accidents majeurs :

– les accidents majeurs *naturels*, appelés également *catastrophes naturelles*, dont l'origine se trouve dans les phénomènes géologiques et climatiques tels que les tremblements de terre, les éruptions volcaniques, les tempêtes, les cyclones, les raz-de-marée et autres phénomènes similaires ;
– les accidents majeurs *technologiques* ayant pour origine les activités et les ouvrages des hommes. Ce sont les accidents nucléaires, les ruptures de barrages, les explosions dans les mines, les accidents de circulation dans les tunnels, les accidents des transports, ainsi que les accidents industriels.

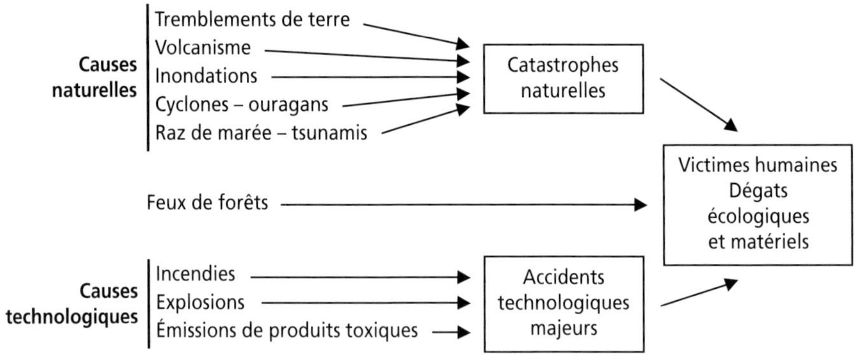

Figure 1.1 – Accidents catastrophiques.

Le plus souvent, ces accidents font un nombre non négligeable de victimes et des dégâts matériels et écologiques qui nécessitent la mise en place d'une organisation particulière de secours et de recherche de responsabilités pour la réparation des conséquences.

À l'origine de tout accident, majeur ou non, il existe un risque, une situation dangereuse susceptible de produire un accident lorsque plusieurs paramètres sont réunis. Les risques majeurs ou hauts risques conduisent à des accidents majeurs.

À leur tour, les risques s'expliquent par la présence de phénomènes ou de produits dangereux qui à tout moment peuvent dégénérer et produire un accident.

Bien que l'accident soit défini comme un événement inattendu ou fortuit, l'analyse scientifique de la situation peut déterminer les véritables causes et expliquer les origines, voire les conséquences et même leur importance. C'est l'examen des risques existants qui explique la plupart des accidents produits et, dans de nombreux cas, il est possible de prévoir l'éventualité d'un événement catastrophique ou tout simplement portant préjudice : par exemple, la présence de produits explosifs peut entraîner une explosion car le risque existe ; la manipulation d'un produit toxique peut conduire à une intoxication accidentelle, pour peu que certaines conditions de sécurité ne soient pas remplies.

En résumé, à l'origine de tout accident il existe un ou plusieurs risques ou dangers et, lorsque les nombreux paramètres sont réunis, le risque donne naissance à un accident. Le caractère imprévu ou fortuit de cet événement soudain s'explique par le nombre et la complexité des paramètres qui déterminent le passage de la situation de risque à l'accident.

Ainsi, dans le cas d'une intoxication accidentelle, les différents paramètres peuvent être :

- la nature et la réactivité du produit toxique ;
- sa volatilité ;
- son état de division ;
- la température ambiante ;
- la température à laquelle est porté le produit ;
- la nature des processus d'utilisation ;
- les récipients et enceintes les contenant ;
- l'état général des récipients et enceintes ;
- les mesures de sécurité prises ;
- le fonctionnement des systèmes de contrôle ;
- le local où s'est produit l'accident ;
- le comportement psychosociologique du personnel, etc.

Et cette liste est loin d'être exhaustive, car bien d'autres paramètres, plus ou moins connus, peuvent intervenir dans le processus de naissance de l'accident.

Il suffit de dire tout simplement que, dès lors qu'un risque d'intoxication existe, autrement dit dès lors que des produits dangereux sont présents, il y a probabilité pour qu'une ou plusieurs personnes soient intoxiquées accidentellement. De même, dès qu'un risque d'explosion existe par suite de la présence d'une matière inflammable ou explosible, la probabilité qu'une explosion accidentelle se produise est grande.

Les mesures de prévention qui doivent être prises suppriment certains de ces paramètres ou encore atténuent leur effet ; l'accident ne se produit pas ou, s'il se produit, les conséquences restent limitées. D'où l'importance des mesures de prévention, appelées également mesures de sécurité, qui doivent accompagner tout processus ou manipulation dangereux.

1.2 Les accidents naturels majeurs ou catastrophes naturelles

L'histoire de l'humanité est jalonnée de catastrophes de grande ampleur ayant fait de très nombreuses victimes et marqué les générations futures.

© Dunod – La photocopie non autorisée est un délit.

Selon les régions, tremblements de terre, éruptions volcaniques, inondations, tempêtes, raz-de-marée, cyclones, éboulements, ont ravagé des villes, voire des régions entières.

Pour les plus anciennes catastrophes, datant des temps préhistoriques, seule la mémoire des populations a conservé les traces plus ou moins magnifiées et transformées en légendes et mythes ; les faits quelque peu exagérés nous ont été transmis par les écrits de l'Antiquité.

Rappelons quelques-unes de ces catastrophes, parmi les plus connues.

- La légende biblique du déluge, que l'on retrouve également dans d'autres cultures (Mésopotamie, Inde) fait état d'inondations catastrophiques avec pluies incessantes et remontée du niveau des eaux, recouvrant une partie du Moyen-Orient. Ces inondations correspondent très certainement à l'une des périodes d'échauffement de la planète, avec relèvement du niveau des mers et pluies ininterrompues qui ont vraisemblablement submergé les basses terres de la Mésopotamie. Le fait que seul le mont Ararat, point culminant du haut plateau arménien, se soit trouvé au-dessus de l'eau et sur lequel s'est échouée l'arche de Noé montre l'importance de cette catastrophe et son impact sur les populations d'alors qui ont transmis aux générations futures, la mémoire plus ou moins exagérée de ces inondations.
- L'explosion volcanique de l'île de Santorin dans la mer Égée a été ressentie jusqu'en Égypte et a donné naissance à la légende de l'Atlantide, mais aussi certainement à la disparition de la prospère civilisation minoenne de la Crète.
- La légende biblique de la traversée de la mer Rouge par les Hébreux sous la conduite de Moïse s'explique très vraisemblablement par un reflux de l'eau avant un raz-de-marée (tsunami) à la suite de l'explosion de l'île de Santorin.
- La destruction des villes de Sodome et Gomorrhe ainsi que d'autres légendes bibliques peuvent s'expliquer par des chutes de météorites ou d'autres phénomènes.
- L'hypothèse formulée pour expliquer la soudaine extinction des dinosaures et autres animaux antédiluviens fait appel à la chute d'une météorite de grande dimension.

Plus près de nous, dans l'Antiquité et plus tard :

- l'éruption du Vésuve et la destruction des villes romaines de Pompéi et d'Herculanum, en août 79 de notre ère ;
- les tremblements de terre qui ont ravagé à différentes époques, un peu partout dans le monde, sur le pourtour de l'océan Pacifique, en Asie du Sud-Est, au Moyen-Orient, en Europe, etc. ;
- les inondations périodiques du sud de la France et un peu partout en Europe et dans le monde entier à la suite de pluies abondantes et de débordements des rivières ;
- les tsunamis, déferlement de vagues sur les régions côtières, à la suite de tremblements de terre sous-marins, connus depuis longtemps et dont celui du

26 décembre 2004 au large de l'île de Sumatra en Indonésie a fait près de 300 000 morts et rasé plusieurs villes et villages sur le pourtour de l'océan Indien ;

– signalons également les nombreux feux de forêts qui sévissent notamment en été, dans les régions chaudes et sèches (région méditerranéenne par exemple) ; si certains de ces feux sont allumés volontairement, beaucoup d'entre eux sont accidentels et prennent de l'ampleur à cause des vents violents qui soufflent en été ;
– il en est de même pour les épidémies de peste, de choléra ou de typhus qui ont causé des ravages parmi les populations au Moyen-Âge notamment ; la peste noire du XIVe siècle a conduit à la disparition de près du tiers de la population européenne.

Les exemples sont très nombreux et il ne se passe pas d'année où les médias nous signalent des catastrophes naturelles, entraînant avec elles des situations tragiques pour des populations entières.
Le tableau 1.1 donne une liste de catastrophes naturelles connues.

Tableau 1.1 – Quelques catastrophes naturelles célèbres.

79 de notre ère : éruption volcanique du Vésuve (Italie) ; destruction totale des villes de Pompéi et d'Herculanum ; plus de 30 000 morts
1755 : tremblement de terre de Lisbonne (Portugal) ; la vieille ville est entièrement détruite
1883 : éruption volcanique de l'île de Krakatoa (Indonésie) ; destruction partielle de la ville
1900 : cyclone ouragan très dévastateur sur le Texas (États-Unis) ; ville de Galveston détruite ; plus de 1 000 morts
1902 : éruption de la Montagne Pelée, volcan au nord de la Martinique ; la ville de Saint-Pierre est entièrement détruite, avec près de 30 000 morts
1906 : tremblement de terre de San Francisco (États-Unis) ; une partie de la ville est détruite
1908 : chute d'une météorite en Sibérie centrale ; dévastations sur un rayon de 60 km
1908 : tremblement de terre de Messine (Italie) ; une partie de la ville est détruite
1950-1951 : éruption volcanique de l'Etna (Sicile) ; plusieurs villages détruits ; l'éruption a duré près d'un an
1957 : cyclone Audrey sur les côtes américaines du golfe de Mexique ; plus de 500 morts
1960 : tremblement de terre d'Agadir ; la ville est partiellement détruite ; 15 000 morts
1988 : tremblement de terre en Arménie : plusieurs localités partiellement détruites ; près de 25 000 morts
1992 : cyclone Andrew particulièrement dévastateur ; 41 morts et plusieurs milliards de dollars de dégâts
1997 : inondations catastrophiques en Europe centrale et de l'Est (Pologne)

© Dunod – La photocopie non autorisée est un délit.

Tableau 1.1 (suite) – Quelques catastrophes naturelles célèbres.

1998 : inondations de très grande ampleur en Asie du Sud et du Sud-Est (Inde, Bangladesh, Chine)
1999 : tempête du 26 décembre en France
1999 : avalanche de Montroc près de Chamonix
2003 : inondations catastrophiques en Europe (département du Gard)
2003 : incendies de forêt en Europe du Sud (France, Espagne) et en Australie
2004 : tsunami dans l'océan Indien : côtes de l'Indonésie, de la Thaïlande, de l'Inde et du Sri-Lanka fortement endommagées ; près de 300 000 morts
2005 : cyclone ouragan Katrina sur les côtes de la Louisiane et de Floride (États-Unis) ; plus de 5 000 morts et plus de 50 milliards de dollars de dégâts

Toutes ces catastrophes font des dizaines de milliers de victimes et des dégâts matériels considérables, avec quelquefois des destructions de villes entières. Bien évidemment, le coût de ces catastrophes est énorme car il faut reconstruire des régions entières et l'aide internationale s'avère nécessaire.

Suivant les régions, les risques sont différents ; ainsi, le pourtour de l'océan Pacifique forme une région particulièrement exposée aux secousses sismiques et au volcanisme, alors que l'Europe du Nord est relativement épargné. Le sud de la France, et notamment la région sud du Rhône, présente des risques d'inondations. Ces risques ont pour origine les mouvements tectoniques (tectonique des plaques) ou les conditions météorologiques locales. En Afrique et aux Amériques, plusieurs volcans en activité peuvent avoir des éruptions catastrophiques, cependant leur surveillance permet souvent de prévoir les éruptions et par conséquent d'évacuer les habitants et de réduire le nombre des victimes.

1.3 Les accidents technologiques majeurs

Les accidents technologiques majeurs résultent des risques technologiques, autrement dit des risques créés par l'homme lors de ses activités dont la finalité reste l'amélioration de ses conditions de vie.

Ainsi, la construction de barrages sur les cours d'eau avec leurs centrales hydroélectriques ou encore celle de centrales nucléaires répond à la production de l'électricité, élément essentiel du confort moderne. Mais les barrages comme les centrales thermonucléaires présentent des risques généralement majeurs. Il s'agit de risques technologiques, et les accidents qui en résultent sont des accidents technologiques majeurs.

Le tableau 1.2 liste quelques accidents technologiques importants connus depuis le XVIIe siècle.

Tableau 1.2 – Quelques accidents technologiques majeurs célèbres.

XVe siècle : rupture de l'écluse de Dordrecht (Pays-Bas) ; inondations de grande ampleur
1645 : explosion de la poudrerie de Boston (États-Unis) ; le tiers de la ville détruite
1794 : explosion de la poudrerie de Grenelle à Paris (France) ; plus de 1 000 morts
1889 : rupture du barrage de Johnstown (États-Unis) ; 2 200 morts
1906 : explosion de la mine de Courrières (France) ; 1 200 morts
1957 : explosion à la centrale nucléaire de Windscale (Royaume-Uni)
1959 : rupture du barrage de Malpasset (France) ; inondations à Fréjus ; 400 morts
1966 : explosion à la raffinerie de pétrole de Feyzin (France) ; 18 morts
1967 : naufrage du pétrolier Torrey Canyon, au large des îles Scilly, au sud-ouest de l'Angleterre ; premier exemple d'un naufrage catastrophique d'un pétrolier, avec une pollution importante des côtes anglaises et françaises
1967 : rupture du barrage de Kebumen (Indonésie) ; plus de 11 000 morts
1974 : explosion de l'usine chimique de Flixborough (Royaume-Uni) ; 28 morts
1976 : accident de l'usine chimique de Seveso (Italie) ; pas de morts mais intoxication très importante des populations des environs
1977 : explosion d'un silo près de la Nouvelle-Orléans (États-Unis) ; 33 morts
1978 : naufrage du pétrolier Amoco-Cadiz en face de Portsall (France) ; 400 km de côtes polluées par du pétrole brut
1979 : explosion à la centrale nucléaire de Three Mile Island (États-Unis)
1979 : explosion d'un silo près de Brême (Allemagne) ; 14 morts
1979 : rupture du barrage de Machhu (Inde) ; 30 000 morts
1982 : explosion d'un silo près de Metz ; 12 morts
1984 : explosion d'un réservoir de gaz liquéfié au Mexique ; 6 500 morts
1984 : accident de l'usine chimique de Bhopal (Inde) ; plus de 2 500 morts et plusieurs dizaines de milliers d'intoxications
1986 : explosion de la centrale nucléaire de Tchernobyl (Ukraine) ; plusieurs dizaines de morts et plusieurs milliers de personnes irradiées
1989 : naufrage du pétrolier Exxon Valdez dans le détroit du Prince William, en Alaska ; 40 000 tonnes de pétrole brut déversées, polluant 400 km de côtes
1997 : explosion d'un silo de céréales à Blaye (France) ; 11 morts

© Dunod – La photocopie non autorisée est un délit.

Tableau 1.2 (suite) – Quelques accidents technologiques majeurs célèbres.

1999 : naufrage du pétrolier Erika au large de la Bretagne (France) ; 400 km de côtes polluées par du fioul lourd
1999 : accident du tunnel du Mont-Blanc (France et Italie) ; 37 morts
2001 : déversement accidentel de 100 000 m^3 d'eaux polluées par des cyanures dans un affluent du Danube en Roumanie ; pollution catastrophique de la faune et de la flore du fleuve sur plus d'une centaine de kilomètres
2001 : explosion de l'usine d'AZF à Toulouse (France)
2001 : accident du tunnel de Saint-Gothard (Suisse) ; 11 morts
2002 : naufrage du pétrolier Prestige : très importante pollution des côtes du Portugal jusqu'à la Bretagne par du fioul lourd
2004 : explosion d'une conduite de gaz naturel sous haute pression à Ghislenghien (Belgique)
2005 : accident du tunnel de Fréjus (France) ; 2 morts
2005 : explosion de l'usine pétrochimique près de Kharbine (Chine du Nord-est) ; 100 tonnes de benzène toxique déversées dans le fleuve Songhua

Les principaux types d'accidents technologiques majeurs sont les suivants.

1.3.1 Les accidents nucléaires

Ces accidents correspondent essentiellement à des dysfonctionnements plus ou moins graves des centrales thermonucléaires dont le réacteur est à base de matières fissiles (uranium enrichi) ; le réacteur, également appelé pile atomique, est en permanence refroidi par un liquide car la réaction nucléaire dégage de fortes quantités de chaleur. En cas d'insuffisance du refroidissement, la réaction peut s'emballer et donner naissance à une explosion (non nucléaire) mais qui peut projeter tout autour des produits radioactifs ; ce fut le cas de l'accident de la centrale de Tchernobyl, au nord de l'Ukraine.

Trois accidents majeurs répertoriés et bien connus s'ajoutent aux nombreux incidents techniques constatés mais maîtrisés par la présence d'équipements et de protocoles de sécurité :

- l'accident de la centrale nucléaire de Windscale en Angleterre, le 12 octobre 1957 (le plus ancien connu). Dans cette centrale à graphite-gaz, lors d'une opération d'entretien du graphite, il s'est produit un rejet de produits radioactifs dans l'air. La contamination de l'environnement a été relativement faible (1 000 fois moins que celle de Tchernobyl) ;
- l'accident de la centrale de Three Mile Island (Pennsylvanie, États-Unis), le 28 mars 1979. Dans cette centrale du type PWR à eau pressurisée, le réacteur s'est échauffé anormalement, conduisant à une fusion partielle du combustible nucléaire par suite du non-fonctionnement des systèmes de secours de refroidis-

sement. Un panache radioactif s'est répandu dans l'air ainsi qu'un rejet d'eau contaminée dans l'environnement. Il n'y a pas eu de victimes ;

– l'accident de la centrale de Tchernobyl, en Ukraine, à 60 km au nord de la capitale Kiev. Cette centrale du type RBMK, existant uniquement en Union soviétique était relativement peu sécurisée. Le 26 avril 1986, lors d'un essai, le cœur du réacteur a fondu sous l'effet de la chaleur et explosé avant qu'un incendie se déclare ; la dalle de béton a cédé et un important rejet de matières radioactives s'est répandu dans l'environnement, contaminant plus de 150 000 km^2 par suite des vents vers l'ouest et le sud-ouest. 12 morts sont à déplorer rapidement, mais directement, dans les semaines suivantes, on a compté plus de 500 morts et près de 4 millions de personnes plus ou moins atteintes.

1.3.2 Les accidents de barrages

Construits sur les cours d'eau, pour la production de l'hydroélectricité, les barrages peuvent se rompre par suite de la pression élevée exercée par des pluies importantes qui gonflent les retenues d'eau. Les accidents qui en résultent ont le plus souvent des conséquences très graves à l'échelle de la région et sont véritablement majeurs. Quelques accidents catastrophiques de ruptures de barrages dans le monde :

– l'accident du barrage de Johnstown (États-Unis) en 1889 : 2 200 morts ;
– l'accident du barrage de Malpasset (France) en 1959 : 400 morts ;
– l'accident du barrage sur le fleuve Oros (Brésil) en 1960 : 1 000 morts ;
– l'accident du barrage de Vaimont (Italie) en 1963 : 2 118 morts ;
– l'accident du barrage de Kebumen (Indonésie) en 1967 : 11 160 morts ;
– l'accident du barrage de Mendoza (Argentine) en 1970 : 1 100 morts ;
– l'accident du barrage sur le fleuve Machhu (Inde) en 1979 : 30 000 morts.

Le barrage de Malpasset sur la rivière Reyran, quelque 20 km au nord de Fréjus (Var), était du type « voûte mince », de 66 m de hauteur et d'une capacité de retenue de 50 millions de m^3. Une faille sur la rive gauche l'a fragilisé ; à la suite de pluies diluviennes et en l'absence de surveillances sérieuses, la retenue d'eau s'est remplie rapidement et l'ouvrage s'est rompu le 2 décembre 1959, inondant et dévastant tout sur son passage (terres agricoles, maisons d'habitation à Fréjus), causant 400 morts.

1.3.3 Les accidents de tunnels routiers et ferroviaires

Le plus connu est celui du Mont-Blanc. Ce sont le plus souvent des incendies de véhicules transportant des produits combustibles qui se développent, enfument le tunnel, diminuent la visibilité et créent une certaine panique ; la chaleur et le feu sont à l'origine des morts et des dégâts matériels. Les accidents de tunnels ferroviaires sont rares, par contre ceux des tunnels routiers sont très fréquents mais souvent de faible gravité, à part quelques-uns. Plusieurs tunnels routiers alpins (France, Italie, Autriche, Suisse) sont considérés comme dangereux car ils ne répondent pas aux spécificités et normes de sécurité actuelles. La longueur des tunnels joue un rôle important sur la gravité des accidents, autant que la vétusté et l'absence des instal-

© Dunod – La photocopie non autorisée est un délit.

lations de sécurité (ventilation et aération, tunnels latéraux, postes de secours et d'évacuation, etc.).
Deux accidents majeurs récents illustrent ce type de danger :

– L'accident survenu dans le tunnel du Mont-Blanc, le 24 mars 1999. Ce tunnel routier, mis en service en 1965 est long de 11,6 km dont 7 640 m en France. Côté français, la pente d'accès est longue de 4 km avec une pente moyenne de 5 à 7 %, ce qui se traduit par l'échauffement des moteurs des véhicules. Un camion transportant principalement de la margarine a pris feu ; l'inefficacité des ventilations s'est traduite par un dégagement important de fumées opaques et toxiques qui n'ont pas pu être évacuées, ce qui a ralenti l'intervention des secours et a aggravé les intoxications, provoquant la mort de 37 personnes. L'enquête est toujours en cours.
– L'accident survenu dans le tunnel routier de Saint-Gothard, en Suisse, le 24 octobre 2001. Long de 16 km, ce tunnel double le tunnel ferroviaire saturé par un trafic intense. Il comporte une galerie latérale de secours et des sas de secours tous les 250 m. Une collision entre deux camions a déclenché un incendie qui a endommagé les parois du tunnel. Les installations de secours existantes ont permis la limitation du nombre de victimes (11 morts).

Le dernier accident en date est celui du tunnel de Fréjus dans les alpes, entre la France et l'Italie, en juin 2005. Un camion transportant des pneumatiques a pris feu ; on déplore deux morts et des dégâts matériels. Le tunnel a été réouvert à la circulation deux mois après.

1.3.4 Les accidents de silos contenant des produits agroalimentaires

Les poussières combustibles qui se forment dans les silos de stockage de céréales et autres produits agroalimentaires tels que farine, amidon, sucre, fibres végétales notamment, peuvent conduire à des explosions violentes, faisant des dégâts tout autour.
Des explosions de ce genre ont lieu périodiquement, un peu partout dans les régions céréalières. En France, signalons l'explosion des silos de Metz en octobre 1982, qui a fait 12 victimes, et celle de Blaye, le 20 août 1997, dans le port sur la Gironde, qui a causé 11 morts, l'effondrement et la destruction de 29 silos ainsi que d'autres dégâts.

1.3.5 Les accidents liés aux transports routiers, ferroviaires, maritimes, fluviaux et aériens

Ils sont bien connus et font l'objet d'une médiatisation importante. Si ces accidents font de nombreuses victimes, on ne les considère pas toujours comme des accidents majeurs ; par contre les accidents dus au transport des matières dangereuses, soumis par ailleurs à une réglementation internationale spéciale, peuvent être considérés comme des accidents technologiques majeurs, quelle que soit la voie utilisée. Il y a donc lieu de séparer les accidents de transport tout court des accidents du transport des matières dangereuses, ces derniers pouvant être assimilés à des accidents industriels seront étudiés comme tels dans cet ouvrage.

Les accidents de transport peuvent être de grande ampleur, avec un nombre élevé de victimes nécessitant des secours bien organisés ; mais plusieurs d'entre eux sont de faible importance, avec quelques victimes (morts et blessés). L'impact sur l'environnement reste faible sauf dans le cas du transport de matières dangereuses qui peut générer des accidents majeurs à proprement parler.
Ce sont les naufrages des supertankers pétroliers qui sont les plus connus par suite de l'ampleur de la pollution des zones côtières, importance qui s'explique par les quantités énormes de produits pétroliers déversés dans la mer. Ainsi, le naufrage de l'Amoco-Cadiz, le 16 mars 1978, a déversé 220 000 tonnes de pétrole brut et 3 000 tonnes de fioul au large des côtes bretonnes. Le 13 décembre 1999, c'est au tour du pétrolier maltais Erika qui déverse dans la mer et sur les côtes bretonnes, 37 000 tonnes de fioul lourd, polluant 400 km de côtes françaises, en causant la mort de près de 300 000 oiseaux, sans compter les animaux marins, poissons et crustacés. Le naufrage du Prestige le long des côtes espagnoles de Galice, le 13 novembre 2002, a causé d'énormes dégâts, la marée noire ayant gravement souillé les côtes portugaises, espagnoles et françaises.
Des erreurs humaines, techniques et administratives, des bateaux à simple coque en mauvais état et des considérations d'ordre financier sont à l'origine de ces catastrophes technologiques dont l'impact écologique reste important sur une longue durée.

1.3.6 Les accidents liés au transport par canalisations souterraines ou aériennes

Le transport par canalisations souterraines ou aériennes est réservé aux produits chimiques divers et relève de l'activité industrielle.
Le transport par canalisation est souvent utilisé pour les produits pétroliers : gaz naturels sous pression, pétroles bruts en provenance des puits de production, pétroles alimentant les raffineries, pétroles raffinés, carburants et solvants alimentant les dépôts régionaux et en provenance des usines pétrochimiques, etc.
Ces accidents peuvent être considérés comme des accidents industriels et seront étudiés plus loin. Ils sont dus essentiellement à des ruptures accidentelles ou criminelles des canalisations, ou à des ruptures par heurts avec les engins de chantiers ou certains types de machines agricoles.
L'accident récent de Ghislenghien en Belgique illustre ce type de risques dû au transport par canalisations de produits combustibles très inflammables comme le gaz naturel.

1.3.7 Les accidents industriels majeurs

Ces accidents seront définis dans le chapitre 2 et développés dans la suite de l'ouvrage. Il s'agit d'accidents qui se sont produits lors des processus industriels de fabrication, de conditionnement, de stockage et de transport, tant à l'intérieur de l'usine que du lieu de fabrication à celui de l'utilisation.
Feyzin, Seveso, Bhopal, Toulouse, pour ne citer que les principaux, sont des exemples éloquents qui seront étudiés à plusieurs reprises.

© Dunod – La photocopie non autorisée est un délit.

1.3.8 La dimension humaine dans les accidents technologiques majeurs

Pratiquement, dans tous les accidents technologiques, majeurs ou non, les hommes sont toujours impliqués :

- comme victimes : blessures, intoxications, décès ;
- comme étant à l'origine directe ou indirecte de ces accidents : erreurs et défaillances humaines, négligences, défauts de conception et de réalisation des équipements, etc.

1.4 Les interventions après un accident

L'importance des conséquences des accidents majeurs est telle que des interventions organisées s'avèrent nécessaires :

- secours d'urgence à caractère médical pour les victimes, le nombre des blessés et des personnes intoxiquées étant souvent élevé ;
- planification des travaux de mise en état du site après les dégâts : reconstruction des bâtiments détruits, des routes et autres infrastructures ;
- planification des travaux de dépollution des sites ;
- enquêtes policières et juridiques pour la recherche des responsabilités en vue des réparations nécessaires après un accident majeur.

L'importance de ces interventions est telle qu'une organisation de grande ampleur s'avère indispensable et nécessite des moyens et des équipements spécialisés et qui, par conséquent, relèvent des pouvoirs publics nationaux et régionaux. Il en résulte la mise en place d'une législation et d'une réglementation précisant l'ensemble des interventions à mettre en place dans les plus brefs délais et notamment l'organisation des secours aux victimes.

Une difficulté apparaît au niveau des enquêtes post-accident, enquêtes techniques indispensables pour connaître les causes exactes de l'accident afin de mettre en place des mesures de prévention, mais aussi enquêtes et procès-verbaux de police judiciaire qui seront transmis aux autorités judiciaires pour la détermination des responsabilités et des réparations. De nombreuses difficultés apparaissent au niveau de ces enquêtes techniques et juridiques qui demandent quelquefois plusieurs années avant d'arriver à des conclusions provisoires ou définitives et toujours contestées, les intérêts particuliers en jeu étant considérables et les pressions politico-économiques non négligeables.

1.5 La prévention des accidents industriels majeurs

Qui dit risques ou dangers, suppose accidents plus ou moins graves, et par conséquent la mise en place de moyens pour empêcher ces accidents de se produire et, au cas où ces accidents ont lieu malgré les mesures prises, l'organisation des secours pour réduire leur impact, sauver des vies humaines et limiter les dégâts matériels.

On distingue deux types de prévention ou plus exactement d'interventions :

– la prévention proprement dite des risques et accidents, qui suppose des interventions en amont des accidents, avant que ceux-ci ne se produisent ;
– les interventions après un accident pour limiter l'ampleur des dégâts causés.

Une telle prévention prend d'autant plus d'importance dans le cas des hauts risques capables de donner naissance à des accidents majeurs dévastateurs.
Pour toutes ces raisons, les pouvoirs publics ont mis en place une législation fondée sur la prévention de tels accidents industriels majeurs :

– une législation internationale et notamment européenne appelée directive Seveso qui s'impose à l'ensemble des pays de l'Union européenne ;
– des législations et réglementations nationales, inspirées pour la plupart et conformes aux directives internationales et européennes.

En France, c'est la législation des installations classées qui fait autorité en la matière. Bien que plus ancienne que la directive européenne de Seveso, elle est cependant conforme à cette dernière.
Les mesures préventives réglementaires relèvent de trois aspects :

– la prévention des risques professionnels, les risques industriels étant essentiellement de même nature que les risques industriels majeurs ;
– les mesures supplémentaires spécifiques aux accidents majeurs et susceptibles de réduire l'importance des dégâts causés tant au niveau des victimes humaines que de l'environnement (pollution et constructions) ;
– les mesures relatives à l'organisation des secours et des interventions post-accident.

Les mesures réglementaires appliquées aux entreprises où existent des risques majeurs font l'objet de contrôles et d'autorisations périodiques par les services préfectoraux (installations classées, DRIRE).
En fonction de leur nature, les mesures de prévention, qu'elles soient réglementaires ou non, relèvent de deux types :

– les mesures techniques, correspondant à la mise en place de moyens matériels liés aux processus opératoires : équipements de sécurité et de contrôle, interdiction ou restriction dans l'emploi de certains produits très dangereux, processus opératoires sécurisés, etc. ;
– les mesures à caractère organisationnel et administratif, par exemple la classification des installations classées, le plan particulier d'intervention (PPI) au niveau des secours après accident, ou les enquêtes de police judiciaire.

2 • LES RISQUES ET ACCIDENTS INDUSTRIELS MAJEURS

2.1 Définitions et caractéristiques

2.1.1 Définitions

Les accidents industriels sont des accidents technologiques qui ont lieu lors des processus industriels, le plus souvent dans l'enceinte même des usines. Il est bien connu que les industries mettent en œuvre, sur une grande échelle, une foule de produits et de processus dangereux, présentant des risques d'accidents et de maladies.
Le Bureau international du travail (BIT) à Genève donne les définitions suivantes :
« L'expression **accident majeur** (industriel) désigne un événement inattendu et soudain, y compris en particulier une émission, un incendie ou une explosion de caractère majeur, dû à un développement anormal dans le déroulement d'une activité industrielle, entraînant un danger grave, immédiat ou différé, pour les travailleurs, la population ou l'environnement à l'intérieur ou à l'extérieur de l'installation et mettant en jeu un ou plusieurs produits dangereux. »
« Le terme **danger** désigne une situation matérielle comportant un potentiel d'atteinte à l'intégrité physique des personnes, des dommages pour les biens ou l'environnement ou d'une combinaison de ces atteintes. »
La directive Seveso II de 1996 définit également ces deux termes :
« **Accident majeur** (industriel) : événement tel qu'une émission, un incendie ou une explosion d'importance majeure résultant de développements incontrôlés survenus au cours de l'exploitation d'un établissement couvert par la présente directive, entraînant pour la santé humaine, à l'intérieur ou à l'extérieur de l'établissement, et/ou pour l'environnement, un danger grave, immédiat ou différé, et faisant intervenir une ou plusieurs substances dangereuses. »
« **Danger** : propriété intrinsèque d'une substance dangereuse ou d'une situation physique de pouvoir provoquer des dommages pour la santé humaine et/ou l'environnement. »

2.1.2 Caractéristiques

Si la majorité des accidents industriels sont de faible amplitude, faisant le plus souvent quelques victimes, décès, intoxications ou blessures, quelques-uns seulement, qui se produisent dans des conditions particulières, revêtent une grande importance, tant par le nombre des victimes que par l'étendue des dégâts infligés à l'environnement.

© Dunod – La photocopie non autorisée est un délit.

Une étude statistique menée par le Bureau des risques d'accidents majeurs (MAHB) de l'Union européenne donne la courbe de répartition des accidents (figure 2.1) signalés à la base de données MARS (*Major accident reporting system*).

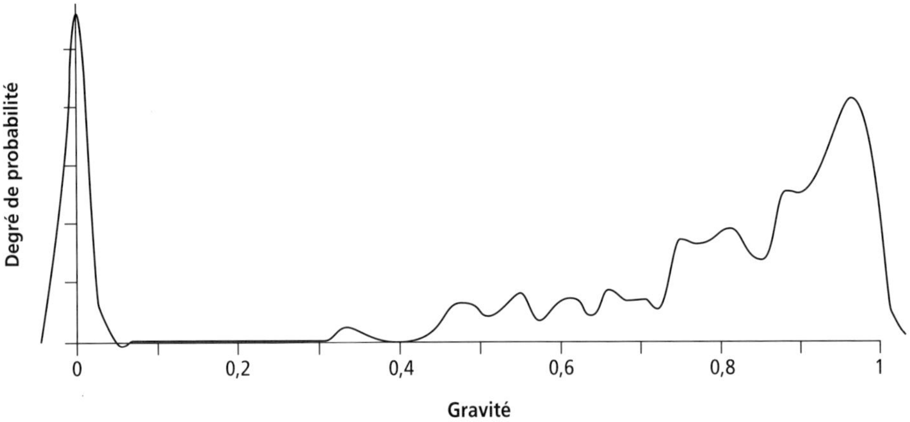

Figure 2.1 – Gravité des accidents signalés à la base de données MARS.

On constate que la majorité des accidents industriels sont ou bien de très faible importance ou très graves, les accidents de moyenne gravité étant très peu probables. Toujours d'après la base de données MARS (figure 2.2), les erreurs de manipulation sont les plus probables, suivies des défaillances des composants et des réactions d'emballement incontrôlables (réactions dangereuses).

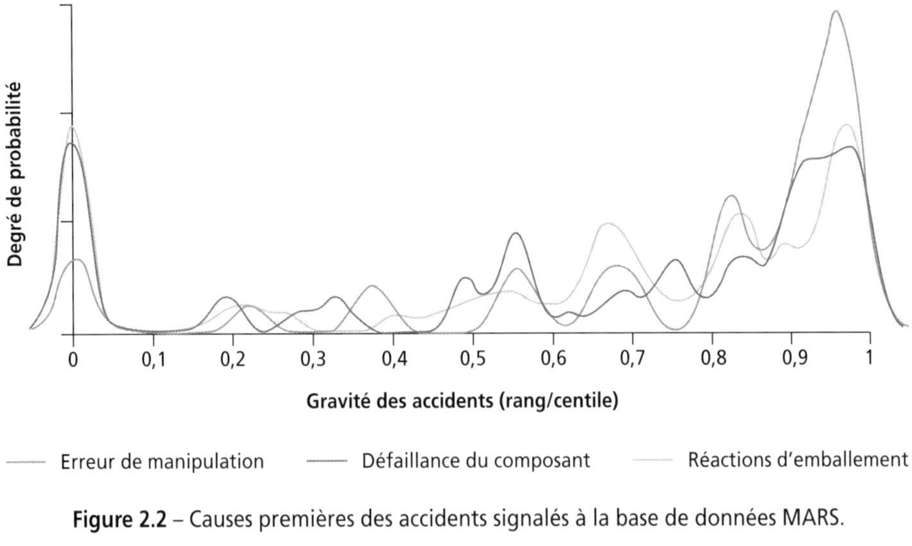

Figure 2.2 – Causes premières des accidents signalés à la base de données MARS.

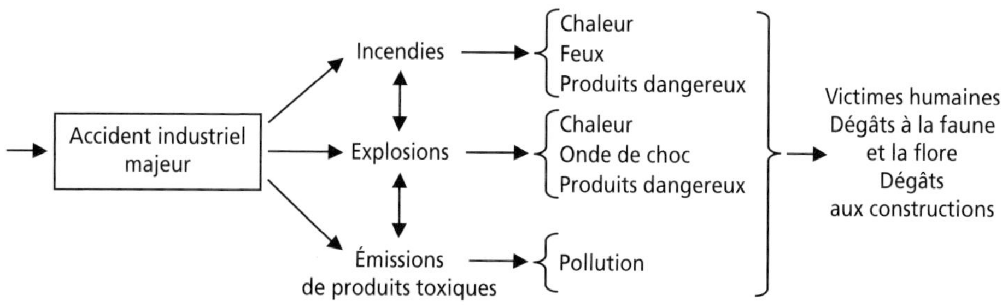

Figure 2.3 – Conséquences des accidents industriels majeurs.

Les accidents industriels majeurs peuvent avoir trois conséquences importantes qui les distinguent également des nombreux accidents et incidents habituels, connus dans les milieux industriels (figure 2.3).

■ Un nombre élevé de victimes humaines

On déplore un nombre élevé de victimes humaines, morts d'hommes, intoxications et blessures (fractures, écrasements, chocs, brûlures, traumatismes divers) plus ou moins graves. Les victimes sont en premier lieu les personnes présentes sur les lieux de l'accident, donc principalement les salariés de l'entreprise. Viennent ensuite les personnes qui se trouvent occasionnellement (visiteurs, passants) ou habituellement (habitants, commerçants et travailleurs) à proximité de l'usine, à l'intérieur du rayon d'action (périmètre de sécurité) de l'accident majeur, par exemple une explosion. Outre les blessures, il y a souvent des traumatismes psychologiques susceptibles de marquer profondément les gens.

En plus des victimes humaines, on dénombre également des victimes parmi les animaux, petits ou grands, notamment parmi les animaux domestiques, sans oublier la flore en cas de rejet de substances écotoxiques et biocides.

Le nombre de morts n'est pas le seul critère de l'accident majeur ; celui de Seveso n'a pas causé de morts directs, mais reste l'exemple même d'un accident industriel majeur par ses conséquences et le nombre de personnes et d'animaux intoxiqués, marqués à vie et malades, ainsi que les conséquences catastrophiques sur l'écosystème : faune et flore, animaux domestiques, durée de la persistance de la pollution, etc.

■ Des dégâts matériels

Des dégâts matériels sont constatés à l'intérieur et tout autour du lieu de l'accident majeur, avec des destructions d'immeubles et de constructions diverses ; souvent le paysage change et les dégâts sont d'une telle ampleur qu'un nouveau plan d'urbanisme s'impose.

Parmi les dégâts matériels susceptibles d'être provoqués, il y a lieu de signaler (figure 2.4) :

– les destructions totales ou partielles de constructions : immeubles et maisons d'habitation, bâtiments publics, commerces, bâtiments industriels divers, hangars de stockage, bâtiments agricoles ;

© Dunod – La photocopie non autorisée est un délit.

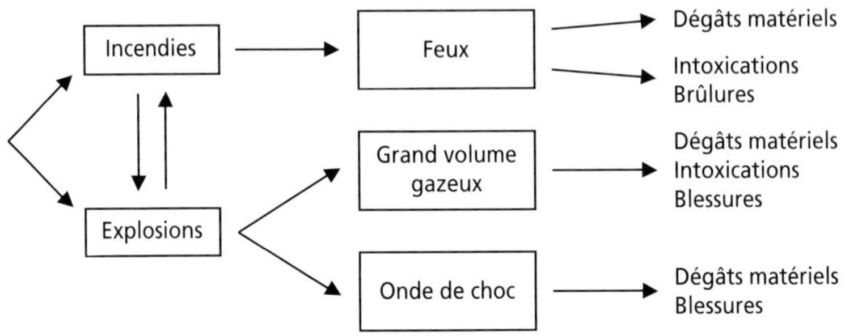

Figure 2.4 – Dégâts causés par les incendies et les explosions.

- les dégâts de la voie publique : routes, ponts, tunnels, signalisation routière, chemin de fer, canalisations aériennes ou souterraines, poteaux électriques et téléphoniques, etc. ;
- les dégâts au niveau des véhicules automobiles en arrêt ou en circulation à proximité, des gares, etc.

■ Une pollution généralement néfaste sur la nature environnante

Les produits nocifs et écotoxiques émis dans la nature polluent l'air, le sol et le milieu aqueux (mers, lacs, étangs, cours d'eaux, nappes phréatiques) avec la destruction plus ou moins avancée de la faune et de la flore. Dans certains cas, la nature environnante devient impropre à la vie pendant plusieurs années, voire quelques décennies ; rien ne pousse par suite de la pollution avancée des sols, des eaux et dans un moindre degré, de l'atmosphère ; les insectes et les animaux qui se nourrissent de végétaux, absorbent également les produits polluants et dépérissent.
C'est souvent l'importance de cette pollution de l'environnement qui détermine le caractère majeur de l'accident. Les accidents de Seveso, de Bhopal, les naufrages des pétroliers Erika ou Prestige, sont à l'origine d'une importante pollution de la nature dans un périmètre plus ou moins grand autour du lieu de l'accident (figure 2.5).

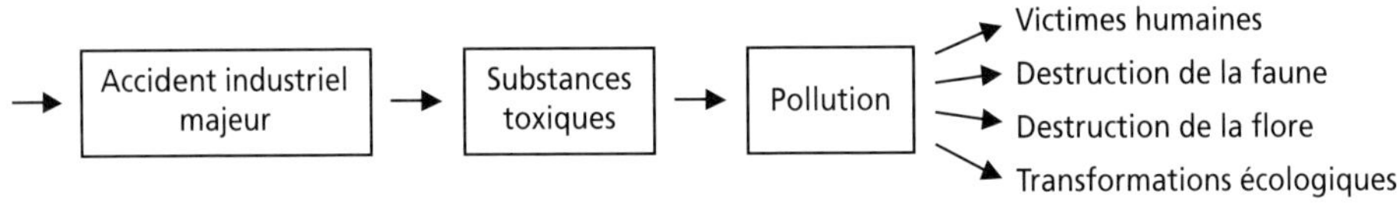

Figure 2.5 – Dégâts causés par l'émission de substances toxiques.

■ La nécessité d'organiser rapidement des secours à une grande échelle

Cette tâche est confiée aux autorités compétentes locales (préfectures en France) qui doivent mettre en place les secours prévus en cas d'accidents majeurs ainsi que prévoir la réparation des dégâts matériels causés.
Ces interventions post-accident revêtent plusieurs aspects :

- secours médical d'urgence des victimes, qui incombe principalement aux services de la protection civile du secteur ;

- hospitalisation éventuelle des victimes dans des centres de soins spécialisés ;
- organisation de la circulation et des déplacements à proximité de l'accident ;
- expertises et enquêtes techniques à caractère judiciaire ;
- recherche des responsabilités au niveau des services judiciaires compétents ;
- indemnisation par les responsables des dégâts causés ;
- mise en place de mesures réglementaires à la lumière des résultats de l'expertise technique.

Ce sont là les caractéristiques principales des accidents industriels majeurs.
Le tableau 2.1 donne une liste des principaux accidents industriels majeurs connus et ayant fait l'objet d'une analyse technique en vue de la prévention.

Tableau 2.1 – Principaux accidents industriels majeurs ayant fait l'objet d'enquêtes et d'études.

1794 : explosion de la poudrerie de Grenelle à Paris : plus de 1 000 morts
1906 : explosion à la mine de Courrières dans le nord de la France : 1 200 morts
1921 : explosion d'un stock d'ammonitrate à l'usine d'IG-Farben à Ludwigshaffen (Allemagne)
1947 : explosion de deux bateaux transportant du nitrate d'ammonium aux États-Unis
1966 : explosion de propane à la raffinerie de pétrole de Feyzin (France) : 18 morts
1971 : explosion à l'usine chimique de Brunswick (États-Unis) : 25 morts
1974 : explosion à l'usine chimique de Flixborough (Grande-Bretagne) : 28 morts
1974 : accident de l'usine chimique de Scunthorpe (Grande-Bretagne) : plus de 50 morts
1976 : explosion et pollution à l'usine chimique de Seveso (Italie) : aucun mort mais une pollution très importante
1977 : explosions de silos de céréales à la Nouvelle-Orléans et à Galveston (États-Unis) : respectivement 33 morts et 12 morts
1977 : explosion d'un silo de céréales à Brême (Allemagne) : 14 morts
1982 : explosion d'un silo de céréales à Metz (France) : 12 morts et plusieurs blessés
1984 : explosion d'un réservoir de gaz liquéfié à Mexico : 6 500 morts
1984 : explosion et pollution importante à l'usine chimique de Bhopal (Inde) : au moins 2 500 morts et de très nombreux intoxiqués
1986 : explosion de la centrale nucléaire de Tchernobyl : très importante pollution radioactive, 37 morts officiels et plusieurs milliers de personnes irradiées
1986 : incendie à l'entrepôt de produits chimiques à Bâle (Suisse) : importante pollution du Rhin

© Dunod – La photocopie non autorisée est un délit.

Tableau 2.1 (suite) – Principaux accidents industriels majeurs ayant fait l'objet d'enquêtes et d'études.

1993 : explosion dans une usine chimique dans la province de Yunnan (Chine) : plus de 60 morts
1997 : explosion d'un silo de céréales à Blaye (France)
1998 : fuites d'ammoniac lors de déchargement d'un wagon-citerne à Mazingarbe (France)
2001 : déversement accidentel de 100 000 m^3 d'eaux cyanurées dans le Danube à Baïa Mare (Roumanie) : pollution catastrophique pour la faune et la flore aquatique
2001 : explosion de l'usine chimique d'AZF à Toulouse (France) : beaucoup de dégâts matériels et une cinquantaine de morts
2004 : explosion d'une conduite de gaz naturel sous pression à Ghislenghien près d'Ath (Belgique)
2005 : explosion à l'usine pétrochimique de Kharbine (Chine) : déversement de 100 t de benzène
Plusieurs autres accidents ont fait peu de victimes et des dégâts limités, sans compter les nombreux incidents.

2.2 Description de quelques accidents industriels majeurs

Parmi les nombreux sinistres cités dans le tableau 2.1, voici quelques descriptions susceptibles de situer l'importance du risque industriel majeur.

2.2.1 L'explosion de la poudrerie de Grenelle (Paris, 1794)

Un des tout premiers accidents graves connus, il fut suivi d'une enquête officielle, confiée à des savants de l'époque, physiciens et chimistes comme Chaptal (directeur de la poudrerie) et Monge.

La poudrerie avait été construite vers 1751 sur les terrains du château de Grenelle datant des XVII-XVIIIe siècles, à l'emplacement actuel de la place Dupleix et de la rue Desaix, dans le 15e arrondissement de Paris. À l'époque, c'était encore la campagne. L'explosion détruisit une grande partie des bâtiments et fit un millier de victimes. La poudrerie continua néanmoins à fonctionner et ne fut désaffectée définitivement qu'en 1820.

Cette explosion fut à l'origine de la législation des installations classées de 1810.

2.2.2 L'explosion de la mine de charbon de Courrières (nord de la France, 9 mars 1904)

À la suite d'un incendie dans une veine où travaillaient près de 1 500 mineurs, afin d'éviter l'interruption de l'extraction de la houille, la direction refusa d'inonder la veine pour noyer le feu et préféra murer la galerie. Dans la nuit, une violente explosion (coup de grisou) ravagea les 110 km de galeries, faisant 1 099 morts.

L'enquête piétina et une grève générale des charbonnages suivit, avec des répercussions politiques.

Cet accident servit également à l'accélération de la mise en place des textes officiels relatifs à la sécurité et à la protection des salariés.

2.2.3 L'explosion de la raffinerie de Feyzin (Rhône, 4 janvier 1966)

La raffinerie, située au sud de Lyon le long de l'autoroute A6, a été mise en service en 1964 ; elle produisait et stockait des hydrocarbures gazeux (butane, propane, éthylène) et liquides (essences, gazoles, fiouls, solvants, etc.).

Une fuite de gaz propane au-dessous du réservoir sphérique de propane liquéfié sous pression a formé une nappe plus lourde que l'air qui s'est propagée jusqu'à l'autoroute où une voiture en circulation a déclenché le feu avec formation d'un jet de flamme qui a commencé à embraser le réservoir. L'arrivée tardive et insuffisante des secours a permis à l'incendie de prendre de l'ampleur. Une heure après le début du feu, un premier réservoir a explosé, suivi une heure après d'un second.

Cet accident a fait 17 morts, 84 blessés et des dégâts matériels importants dans un rayon de 25 km, jusqu'à la ville de Vienne.

C'est le premier accident connu du BLEVE (*Boiling liquid expanding vapor explosion*), explosion des vapeurs en expansion provenant d'un liquide en ébullition. Le phénomène est simple car il s'agit d'une réaction de combustion classique d'un gaz inflammable. Le propane gazeux, au contact du moteur de la voiture en circulation s'est enflammé suivant une réaction de combustion et la chaleur dégagée a fait exploser les deux réservoirs contenant du propane liquéfié.

Des insuffisances au niveau de la conception, des consignes de sécurité et de l'organisation des secours (carences administratives à caractère géographique) n'ont pas permis de réduire l'ampleur des dégâts.

Cet accident a servi de révélateur de l'existence des risques d'explosion au niveau des raffineries et des usines pétrochimiques et a conduit à l'élaboration d'une réglementation sévère dans le domaine de l'industrie des hydrocarbures.

2.2.4 L'explosion de l'usine chimique de Flixborough (Royaume-Uni, 1er juin 1974)

Cette usine était spécialisée dans la fabrication de caprolactame, matière de base pour la fabrication du Nylon, à partir de cyclohexane. Une fuite du réacteur n° 5 laissa échapper dans l'atmosphère un nuage de 50 tonnes de cyclohexane inflammable qui, au contact d'une torchère, produisit une explosion suivie d'un incendie. La conduite by-pass, mise en place pour évacuer la fuite, ne résista pas à la pression et à la température du cyclohexane qui s'échappa dans l'air et provoqua l'explosion.

Les dégâts furent énormes tant à l'intérieur qu'à l'extérieur de l'usine ; elle a conduit à 28 décès immédiats et plusieurs dizaines de blessés graves.

Cet accident fut également à l'origine de textes réglementaires tant au Royaume-Uni que dans les autres pays industrialisés d'Europe.

© Dunod – La photocopie non autorisée est un délit.

2.2.5 L'accident de l'usine chimique de Seveso (Italie, 10 juillet 1976)

Il reste l'archétype de l'accident industriel majeur ayant conduit à une importante pollution de l'environnement et à la mise en place d'un document officiel international sur la prévention des accidents industriel majeurs, la directive européenne Seveso du 24 juin 1982 (Seveso I) modifiée le 9 décembre 1996 (Seveso II actuellement en vigueur). L'accident s'est produit à l'usine d'Icmesa de Meda, à côté de la ville de Seveso, en Lombardie, appartenant à la société suisse Givaudan du groupe pharmaceutique Hoffman-La Roche.

Certes, il n'y a pas eu de morts, mais plusieurs personnes ainsi qu'un grand nombre d'animaux domestiques ont été plus ou moins fortement intoxiqués et gardent encore des séquelles. Plus de 40 000 personnes furent intoxiquées à des degrés divers et la contamination a concerné une surface de 2 000 hectares, en zone agricole. Le cheptel a été abattu, la population évacuée et les bâtiments pollués ont été détruits.

Lors de la fabrication du trichlorophénol à partir du tétrachlorobenzène et du polyéthylène-glycol, un échauffement anormal du mélange du réacteur a conduit à une explosion du contenu et à la formation de dioxines très toxiques ; le produit formé à Seveso était la tétrachlorodioxine, considérée comme étant la plus toxique de toute la famille des dioxines. La température normale de 125 °C a été dépassée, ce qui s'est traduit par un échauffement explosif. Entre 1 et 5 kg de cette substance cancérogène se sont répandus dans la nature en formant un nuage toxique pour toute forme de vie.

Cinq ans plus tard, le réacteur a été vidé et son contenu ainsi que les produits toxiques ont été mis dans des fûts et détruits par incinération, après avoir transité illégalement par la France où quelques-uns d'entre eux furent détruits, le gros étant incinéré en Suisse.

Il est à rappeler qu'entre 1949 et 1976, 8 autres accidents ou incidents similaires mais moins graves se sont produits, sans que les conséquences et la prévention soient sérieusement étudiées.

Le mécanisme de cet accident sera étudié au chapitre 4.

2.2.6 L'accident de l'usine chimique de Bhopal (Inde, 2 décembre 1988)

C'est certainement l'accident industriel récent le plus grave, avec plus de 2 500 morts et au moins 250 000 personnes intoxiquées, parmi les salariés de l'usine qui en comptait un millier et la population environnante très nombreuse, dont plusieurs souffrent encore de séquelles graves et sont susceptibles de mourir dans les années à venir.

L'accident s'est produit le 2 décembre 1988, dans l'usine d'Union Carbide à Bhopal, en Inde centrale. Cette usine, construite en 1969, sur le modèle d'une usine américaine de Virginie, présentait une détérioration des conditions de travail et de sécurité, reliées à des problèmes économiques. Une infiltration d'eau dans un réservoir contenant 30 tonnes de MIC (méthyl isocyanate), matière première dans la synthèse de pesticides, s'est traduite par un échauffement suivi d'une explosion qui a formé un nuage de MIC, très agressif et toxique. Le nombre élevé de morts et d'intoxiqués s'explique par la densité des habitations à proximité immédiate de l'usine et la haute toxicité de l'isocyanate de méthyle libéré dans la nature.

Cet accident qui s'est produit douze ans après celui de Seveso, a accéléré la mise en place de la réglementation internationale sur la prévention des accidents industriels majeurs, dont les directives européennes dites Seveso.
Le mécanisme de cet accident sera explicité au chapitre 4.

2.2.7 L'accident de l'usine chimique AZF (Toulouse, 21 septembre 2001)

Il s'agit d'une explosion de très grande puissance de 300 tonnes d'ammonitrate, engrais azoté bien connu. Ce produit, le nitrate d'ammonium, peut se décomposer dans certaines conditions et exploser. C'est ce qui s'est produit à l'usine Azote de France de Toulouse, appartenant au groupe pétrochimique Total-Fina-Elf.
Il semble qu'à la suite d'une erreur, environ 500 kg de DCCNa, vraisemblablement mélangés avec un hypochlorite, soient entrés en contact avec l'ammonitrate, induisant l'explosion.
Cet accident a fait une trentaine de morts et plus de 300 blessés et des dégâts matériels considérables, évalués à plus de 2,3 milliards d'euros. Les enquêtes sont encore en cours, ralenties par les nombreuses contestations.
Cet accident fera également l'objet d'une analyse plus détaillée au chapitre 3.

2.2.8 L'accident de Ghislenghien près d'Ath (Belgique, 30 juillet 2004)

C'est l'exemple type de l'accident d'une conduite enterrée de gaz inflammable sous pression. Au cours de travaux de construction de bâtiments d'usine à proximité immédiate d'une canalisation de gaz naturel, apparemment mal signalée, un engin de chantier a heurté la conduite et l'a abîmée ; la fuite de gaz a pris de l'ampleur avant de se transformer en jet de gaz qui s'est enflammé puis a explosé. L'accident a fait une vingtaine de victimes et une centaine de blessés.
Bien qu'il s'agisse d'un accident de transport par canalisation, il entre parfaitement dans le cadre des risques industriels majeurs, étant donné que des canalisations enterrées sont fréquentes dans les usines et qu'elles transportent souvent des produits inflammables ou toxiques.
Heureusement, ce genre d'accidents est relativement peu fréquent.

2.3 Les risques et accidents industriels

2.3.1 Les risques industriels

À l'origine de tout accident industriel, il existe un risque, autrement dit un danger potentiel susceptible d'induire une situation plus ou moins grave, préjudiciable à l'environnement humain, biologique ou construit par l'homme. Les risques industriels sont ceux qui existent lors des activités industrielles, dans les différents locaux et secteurs des usines.
Le BIT définit le risque : « Le terme **risque** désigne l'éventualité qu'un événement non désiré ayant des conséquences données survienne dans une période donnée ou dans des circonstances données, cette éventualité étant exprimée selon le cas en termes de fréquence (nombre d'événements donnés par unité de temps) ou en termes

© Dunod – La photocopie non autorisée est un délit.

de probabilité (probabilité que se produise un événement donné à la suite d'un événement préalable). »

La directive Seveso II définit également le terme risque : « **Risque** : probabilité qu'un effet spécifique se produise dans une période donnée ou dans des circonstances données. »

Les risques industriels se traduisent le plus souvent par :

- des atteintes humaines (accidents corporels et maladies) ;
- des atteintes écologiques à la faune et à la flore ;
- des destructions aux constructions.

Les risques industriels peuvent être divisés en deux groupes en fonction de la gravité des accidents auxquels ils peuvent donner naissance :

Risques professionnels

Les **risques professionnels** sont à l'origine des accidents du travail et des maladies professionnelles ou à caractère professionnel. Les conséquences de ces risques sont modérées et affectent essentiellement les salariés qui travaillent sur les lieux de l'accident. Il s'agit le plus souvent de blessures et d'intoxications plus ou moins graves, quelquefois de décès ; les dégâts matériels sont généralement faibles et restent limités aux postes de travail, à l'atelier et éventuellement à l'usine pour les plus importants d'entre eux. L'impact écologique est faible et se limite le plus souvent au périmètre de l'établissement.

Les causes et origines des risques professionnels sont très souvent identiques à celles des risques industriels majeurs, et les mesures de prévention sont assez voisines. Cependant, il existe des différences notables entre les deux types de risques, ce qui conduit à la nécessité de mettre au point des mesures spécifiques pour chaque type.

Les principales familles de risques professionnels sont :

- les risques mécaniques : coupures, écrasements, chocs, blessures diverses lors des travaux sur des machines-outils, et machines avec organes en mouvement rapide ;
- les risques électriques : électrisation et électrocution souvent mortelle lors des contacts avec des conducteurs nus parcourus par du courant électrique ;
- les risques physiques : acoustiques (surdité par exposition aux bruits intenses), vibratoires (atteintes ostéo-articulaires, troubles musculaires par les vibrations transmises par des machines vibrantes comme les marteaux-piqueurs, les presses), ceux causés par des rayonnements ionisants dus à la manipulation de matières radioactives ou contaminées par la radioactivité (brûlures, atteintes sanguines, cancers) et les risques dus aux rayonnements non ionisants (rayonnements thermiques, lasers et électromagnétiques conduisant à des brûlures et des atteintes oculaires) ;
- les risques chimiques, de même nature que les risques industriels majeurs qui seront étudiés dans cet ouvrage ;
- les risques biologiques (maladies contractées par manipulation de germes pathogènes) ;
- les risques dus aux manutentions manuelles d'ordre essentiellement musculo-squelettiques (TMS) ;

– les risques de transport et de circulation ainsi que les risques rencontrés dans les travaux de bâtiment et de génie civil qui comportent la plupart des risques cités ci-dessus.

La législation et la réglementation en matière de prévention des risques professionnels sont spécifiques et relèvent du Code du travail et du Code de la Sécurité sociale.

■ Risques industriels majeurs ou hauts risques

Les **risques industriels majeurs** ou **hauts risques** diffèrent des précédents par l'ampleur des accidents et des dégâts causés : nombre de victimes élevé non limité aux seuls salariés, destructions de bâtiments, pollution importante de l'environnement.
Les mesures de prévention sont souvent similaires à celles des risques professionnels, mais supposent des mesures techniques et administratives supplémentaires, justifiées par l'ampleur des dégâts causés.
Ainsi, très souvent, des fuites accidentelles de produits toxiques peuvent intoxiquer quelques salariés, en provoquant éventuellement quelques morts, tandis que l'accident de Bhopal et celui de Seveso ont fait un nombre très élevé de victimes et une pollution de longue durée du site, interdisant toute présence humaine pendant plusieurs années. Un accident de même nature que celui de Seveso mais de beaucoup faible ampleur peut être limité à un local ou à un atelier et ne causer que quelques victimes.
Il en résulte qu'entre un accident de travail et un accident industriel majeur, un certain nombre de mesures de prévention peuvent être communes, avec des mesures supplémentaires pour les accidents majeurs, afin de réduire l'ampleur des dégâts.
Sur le plan réglementaire, si les mesures de prévention relatives aux risques professionnels relèvent essentiellement du Code du travail, celles des accidents industriels majeurs sont couvertes par le Code de l'environnement en particulier.

2.3.2 La nature chimique des risques industriels majeurs

En examinant les différents accidents industriels majeurs (voir § 2.2 et tableau 2.1), la nature chimique de ces accidents apparaît clairement.
En effet, ce sont des produits chimiques ou agroalimentaires qui sont à l'origine de la quasi-totalité des accidents industriels majeurs, incendies et explosions en particulier, et les causes des intoxications se trouvent dans les produits chimiques émis.
À cela, il faut ajouter que ce sont des réactions physico-chimiques entre ces produits qui donnent naissance aux accidents industriels majeurs.
Tout ceci revient à dire que ce sont des risques chimiques, comparables aux risques chimiques professionnels, qui sont à l'origine des accidents industriels majeurs.
Par exemple, dans l'accident de Seveso, c'est la réaction entre plusieurs produits chimiques qui s'est emballée pour donner naissance, entre autres, à des dioxines très toxiques. À Feyzin, c'est le gaz propane combustible qui a fui avant de s'enflammer et d'exploser. Les poussières de céréales sont à l'origine de l'explosion des silos de Blaye ou de Metz. De nombreux autres exemples peuvent être donnés.
Si, dans les usines, les accidents du travail ayant des origines mécaniques électriques, vibratoires, etc., sont plus nombreux que ceux d'origine chimique, par contre ils ne sont jamais de grande ampleur et leur impact sur l'environnement vivant et bâti

© Dunod – La photocopie non autorisée est un délit.

reste très faible, souvent limité au niveau des travailleurs présents à proximité, des machines et des locaux de travail.

2.3.3 Les causes des risques industriels

L'existence de risques industriels qui conduisent aux accidents industriels majeurs, quelle que soit leur importance, s'explique par la présence (figure 2.6) :

- de produits chimiques ou agroalimentaires dangereux, susceptibles de porter atteinte à l'environnement ;
- de processus physico-chimiques qui sont principalement des réactions chimiques dites dangereuses.

Le plus souvent, c'est la présence simultanée de ces deux causes qui engendre l'accident, autrement dit qui matérialise le risque potentiel existant en donnant naissance au phénomène accidentel.

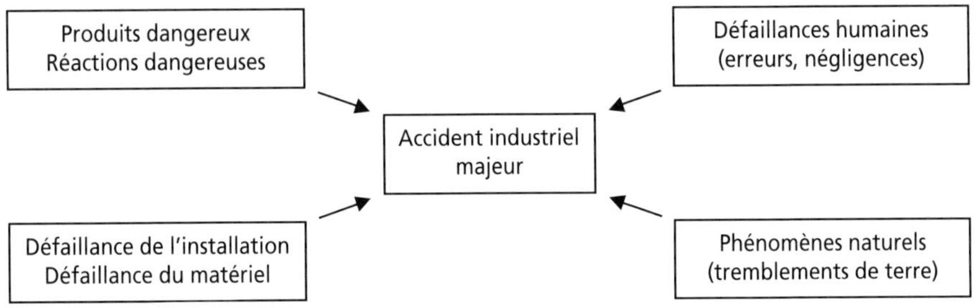

Figure 2.6 – Principales causes des accidents industriels majeurs.

■ Produits et matières dangereux

Par produits dangereux, il faut entendre une foule de substances et de mélanges de substances appelés *préparations*, souvent très différentes les unes des autres tant par leur aspect physique que par leurs propriétés, mais qui possèdent toutes la propriété de présenter des risques, autrement dit des dangers qui peuvent, sous certaines conditions, conduire à des accidents.

Les activités humaines et notamment industrielles utilisent deux types de produits :

- les **substances pures**, correspondant à des molécules simples ou complexes, toutes identiques, désignées par leur appellation scientifique internationalement acceptée et leur formule ou symbole chimique. Ce sont les métalloïdes (chlore, fluor, hydrogène, oxygène, etc.), les métaux (sodium, fer, cuivre, argent, plomb, etc.) et leurs dérivés (oxydes, acides, bases, sels, etc.), les substances organiques (comme les hydrocarbures, les alcools, les amines, etc.) ;
- les **préparations** ou **mélanges**, composés de deux ou plusieurs substances pures. Il s'agit donc de mélanges généralement homogènes pour pouvoir conserver sur la durée leurs caractéristiques et propriétés. Ces mélanges permettent d'ajuster les propriétés voulues pour les utilisations. Les industries emploient un grand nombre de mélanges comme les solvants, les solutions, les alliages, les matières plastiques, les peintures, les médicaments, etc.

Ces deux types sont appelés indistinctement produits chimiques, produits ou matières.

On distingue essentiellement deux groupes de produits, substances pures ou mélanges, présentant des propriétés dangereuses communes.

□ Produits susceptibles de conduire à des incendies et surtout à des explosions

Il s'agit essentiellement des produits combustibles ou inflammables et des produits explosifs ou instables. Il y a lieu de signaler également les produits incompatibles qui, mis en contact, peuvent donner naissance à des réactions dangereuses incontrôlables.

Le danger principal de ces produits est la facilité avec laquelle, lors de leur emploi courant ou particulier et sous certaines conditions bien connues, ils donnent naissance à des incendies et des explosions accidentels, plus ou moins importants. Le plus à craindre sont les explosions et notamment les détonations qui possèdent un pouvoir destructeur très élevé.

Ces produits seront étudiés au chapitre 3.

□ Produits toxiques ou nocifs pour l'homme et pour la nature, la faune et la flore

Ces produits, lorsqu'ils rencontrent les êtres vivants, pénètrent dans leurs organismes et détruisent les cellules vivantes suivant des procédures biochimiques complexes ; il en résulte un dysfonctionnement des organismes vivants qui deviennent malades et meurent s'ils ne sont pas soignés.

À des degrés divers, les produits toxiques pour l'homme sont également écotoxiques et vice versa. En pratique, il n'y a pas de distinction à faire entre produits écotoxiques et toxiques pour l'homme ; tout dépend, pour une substance donnée, des quantités absorbées, donc des concentrations en produits nocifs et de la taille de l'organisme vivant et de son fonctionnement.

Les biocides sont des produits contenant des substances actives destinées à détruire, repousser ou rendre inoffensif les organismes nuisibles et à prévenir leur action, par un moyen quelconque, chimique ou biologique. Les biocides peuvent donc être considérés comme des produits écotoxiques, avec le plus souvent une certaine action spécifique.

Ces produits seront étudiés au chapitre 4.

Le tableau 2.2 donne une liste des principaux produits et matières industriels dangereux.

■ Réactions chimiques dangereuses

Il s'agit de processus et de réactions chimiques qui, de par leurs caractéristiques, sont susceptibles de causer des dégâts, tant par la libération de substances toxiques que par la violence des incendies et explosions qu'ils peuvent engendrer.

On distingue plusieurs processus pour l'accident industriel majeur.

© Dunod – La photocopie non autorisée est un délit.

Tableau 2.2 – Liste des principaux produits industriels dangereux.

Familles	Substances toxiques	Substances nocives	Inflammables explosibles
Métaux et oxydes	Arsenic, cadmium, mercure, plomb	Cuivre, nickel, cobalt	Magnésium, aluminium, fer, zinc, tous à l'état pulvérulent
Métalloïdes	Fluor, chlore, brome, iode, cyanogène, sulfure de carbone, ammoniac, oxyde de carbone	Soufre, phosphore	Hydrogène, phosphore, ammoniac
Acides et anhydrides	Cyanhydrique, fluorhydrique, picrique, phosgène anhydride sulfureux, dioxyde d'azote	Chlorhydrique, nitrique, sulfurique, phosphorique, acétique, formique	Cyanhydrique, perchlorique, nitrique, picrique, persulfurique
Sels	Cyanures, chromates, bichromates, picrates	Tous à des degrés divers	Picrates, nitrates, chlorates, perchlorates, persulfates
Hydrocarbures	Benzène, hexane, anthracène, benzo-pyrène	Toluène, xylènes, styrène, naphtalène	Tous
Hydrocarbures chlorés	Tétrachlorure de carbone, chlorure de vinyle, chloroforme, tétrachloroéthane	Trichloréthylène, perchloréthylène, chlorure de méthyle, chloroprène	Quelques hydrocarbures très peu chlorés
Alcools	Cyclohexanol, allylique, phénols, naphtols	Méthanol, butanol	Tous
Aldéhydes et cétones	Acroléine, formol, isophorone	Furfural, cyclohexanone, méthyléthylcétone	Tous
Éthers et dérivés	Éthers de glycol, oxyde d'éthylène	Éther éthylique	Tous
Amines	Amines aromatiques, aniline, benzidine	Amines aliphatiques	Amines aliphatiques volatiles
Autres dérivés azotés	Acrylonitrile, nitrobenzène, pyridine, isocyanates	Éthanolamines, nitrométhane	Hydrazine

Simple évaporation d'un produit dangereux

La simple évaporation d'un produit dangereux, par suite d'une fuite du récipient le contenant ou d'une surpression dans le système (accidents de Feyzin, de Flixborough) peut entraîner :

- la libération dans la nature de produits toxiques, conduisant à une pollution plus ou moins durable, avec agression de la faune et de la flore et destruction éventuelle ;
- la libération de produits inflammables susceptibles de donner naissance à des incendies et à des explosions, particulièrement destructeurs ;
- la libération simultanée de produits toxiques et de produits inflammables, avec cumul des deux effets : pollution de l'environnement et destruction par le feu ou l'explosion.

La simple évaporation ou émission d'un produit n'est pas à proprement parler une réaction chimique, mais peut en avoir les conséquences, ne serait-ce qu'en déclenchant des réactions dangereuses.

Réactions chimiques dangereuses dues à la présence de produits incompatibles et aux conditions opératoires

Des réactions chimiques dangereuses peuvent survenir par suite de la présence de produits incompatibles et des conditions opératoires (températures plus élevées que celles prévues, présence d'impuretés qui catalysent certaines réactions secondaires). C'est notamment le cas des accidents de Seveso, de Bhopal et d'AZF à Toulouse.
Ici aussi, on peut distinguer plusieurs cas :

- les réactions chimiques dangereuses avec formation de substances toxiques et polluantes (accident de Seveso) ;
- les réactions chimiques dangereuses avec formation de substances inflammables et explosives (accidents dans les mines de charbon : coup de grisou) ;
- les réactions chimiques dangereuses avec formation simultanée de substances toxiques et inflammables (cas le plus fréquent).

Produits explosifs et instables

Un cas particulier des réactions chimiques dangereuses est celui des produits explosifs et instables, appelés également produits pyrotechniques.
Ces produits ont la propriété de se décomposer d'une manière explosive, sous l'influence d'une source d'amorçage (chaleur, étincelle, choc, etc.). De nombreux accidents dans les usines pyrotechniques, les dynamiteries, les cartoucheries et les usines d'armement relèvent de ce cas.

Autres réactions chimiques

D'autres réactions chimiques apparemment non dangereuses mais qui interviennent dans les processus des accidents industriels majeurs peuvent être :

- des réactions d'oxydation superficielles qui sont à l'origine des explosions de poussières métalliques et autres substances oxydables ;

© Dunod – La photocopie non autorisée est un délit.

– des réactions de décomposition thermique, appelées également pyrolyse ou décomposition pyrolytique.

Dans les deux cas, il s'agit de réactions qui se font à chaud, à des températures dépassant 300 °C, mais qui interviennent dans les processus d'incendie et d'explosion. Elles seront étudiées au chapitre 3.

L'importance des réactions chimiques dangereuses dans les processus d'accidents industriels majeurs est telle qu'elles seront étudiées à la fin de ce chapitre.

Le tableau 2.3 montre les différents processus qui sont à l'origine des accidents industriels majeurs.

Tableau 2.3 – Différents processus à l'origine des accidents industriels majeurs.

Présence de substances dangereuses et de réactions chimiques dangereuses
Produits dangereux (inflammables, explosibles ou toxiques) : fuites dans l'environnement
Réactions dangereuses entre produits incompatibles : explosions et émission de produits toxiques
Réactions de combustion entre un combustible et un comburant : incendies et explosions
Réactions d'oxydoréduction entre substances oxydantes et réductrices : incendies, explosions et émission de substances toxiques
Réactions de décomposition pyrolytique à chaud : incendies, explosions et émission de produits toxiques
Réactions de polymérisation : incendies et explosions
Réactions dangereuses catalysées par des impuretés : incendies, explosions et émission de produits toxiques
Apport de l'énergie d'activation nécessaire pour activer les réactions dangereuses
Flammes, points chauds (frottements, chocs, surfaces chaudes, etc.)
Étincelles d'origine mécanique (chocs mécaniques)
Étincelles d'origine électrique (décharge de courant électrique)
Étincelles d'origine électrostatique (décharge électrostatique)
Rayonnement lumineux énergétique (UV, rayons X, rayons gamma)
Radiations ionisantes (rayons gamma, électrons)
Catalyseurs apportant une énergie chimique (métaux, oxydes métalliques, acides)

2.3.4 La localisation des risques industriels

Les risques industriels existent un peu partout dans les usines et les ateliers industriels.

■ Dans les ateliers de production de produits et d'objets divers

Une telle production suppose :

- l'emploi de produits chimiques plus ou moins dangereux, de matériaux divers inertes ou non ;
- l'utilisation de techniques et de procédures diverses, dont certaines dangereuses ;
- l'emploi d'équipements de travail divers et variés (réacteurs, mélangeurs, presses, filtres, machines-outils, etc.) ;
- des locaux adaptés et équipés conformément aux règles de sécurité notamment.

Un dysfonctionnement quelconque au niveau des opérations, une erreur ou des défauts au niveau des équipements, des erreurs et négligences dans la conception des systèmes et les opérations peuvent se traduire par des accidents de gravité variable. C'est le cas des accidents de Seveso et de Flixborough.

■ Dans les locaux de stockage et de magasinage

Les nécessités de production obligent les entreprises à prévoir des stocks de produits et de matériaux qui sont alors conservés dans des locaux ou des zones adaptés et équipés en conséquence. Souvent, les quantités stockées sont importantes et les risques existants peuvent donner naissance à des accidents industriels majeurs.
Les accidents de Feyzin et d'AZF illustrent cette situation, les quantités de produits chimiques dangereux, explosifs ou inflammables étant importantes.
Plusieurs situations sont à envisager en pratique :

- le stockage de matières premières, de produits semi-finis et de produits finis au sein d'une usine de production, généralement dans un secteur du site ;
- le stockage au sein d'une entreprise spécialisée dans le magasinage ou d'une entreprise de transport.

Dans chacun des cas, on distingue :

- le stockage en vrac à l'air libre, sur une aire d'entreprise ;
- le stockage en vrac dans un hangar ou un bâtiment couvert ;
- le stockage dans des emballages fermés à l'air libre ;
- le stockage dans des emballages fermés dans un hangar ou un bâtiment couvert ;
- le stockage dans des réservoirs, containers, citernes, emballages souples, aériens ;
- le stockage dans des réservoirs, containers, citernes, enterrés.

Ces stocks peuvent être conservés soit à l'air libre (cas d'AZF), soit dans des réservoirs fermés (cas de Feyzin), soit encore dans des locaux de magasinage spécifiques ou non à un ou plusieurs produits ; dans ce dernier cas, un problème supplémentaire se pose, celui de la compatibilité des substances présentes.

© Dunod – La photocopie non autorisée est un délit.

■ **Lors du transport des produits et matériaux, quelle que soit la voie utilisée**

Le transport des matières dangereuses présente également des risques non négligeables pour l'environnement, et les accidents survenus peuvent revêtir un caractère catastrophique par les dégâts causés.

Bien qu'il s'agisse de risques dans le transport, celui des matières dangereuses peut s'inscrire dans le cadre des risques industriels. En effet, la production industrielle suppose des opérations permanentes de transports de produits et de matériaux tant au sein de l'usine qu'à l'extérieur.

Il s'agit pour l'essentiel :

- du transport d'un secteur à un autre secteur de l'usine, par exemple de la zone de stockage aux ateliers de fabrication pour les matières premières et de la zone de fabrication au magasin de stockage des produits finis avant leur expédition vers les clients ;
- du transport de l'usine vers le lieu d'utilisation ou pour les grossistes, le lieu de stockage intermédiaire avant expédition vers les utilisateurs ;
- au niveau des magasins de stockage, d'un endroit ou local à un autre, en fonction des besoins et de l'organisation et gestion des stocks.

Le transport des matières dangereuses est intimement lié au stockage dans la mesure où les problèmes liés aux transvasements, chargements et déchargements sont pratiquement communs aux deux et présentent des risques non négligeables, notamment au niveau des défaillances humaines (erreurs sur les produits transvasés).

2.3.5 La nature des accidents industriels majeurs

La quasi-totalité des accidents industriels majeurs est due à des produits et des réactions chimiques dangereux, autrement dit c'est l'existence de risques chimiques qui explique ces accidents catastrophiques tant pour l'environnement que pour les hommes et les bâtiments. Les explosions, les incendies, les fuites de produits toxiques sont tous les conséquences directes ou indirectes de risques chimiques existant, autrement dit de la présence de produits chimiques dangereux, inflammables, explosifs ou toxiques. Il suffit alors d'un élément mineur, par exemple la présence d'un produit étranger, d'une étincelle ou d'un phénomène mal contrôlé pour que l'accident se produise.

Les risques mécaniques, physiques (électrique, acoustique) sont exceptionnellement à l'origine d'accidents industriels majeurs ; par contre, ces risques peuvent induire des catastrophes en présence de produits chimiques, par exemple les échauffements incontrôlés des contenus des réacteurs chimiques comme ce fut le cas pour les accidents de Seveso ou de Bhopal. Ainsi une étincelle électrique ou électrostatique peut induire une explosion de produits combustibles ou encore un choc mécanique peut conduire, par fragilisation de l'enceinte, à une fuite de produits chimiques toxiques.

Mais dans tous les cas, ce sont les produits chimiques et réactions dangereux qui expliquent les accidents industriels majeurs.

Bien évidemment, dans les accidents nucléaires, ce sont des produits radioactifs particuliers qui expliquent ces catastrophes, mais là aussi, il s'agit de produits chimiques dont la dangerosité provient de leur radioactivité.

Les accidents industriels majeurs ou non appartiennent aux types suivants :

– incendies et explosions par suite de réactions chimiques dangereuses ;
– épandage au sol ou sur des éléments liquides de produits chimiques dangereux pour l'écosystème ;
– émission dans l'atmosphère de produits gazeux et d'aérosols formés de vésicules liquides et de poussières dangereux pour l'écosystème ;
– incendie et explosion de produits chimiques accompagnés d'émissions de substances toxiques conduisant à une pollution de l'environnement.

2.4 Les facteurs de danger des produits dangereux

Les substances et préparations sont appelées *dangereuses* lorsqu'elles sont susceptibles d'être à l'origine d'incendies-explosions et d'intoxications. Leur simple présence peut conduire à des accidents plus ou moins graves ; leur manipulation, leur fabrication, leur stockage et leur transport présentent des risques qui peuvent se traduire par des accidents industriels.

L'article R 231-51 du Code du travail définit quinze catégories de produits chimiques dangereux, dont 5 correspondant aux incendies-explosions et 10 toxiques à des degrés divers.

Le tableau 2.4 montre cette classification des produits dangereux en quinze catégories et dix pictogrammes qui figurent sur les étiquettes à apposer sur les récipients contenant ces produits dangereux.

Tableau 2.4 – Classification des 15 catégories de produits dangereux et leurs pictogrammes.

Catégories de substances et préparations dangereuses	Pictogrammes	Exemples
Explosibles E		Trinitrotoluène Nitroglycérine Oxyde d'éthylène
Comburants O		Peroxyde d'hydrogène (eau oxygénée) Chlorate de sodium Peroxydes, persels, peracides
Extrêmement inflammables F+		Éther éthylique Diméthyl éthyle amine
Facilement inflammables F		Acétone Toluène Cyclohexane

© Dunod – La photocopie non autorisée est un délit.

Tableau 2.4 (suite) – Classification des 15 catégories de produits dangereux et leurs pictogrammes.

Catégories de substances et préparations dangereuses	Pictogrammes	Exemples
Inflammables R_{10}		Solvants naphta Essence F
Très toxiques T+		Acide fluoridrique Trioxyde de chrome (anhydride chromique)
Toxiques T		Benzène Cadmium
Nocives Xn		Toluène Essences A
Corrosives C		Décapants acides Soude caustique et acides
Irritants Xi		Butanone Anhydride phtalique
Sensibilisants R42-R43		Glutaraldéhyde
Cancérogènes CARC		Amiante Chlorure de vinyle
Mutagènes MUT		Acrylamide Chromates et dichromates
Toxiques vis-à-vis de la reproduction REPR		Plomb (composés du) Éthers d'éthylène-glycol
Dangereuses pour l'environnement N ou R52-R53-R59		Ammoniac et solutions Trichloréthylène

La dangerosité d'un produit dépend de plusieurs facteurs, dont les principaux sont :

- la nature chimique de la molécule ;
- l'état physique solide, liquide ou gazeux ;
- l'état de division (taille des particules solides et des vésicules) ;
- les quantités mises en jeu ;
- les durées de contact ;
- la stabilité dans le temps, ce paramètre concernant essentiellement les accidents industriels majeurs.

2.4.1 Nature chimique de la molécule

La toxicité d'une substance provient essentiellement de sa réactivité vis-à-vis des molécules des organismes vivants, dont essentiellement les protéines et l'eau et dans une certaine mesure les lipides et les glucides. Toute substance susceptible de réagir avec ces quatre types de molécules est susceptible d'être toxique pour les êtres vivants. Les molécules radioactives, par exemple les molécules marquées ou les métaux et métalloïdes utilisés comme sources de radioactivité, sont également toxiques et écotoxiques.

Les substances qui réagissent rapidement et facilement avec l'oxygène ou qui sont peu stables et susceptibles de se décomposer facilement peuvent induire des incendies et des explosions. C'est le cas des substances combustibles, organiques ou minérales, des oxydants, des peroxydes, des explosifs en général.

Ainsi, les molécules riches en carbone et hydrogène sont très combustibles, par contre les substances contenant de l'azote ou mieux du chlore sont difficilement combustibles et leur aptitude à l'explosion reste faible. Les nitrates (nitrate d'ammonium d'AZF) et dérivés nitrés (nitroglycérine, nitrotoluène) peuvent exploser sous certaines conditions (amorçage).

2.4.2 État physique du produit

Compte tenu de la facilité de transport, de dilution et de pénétration dans l'organisme, c'est surtout à l'état gazeux que les polluants sont les plus dangereux.

Il s'agit essentiellement de gaz et de vapeurs émises par les liquides volatils et éventuellement les solides. Plus la tension de vapeur du produit est élevée, ce qui correspond approximativement à des températures d'ébullition basses, plus la quantité de vapeurs émises est grande.

Les solides et les liquides ne sont généralement dangereux qu'à l'état très divisé, sous forme d'aérosols formés de vésicules liquides et de poussières fines.

Les gaz et vapeurs dont la densité est proche de celle de l'air (densité par rapport à l'air proche de 1) se diluent plus facilement dans l'air. Par contre, les gaz et vapeurs lourds forment des nappes qui s'accumulent en partie basse et ne se diluent dans l'air que lentement ; c'est le cas du chlore et des vapeurs de solvants chlorés (perchloréthylène), du sulfure de carbone, du brome.

© Dunod – La photocopie non autorisée est un délit.

La densité d des gaz et vapeurs par rapport à l'air est donnée par la formule :

$$d = \frac{M}{29}$$

M étant la masse moléculaire de la substance.
La majorité des substances gazeuses et notamment toutes les vapeurs sont plus denses que l'air et leur diffusion n'est pas rapide, surtout en absence d'agitation ou de courants d'air. Les vapeurs émises à chaud peuvent s'élever dans l'atmosphère et ainsi se condenser par refroidissement, formant des vésicules liquides qui ont tendance à s'accumuler au sol.

2.4.3 Taille des produits

Les dimensions des produits (et non des molécules), autrement dit l'état de division des substances, jouent un rôle important dans leur dangerosité.
Une suspension de particules solides ou de vésicules liquides très fines dans l'air est appelée *aérosol*, et sous cette forme les produits sont plus dangereux. Les nuages, les fumées, les brouillards sont des aérosols.
D'une façon générale plus un produit est à l'état divisé, plus le risque est grand. En effet, à l'état d'aérosol, ces produits se diluent plus facilement dans l'air et forment des mélanges homogènes relativement stables qui peuvent pénétrer plus facilement dans les organismes vivants par les voies respiratoires et cutanées. D'autre part, à l'état divisé, la surface des particules est grande et, compte tenu que les réactions de combustion sont essentiellement des phénomènes d'abord superficiels, les risques d'incendie sont élevés (figure 2.7).

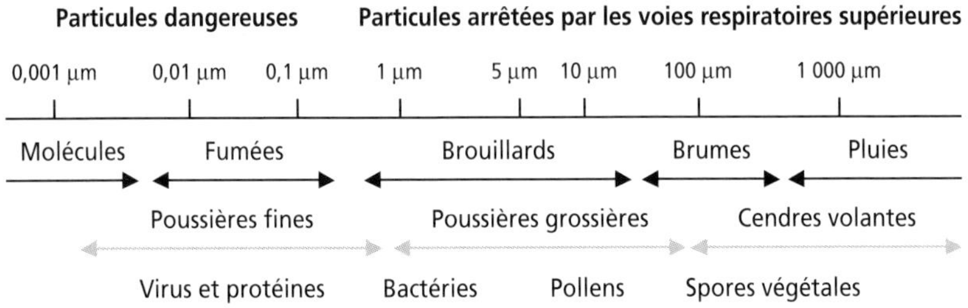

Figure 2.7 – Dimensions des aérosols (poussières et vésicules).

Ainsi, le fer ne s'oxyde que très lentement dans l'air ; par contre, la limaille de fer très fine peut s'enflammer spontanément. Le quartz est une substance inerte mais à l'état pulvérulent, il est très toxique et donne naissance à des pathologies pulmonaires graves (silicose).

2.4.4 Quantités mises en jeu

Pour un produit dangereux donné, plus les quantités sont grandes, plus le risque est important, indépendamment des autres paramètres. En effet, les doses absorbées sont forcément importantes et l'intoxication est rapide. De même, l'importance

des incendies et des explosions dépend, dans de larges proportions, des quantités mises en jeu, les énergies développées lors des explosions étant proportionnelles aux quantités engagées dans les réactions dangereuses.
Ainsi, quelques milligrammes de dioxine peuvent contaminer un laboratoire ou un petit atelier, mais quelques kilogrammes du même produit, répandus dans la nature, conduisent à la catastrophe de Seveso. De même, quelques grammes de nitrate d'ammonium peuvent exploser sans faire trop de dégâts qui d'ailleurs seront limités au local, tandis que l'explosion de 300 tonnes conduit à détruire tout un quartier, comme à Toulouse.

2.4.5 Durée de présence

Pendant toute la durée de présence de produits dangereux, le risque existe et par conséquent la probabilité qu'un accident se produise est bien réelle. Plus cette durée est grande, en toute logique, plus la probabilité qu'un événement dangereux apparaisse est élevée.
La durée intervient également, notamment au niveau des intoxications, sur les quantités absorbées, d'où des apparitions de perturbations et de pathologies. Par exemple, respirer pendant quelques secondes un gaz toxique comme l'hydrogène sulfuré, à des concentrations pas trop élevées, n'est pas mortel ; par contre, respirer ce même gaz pendant plusieurs minutes pourrait devenir fatal.

2.4.6 Stabilité

La stabilité dans le temps des produits dangereux, dans les conditions de sa présence, est également un facteur important. De nombreux produits évoluent soit parce qu'ils sont instables, soit parce qu'ils réagissent avec les autres substances présentes dans le milieu, autrement dit dans l'air, avec l'humidité et l'oxygène principalement. Les nouvelles molécules ainsi formées peuvent avoir des propriétés différentes et être plus ou moins dangereuses que les substances de base.
Par exemple l'éther éthylique s'oxyde à l'air pour donner des peroxydes instables et explosibles. Le formol, toxique, s'hydrolyse et se polymérise dans le temps et sa dangerosité se modifie. L'oxyde d'éthylène est hydrolysé par l'humidité pour se transformer en acide oxalique.

2.5 Les réactions chimiques dangereuses

Les réactions chimiques sont dites dangereuses lorsqu'elles donnent naissance soit à des incendies et des explosions, soit à la formation et l'émission dans la nature, de produits toxiques pour les animaux et les végétaux (figure 2.8).
Les produits qui entrent dans le processus des réactions dangereuses, autrement dit qui se combinent suivant ces réactions, sont appelés produits *incompatibles.*
On peut dire que toute l'industrie chimique est basée sur les réactions mettant en jeu des produits peu compatibles entre eux, mais ce dernier terme est généralement attribué aux produits qui, en donnant naissance à des réactions dangereuses difficilement maîtrisables, sont à l'origine d'accidents industriels, majeurs ou non. Dans

© Dunod – La photocopie non autorisée est un délit.

l'industrie, les réactions dangereuses sont globalement contrôlées, ce qui permet leur utilisation sur une grande échelle.
Cela revient à dire que, généralement, les accidents industriels majeurs sont les conséquences des réactions dangereuses mal maîtrisées entre produits incompatibles.

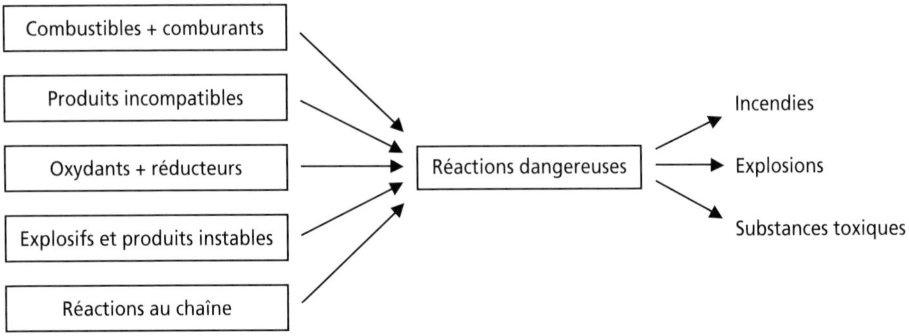

Figure 2.8 – Réactions chimiques dangereuses.

2.5.1 Les produits incompatibles

Parmi les millions de substances chimiques connues, plusieurs d'entre elles ont la propriété de réagir ensemble suivant des réactions chimiques bien connues pour la plupart. Toute l'industrie chimique, et notamment l'industrie de la synthèse chimique, est basée sur de telles réactions qui se font dans des réacteurs plus ou moins complexes et selon des modes opératoires variés et spécifiques pour une production donnée. Les substances de base qui réagissent ensemble ne sont pas toutes considérées comme incompatibles et les réactions qui se font sont le plus souvent contrôlées et ne présentent que très peu de dangers ; il est vrai qu'en général, compte tenu des tonnages fabriqués et du nombre des opérations, les accidents enregistrés sont peu nombreux, les mesures de sécurités prises étant fiables et efficaces.
Cependant, quelques-unes de ces réactions sont difficilement maîtrisables par suite de certaines de leurs caractéristiques et deviennent rapidement incontrôlables et s'emballent, en conduisant à des accidents plus ou moins graves. Ces réactions sont alors appelées *dangereuses* et leur mise en pratique dans l'industrie nécessite des contrôles et un suivi régulier du développement de la réaction de façon à éviter tout emballement. Les substances qui réagissent ensemble peuvent alors être appelées *incompatibles.*
Les produits incompatibles ne sont pas obligatoirement dangereux en eux-mêmes ; c'est leur rencontre imprévue, leurs combinaisons accidentelles qui peuvent déclencher des réactions dangereuses. Par exemple, l'oxygène et le méthane ne peuvent être considérés comme des produits dangereux séparément, mais ils sont incompatibles car leurs mélanges peuvent exploser, même à la température ambiante.
Le tableau 2.5 donne une liste de produits industriels incompatibles, dont les mélanges peuvent, en situations non contrôlées et non maîtrisées, conduire à des réactions dangereuses et donner naissance à des accidents d'ampleurs variables.

Tableau 2.5 – Produits chimiques industriels incompatibles autres que les produits combustibles dans l'oxygène.

Substances incompatibles	Avec la substance	Substances formées	Risques
Acides	Métaux légers comme magnésium, aluminium, fer, zinc	Hydrogène	Explosion
	Cyanures	Gaz cyanhydrique	Toxique
	Sulfures	Hydrogène sulfuré	Toxique
	Sulfites, bisulfites	Anhydride sulfureux	Toxique
	Hypochlorites, eau de Javel	Oxydes de chlore	Toxique
	Nitrites	Dioxyde d'azote	Toxique
	Fluorures	Acide fluorhydrique	Toxique
Acide nitrique	Métaux	Oxydes d'azote	Toxique
Acides oxydants (perchlorique, persulfuriques, peracétiques, chromiques, nitrique)	Réducteurs (hydrogène)	Eau	Explosion
	Hydrocarbures	Alcools, acides	Explosion
	Alcools	Acides	Explosion
	Aldéhydes	Acides	Explosion
	Amines	Dérivés nitrés	Explosion
Chlore, brome	Hydrogène	Acide chlorhydrique	Explosion
Isocyanate de méthyle	Eau, alcools	Amines, amides	Explosion
Eau (humidité)	Hydrures métalliques	Oxydes et hydroxydes métalliques	Explosion
	Organomagnésiens		Explosion
	Isocyanates	Amines	Explosion

2.5.2 Les réactions chimiques dangereuses

Ces réactions, par suite de certaines de leurs caractéristiques et plus particulièrement par suite de leurs vitesses de réaction et des quantités de chaleur dégagées, sont susceptibles de s'emballer et en devenant incontrôlables, peuvent :

– soit dégager de fortes quantités d'énergie généralement sous forme de chaleur qui échauffent la masse et peuvent prendre une allure explosive. Un grand nombre

© Dunod – La photocopie non autorisée est un délit.

de réactions de combustion sont de ce type. Les quantités de chaleur dégagées échauffent la masse réactionnelle dont la température augmente, ce qui entraîne généralement un accroissement de la vitesse de réaction, donc un échauffement encore plus important et ainsi de suite. C'est une véritable réaction en chaîne qui se déroule ; l'échauffement est tel que l'ensemble s'enflamme et c'est l'incendie. Si les quantités de chaleur dégagées sont très importantes, les vitesses élevées et si la réaction dégage beaucoup de produits gazeux, alors c'est l'explosion plus ou moins violente ;

– soit dégager des produits toxiques pour l'homme et la nature. De nombreuses réactions conduisent à des substances toxiques et écotoxiques qui peuvent être libérées et se répandre dans la nature, en créant une pollution plus ou moins importante. Il n'est pas indispensable que les matières premières soient dangereuses en elles-mêmes pour que les produits formés le soient. L'exemple classique des mélanges d'acides et d'eau de Javel donnant naissance à des oxydes de chlore toxiques est fréquent ;
– soit encore conduire simultanément à une explosion et à un dégagement de substances toxiques. C'est un cas courant et de nombreuses réactions dangereuses à l'origine d'accidents industriels majeurs sont de ce type, par exemple ceux de Seveso et de Bhopal, pour ne citer que les plus importants.

2.5.3 Les explosifs et les produits instables

Les réactions de décomposition de ces produits, généralement peu stables, sont également des réactions dangereuses, avec la particularité qu'il n'y a ici qu'un seul produit qui réagit seul en se décomposant, sans avoir besoin de se combiner avec une autre substance.

Il s'agit de molécules instables, qui, sous l'action d'une énergie extérieure, chaleur, étincelle, choc, rayonnement énergétique, se décomposent rapidement, suivant une réaction explosive. C'est d'ailleurs cette propriété qui est utilisée dans l'emploi de ces produits. Un grand nombre de ces molécules contiennent dans leur structure chimique, une partie oxydante et une partie réductrice qui réagissent ensemble suivant une réaction explosive.

Le tableau 2.6 donne une liste des principaux produits industriels explosifs ou instables.

Le pouvoir explosif de ces corps s'explique par la chaleur dégagée et l'importance du volume gazeux émis lors de la décomposition, qui augmente localement la pression interne, cette augmentation de volume étant encore accrue par les températures élevées qui dilatent les gaz (loi de Boyle-Mariotte).

2.5.4 Les réactions de pyrolyse

Ces réactions, bien qu'elles ne soient pas toujours dangereuses en elles-mêmes, revêtent néanmoins une grande importance dans les processus d'incendie et d'explosion.

Un grand nombre de produits chimiques, et plus particulièrement la totalité des produits organiques (contenant du carbone et de l'hydrogène) mais également des

Tableau 2.6 – Principaux produits explosifs et instables autres que les explosifs industriels (liste alphabétique).

Acétaldéhyde
Acétylène
Acide nitrique
Acide perchlorique
Acide periodique
Acide peroxyacétique
Acide picrique et picrates
Acide sulfurique anhydre (oléum)
Acrylonitrile
Alcalins (métaux, hydrures, azotures)
Alkylaluminium
Aluminium et certains dérivés (hydrures, azotures, sels d'acides oxydants)
Ammonium (sels d'acides oxydants)
Argent (nitrure, acétylure)
Azides (dérivés)
Azotures minéraux (cuivre, argent) et organiques (alkyles)
Boranes
Bromoacétylène
Carbure de calcium
Carbonyles (sels et organométalliques)
Cétènes alkyles
Chlorates métalliques et organiques
Chlore dioxyde
Chloramines
Chrome trioxyde
Diazo (composés)
Diazonium (sels de)
Diborane
Diéthyloxyde (éther diéthylique)
Disilane
Éthylène oxyde
Fluoroamines
Furfurol
Hydrazine et sels
Hydrogène
Hydrogène peroxyde (eau oxygénée)
Hydroperoxydes
Hydroxylamine et sels
Hydrures
Iodates

© Dunod – La photocopie non autorisée est un délit.

Tableau 2.6 (suite) – Principaux produits explosifs et instables autres que les explosifs industriels (liste alphabétique).

Magnésium
Méthanol
Nitrométhane
Nitroso (dérivés)
Organométalliques
Oxygène
Ozone
Peracides
Peroxydes
Persels
Phosphine
Phosphore et certains dérivés
Potassium
Silanes
Sodium
Tétrahydrofuranne
Triazènes

matériaux divers, solides, liquides ou gazeux, s'ils sont stables à la température ambiante, peuvent se décomposer à des températures élevées et donner généralement naissance à des substances différentes, combustibles ou toxiques.

D'une façon générale, en chauffant un produit ou une matière, on constate :

- une altération des propriétés mécaniques et physiques à partir de 100-150 °C (jaunissement, baisse de la dureté et de la résistance mécanique, etc.) ;
- un début de décomposition vers 200 °C, avec un changement de la couleur (brunissement) et de l'apparence (texture, surface plus friable) ;
- une décomposition plus avancée et nettement visible, avec dégagement gazeux, à partir de 300 °C ;
- pour les produits organiques (chimiques et agroalimentaires), la décomposition est quasi complète vers 500 °C ;
- pour les produits minéraux (amiante, argiles), il faut des températures plus élevées, de l'ordre de 700-900 °C, pour observer des changements de structures cristallines et des décompositions.

D'une façon générale, les produits formés par la pyrolyse dépendent de la température atteinte par la matière initiale :

- À des températures inférieures à 600-700 °C, il se forme essentiellement des molécules relativement grosses, provenant des réactions de condensation ou de ruptures des molécules initiales. Il s'agit essentiellement d'hydrocarbures lourds polycycliques, d'alcools, d'acides, d'amines, de dioxines, etc., accompagnés de vapeur d'eau.

– Au-delà de 600-700 °C, les grosses molécules formées, peu stables, se décomposent à leur tour pour donner naissance à de petites molécules stables telles que la vapeur d'eau, le dioxyde de carbone, l'oxyde de carbone, l'ammoniac et le gaz cyanhydrique, l'anhydride sulfureux, quelques hydrocarbures gazeux comme le méthane, etc.

– À partir de 1 000 °C, l'essentiel des produits émis par la décomposition pyrolytique est constitué de vapeur d'eau et de dioxyde de carbone.

En milieu oxygéné (air) ou si la molécule contient des parties riches en oxygène (dérivés nitrés), ce sont surtout les formes oxydées qui prédominent dans les produits de décomposition, l'oxyde de carbone, l'ammoniac, le gaz cyanhydrique, les hydrocarbures étant pratiquement absents dans les pyrolysats.

Après pyrolyse, il reste généralement un résidu charbonneux rappelant les goudrons et les brais contenant, outre du carbone, de très grosses molécules pauvres en hydrogène et relativement stables qui sont des polymères.

En dehors de la température, la vitesse de chauffe influe également sur la nature et les quantités de produits formés.

La répartition de la taille des molécules formées par décomposition thermique en fonction de la température suit la forme des deux courbes de la figure 2.9. En présence d'oxygène, dans l'air, la décomposition semble démarrer plus vite et les grosses molécules disparaissent plus rapidement.

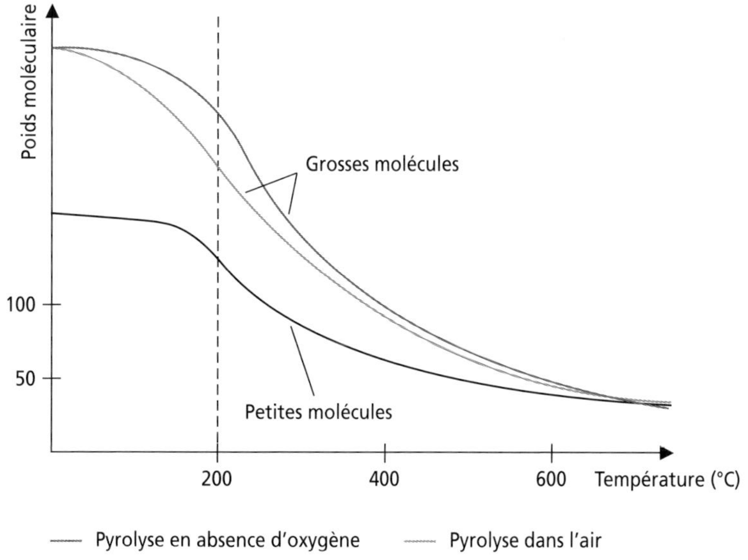

Figure 2.9 – Courbes de décomposition thermique : répartition des tailles moléculaires des substances dégagées par pyrolyse en fonction de la température.

Ce sont ces produits gazeux formés pendant la décomposition thermique, pour la plupart combustibles ou/et toxiques, qui expliquent un grand nombre d'incendies

© Dunod – La photocopie non autorisée est un délit.

et d'explosions accidentels. Ils sont également à l'origine de la plupart des accidents majeurs conduisant à des intoxications et une pollution de l'environnement.
Le tableau 2.7 donne les principales substances formées pour quelques familles de produits et matériaux industriels courants.

Tableau 2.7 – Principales substances formées lors des décompositions thermiques, autres que l'eau et le dioxyde de carbone.

Produits et matériaux hydrocarbonés et dérivés oxygénés
Substances formées à basses températures
Hydrocarbures (méthane, éthane, propane, benzène, cyclohexane) Dérivés de l'indène et furanniques Coumarone et dérivés Alcools (méthanol, éthanol), phénols Acides (acides formique et acétique)
Substances formées à hautes températures
Vapeur d'eau et dioxyde de carbone Hydrocarbures polycycliques aromatiques pauvres en hydrogène Alcools et acides lourds
Produits azotés
Substances formées à basses températures
Amines aliphatiques et aromatiques Amides aliphatiques et aromatiques Imines et imides Pyridine et dérivés Indène et dérivés Gaz cyanhydrique et cyanogène
Substances formées à hautes températures
Ammoniac Azote et oxydes d'azote dont NO_2
Produits chlorés
Substances formées à basses températures
Acide chlorhydrique Hydrocarbures surchlorés (tétrachlorure de carbone, perchloréthylène, etc.) Acides chlorés (acides chloracétiques)

Tableau 2.7 (suite) – Principales substances formées lors des décompositions thermiques, autres que l'eau et le dioxyde de carbone.

Substances formées à hautes températures
Chlore Phosgène Hydrocarbures polycycliques aromatiques chlorés
Produits soufrés
Substances formées à basses températures
Thiols Sulfure de carbone Thiophène et dérivés Thionaphtène
Substances formées à hautes températures
Anhydride sulfureux Acide sulfurique Hydrocarbures polycycliques aromatiques soufrés (thioanthracène, thiofluorène)

3 • LES INCENDIES ET LES EXPLOSIONS

Les explosions, accidentelles ou volontaires, sont des phénomènes courants et d'ordinaire de faible ampleur. L'explosion contrôlée des explosifs est souvent utilisée dans de nombreux domaines comme les mines et les carrières, la construction des ouvrages de génie civil, la propulsion des fusées, etc. Les caractéristiques de ces explosions sont bien connues et l'énergie développée par elles est parfaitement maîtrisée et utilisée. Les plus à redouter sont, bien évidemment, les explosions accidentelles qui peuvent conduire à des dégâts considérables, comme c'est le cas des explosions industrielles majeures, l'exemple récent de l'usine AZF à Toulouse étant l'un des plus significatifs mais hélas pas le seul.

L'explosion est un phénomène relativement bien étudié et donc bien connu ; elle est soumise à différents paramètres dont la connaissance permet sa maîtrise. Mais, souvent, compte tenu du nombre élevé de paramètres qui interviennent et de la sensibilité du phénomène d'explosion, un accident peut se produire sans que l'on puisse intervenir ou le circonscrire.

À l'origine de l'explosion, il y a une réaction dangereuse, qu'elle soit à mono-composant (cas des explosifs et des substances instables) ou à composants multiples (cas des combinaisons de produits incompatibles et des combustions).

3.1 Généralités sur les incendies et les explosions

L'explosion est définie comme étant un éclatement violent soudain ; cet éclatement est dû essentiellement à la libération de gaz chauds sous pression.

C'est un phénomène où l'énergie potentielle d'un système, libérée très rapidement, a un pouvoir destructeur élevé car elle est transmise à son environnement.

3.1.1 Notion d'énergies

D'après les dictionnaires, l'énergie désigne une puissance en action, une force vive, une intensité d'action, une aptitude à effectuer un travail. Un corps possède de l'énergie s'il produit un travail.

Il existe en mécanique plusieurs types d'énergie.

■ Énergie potentielle

Le système formé par un corps quelconque et la Terre possède une énergie potentielle E_p. On ne peut pas mesurer cette énergie, mais on peut calculer sa variation E_p en

© Dunod – La photocopie non autorisée est un délit.

cours de chute. Si le corps chute d'une hauteur h, alors la variation de l'énergie potentielle est égale à (figure 3.1) :

$$\Delta E_p = E_{pB} - E_{pA} = \vec{P} \cdot h = m \cdot g \cdot h$$

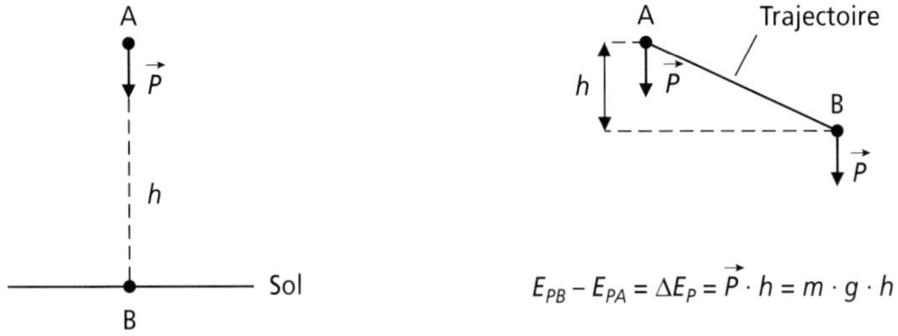

Figure 3.1 – Variation de l'énergie potentielle.

L'énergie d'un système dépend de sa position et de sa forme. On définit la force conservative F telle que :

$$\vec{F} = -\nabla E_p$$

Le travail produit par cette force est indépendant du chemin suivi.
Le système est en équilibre lorsque $F = 0$.

■ Énergie cinétique

L'énergie cinétique d'un corps est rattachée au déplacement de ce corps. Tout corps en mouvement possède une énergie cinétique E_c :

$$E_c = \frac{1}{2} m v^2$$

m étant la masse du corps et v la vitesse de déplacement.
L'énergie cinétique d'un corps au repos est nulle car $v = 0$.

■ Énergie mécanique

L'énergie mécanique d'un corps est la somme des énergies potentielle et cinétique :

$$E_m = E_c + E_p$$

Si le corps est au repos, alors l'énergie mécanique est égale à l'énergie potentielle.
Le principe de la conservation de l'énergie précise que l'énergie mécanique d'un système reste constante. La conséquence est que l'énergie acquise par le corps est égale à la baisse de l'énergie potentielle.

■ Énergie interne

L'énergie interne correspond à un système qui reçoit de l'extérieur, une énergie (quantité de chaleur, travail mécanique) pour subir une transformation, alors on dit que son énergie interne augmente de :

$$U = JQ + W$$

Q étant la quantité de chaleur reçue, W le travail reçu et J l'équivalent mécanique de la calorie. U ne dépend que de l'état initial et de l'état final du système.
Il existe d'autres formes d'énergie que l'énergie mécanique :

- l'énergie chimique : réactions chimiques ;
- l'énergie thermique : dégagement de chaleur ;
- l'énergie lumineuse : lumière et ondes électromagnétiques ;
- l'énergie électrique : courant électrique ;
- l'énergie nucléaire : réactions nucléaires, radioactivité.

L'énergie totale des systèmes reste constante pendant les transformations et notamment le passage d'une forme d'énergie à une autre.
Tout corps qui produit un travail possède une énergie. Tout corps en mouvement fournit un travail $W = FL$, F étant la force appliquée sur le corps et L la distance parcourue.
Les différentes formes d'énergie peuvent se transformer les unes dans les autres (figure 3.2). Ainsi, l'énergie électrique peut se transformer en énergie thermique (chauffage électrique, ampoules électriques) ou en énergie mécanique (moteurs) ; l'énergie chimique peut se transformer en énergie électrique (piles, batteries) ou thermique (chauffage par combustion, moteurs thermiques).

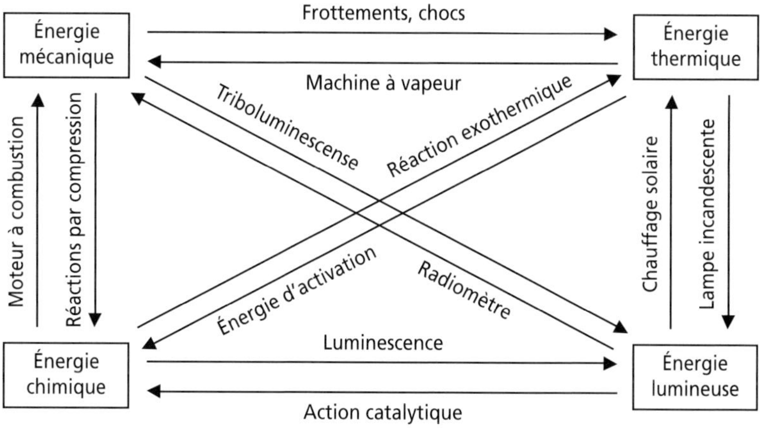

Figure 3.2 – Transformation des énergies.

Dans l'explosion, l'énergie chimique est transformée en partie en énergie mécanique qui joue un rôle destructeur.
Lorsqu'un corps en mouvement rencontre un autre corps, une partie de son énergie est transmise à l'autre, l'énergie totale restant constante. Ainsi, si un objet A en mouvement rencontre un objet B au repos, l'énergie de A diminue et cette diminution se traduit par l'échauffement, la déformation et/ou la mise en mouvement de B. Lors d'une explosion, si l'énergie mécanique développée rencontre un obstacle fixe

© Dunod – La photocopie non autorisée est un délit.

(mur, arbre), alors cette énergie est transmise à l'obstacle qui, ne pouvant se déplacer, ou bien s'échauffe ou le plus souvent se déforme et se brise.

3.1.2 Les énergies de réaction

Toutes les réactions chimiques s'accompagnent d'un dégagement ou d'une absorption d'énergie sous forme de chaleur :

– la réaction est dite endothermique si elle absorbe de la chaleur (refroidissement du système) ;

– la réaction est dite exothermique si elle produit de l'énergie sous forme de chaleur (échauffement du système).

Toutes les réactions d'explosion sont exothermiques. L'énergie dégagée est égale à la différence des enthalpies H des produits de départ ou réactifs et des enthalpies des produits formés, donc à l'arrivée. Pour la réaction :

$$\mathrm{A + B + C \rightarrow D + E}$$

$$Q = (H_\mathrm{D} + H_\mathrm{E}) - (H_\mathrm{A} + H_\mathrm{B} + H_\mathrm{C}) = H$$

H_x est l'enthalpie de formation ou énergie chimique de l'atome ; Q ou H est l'énergie dégagée ou enthalpie de réaction. Ces enthalpies et énergies peuvent être mesurées expérimentalement et calculées mathématiquement, en partant des énergies des liaisons chimiques des atomes constituant les molécules de départ et celles formées après réaction.

3.1.3 Les vitesses de réaction

Avec l'énergie de réaction, la vitesse de réaction est également un paramètre important, surtout dans le cas des réactions dangereuses explosives. L'étude de ces vitesses est appelée cinétique chimique. La vitesse d'une réaction correspond à la vitesse de combinaison des produits de départ qui ont tendance à disparaître en cours de réaction.
On peut considérer la disparition d'un des réactifs ou encore l'enrichissement en produits formés. La vitesse devient alors :

$$v = \frac{\mathrm{d}C}{\mathrm{d}t}$$

$\mathrm{d}C$ étant la variation de la concentration du produit de départ pendant la durée $\mathrm{d}t$.
Ainsi, dans la réaction précédente :

$$\mathrm{A + B + C \rightarrow D + E}$$

la vitesse de réaction est :

$$v = \frac{\mathrm{d}D}{\mathrm{d}t} = \frac{\mathrm{d}E}{\mathrm{d}t} = -\frac{\mathrm{d}A}{\mathrm{d}t} = -\frac{\mathrm{d}B}{\mathrm{d}t} = -\frac{\mathrm{d}C}{\mathrm{d}t}$$

Dans le cas des réactions simples ou élémentaires, alors :

$$v = k(A)(B)(C)$$

(A), (B), (C), (D) et (E) sont les concentrations des produits A, B, C, D et E, et k une constante.

Dans le cas des réactions d'ordre 2 telle que $2\,A + B \rightarrow C + D$:

$$v = k(A)^2(B)$$

Dans les explosions, nous avons :

$$A \rightarrow B + C \quad \text{et} \quad v = k(A)$$

Les vitesses de réaction peuvent être mesurées expérimentalement ou encore calculées à partir des formules utilisant des différentiels.

Les réactions complexes sont une juxtaposition de réactions élémentaires et le calcul des vitesses est plus complexe.

La vitesse de réaction dépend de nombreux paramètres, dont la température et la présence de substances appelées *catalyseurs* (accélérateurs ou inhibiteurs). Globalement, l'élévation de la température ainsi que la présence de catalyseurs accélérateurs augmentent la vitesse.

Certaines réactions sont totales et les produits de départ disparaissent complètement ; d'autres sont dites équilibrées, car, après un certain temps, le milieu réactionnel contient à la fois les produits de départ et les produits d'arrivés. Les réactions dangereuses et notamment explosives sont des réactions totales.

Réactions totales :

$$A + B \rightarrow C + D$$

La vitesse est égale à :

$$V = -\frac{d(A)}{dt} = -\frac{d(B)}{dt} = \frac{d(C)}{dt} = \frac{d(D)}{dt} = k\,d(A)$$

(A), (B), (C) et (D) étant les concentrations des produits et k une constante.

Réactions équilibrées :

$$A + B \rightleftharpoons C + D$$

En fin de réaction, on trouve simultanément les quatre substances A, B, C et D.

$$\frac{(C)\times(D)}{(A)\times(B)} = k' \quad \text{constante}$$

– Si (C) ou (D) augmente, alors la réaction se fait vers la gauche, avec augmentation de (A) et (B).

– Si (C) ou (D) diminue, la réaction se fait vers la droite, avec diminution de (A) et (B).

– Si on enlève C ou D en cours de réaction, celle-ci devient totale.

© Dunod – La photocopie non autorisée est un délit.

3.1.4 La puissance destructrice dans une explosion

Le phénomène d'explosion est une réaction chimique dangereuse très énergétique. La dangerosité provient essentiellement de trois facteurs :

- un dégagement important d'énergie, essentiellement sous forme de chaleur de réaction qui élève la température de l'ensemble ;
- des vitesses de réaction extrêmement élevées, supposant un bon contact entre les molécules réagissant ensemble ;
- la formation et la libération de grandes quantités de gaz ou de substances gazeuses aux températures atteintes.

■ Chaleurs de réaction

C'est l'énergie dégagée par la réaction chimique sous forme de chaleur ; le système perd son énergie interne et cette dernière se dégage sous forme de chaleur ; la réaction est dite exothermique.
Toutes les réactions explosives sont très exothermiques et ce sont les grandes quantités de chaleur qui se dégagent qui expliquent en partie leur caractère destructeur. L'énergie libérée lors de ces processus d'explosion dépend essentiellement de la nature des produits et des quantités mises en jeu. Pour une quantité donnée d'un ou plusieurs produits, la vitesse élevée fait que l'énergie est libérée dans un laps de temps très court et la quantité de chaleur porte rapidement la masse à des températures élevées. Les gaz dégagés, portés rapidement à ces hautes températures, se dilatent dans de larges proportions et, conformément à la loi de Boyle-Mariotte, le produit PV (pression multipliée par le volume) est élevé ; la réaction s'accompagne d'une augmentation importante de la pression et c'est cette pression qui est à l'origine du pouvoir brisant des explosions (figure 3.3). Les gaz dilatés et rejetés à grande vitesse, sous des pressions importantes, possèdent une énergie mécanique élevée qui désagrège les obstacles fixes (parois d'une enceinte, mur).

■ Vitesses de réaction et onde de choc

La vitesse d'une réaction est le deuxième paramètre important dans le processus réactionnel et notamment dans le cas des réactions d'explosion. Suivant les vitesses de réaction, on distingue deux types d'explosions : les déflagrations et les détonations.

□ Déflagrations

La déflagration peut être considérée comme une explosion de faible ampleur, se situant entre un feu et une détonation. Elle s'explique principalement par une vitesse de réaction plus lente que celle de la détonation. Généralement, la vitesse de dégagement de l'énergie est de l'ordre de quelques centimètres par seconde et la vitesse du front de flamme de quelques centaines de mètres par seconde.
Le processus reste le même ; la réaction rapide dégage des gaz chauds et de la chaleur comme dans une explosion normale, mais la vitesse relativement faible fait que l'énergie dégagée, la même que si la vitesse était élevée, se fait sur une durée plus longue et non brutalement. Le dégagement gazeux est moins rapide et sa pression moins élevée, d'où un pouvoir brisant plus faible.

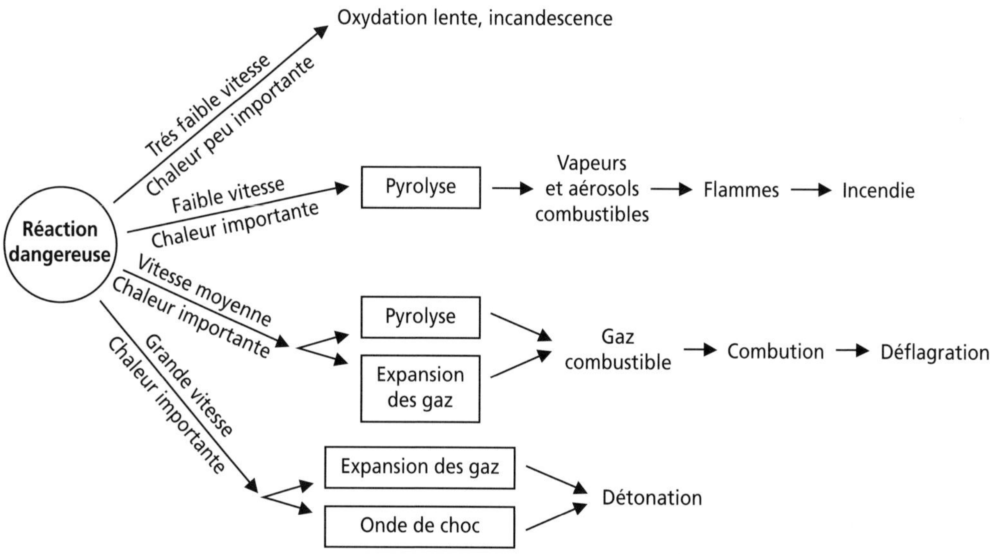

Figure 3.3 – Processus de formation des incendies et explosions.

Il existe relativement peu de différences entre une combustion vive et une déflagration, sauf que cette dernière est plus rapide qu'une combustion et qu'elle s'accompagne souvent d'une onde de choc de faible ampleur et peu destructrice.

La déflagration, plus facile à maîtriser, est utilisée pour la propulsion notamment celle des fusées et missiles ; les produits utilisés sont appelés poudres propulsives (pour armes) ou propergols, liquides ou solides (fusées).

□ Détonations

La détonation est la forme la plus dangereuse de l'explosion. Les vitesses de réaction sont très élevées, de l'ordre de plusieurs kilomètres par seconde et sont à l'origine d'une onde de choc qui accompagne l'explosion et qui est la cause principale des destructions. La durée d'une telle réaction ne dépasse généralement pas les 300 ms (soit un tiers de seconde). La vitesse du front de flamme est de l'ordre de quelques kilomètres par seconde.

C'est la brusque augmentation de la pression de l'air pendant la détonation qui crée l'onde de choc ; cette dernière se manifeste comme une succession de crêtes de pression sphériques centrées sur le point d'explosion, minces couches d'air qui s'éloignent du siège (figure 3.4).

On distingue deux phases dans l'onde de choc :

– l'onde de surpression qui est caractérisée par :
  - la pression de crête P_c (maximum de la courbe),
  - la différence de pression $P_c - P_{\text{atm}}$,
  - la différence de température (échauffement produit par la réaction explosive),
  - la durée totale de la surpression T ;

© Dunod – La photocopie non autorisée est un délit.

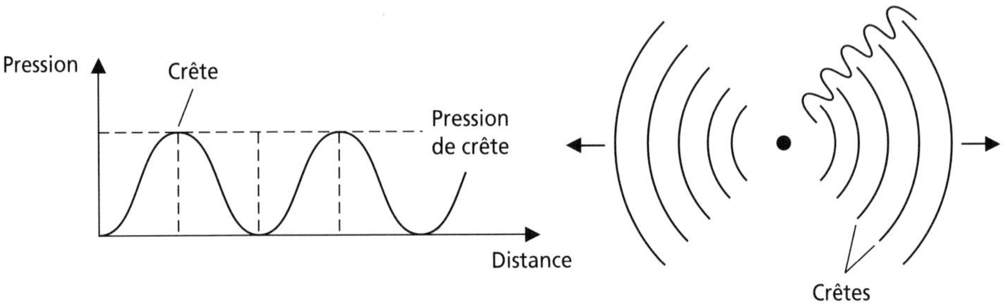

Figure 3.4 – Onde de choc.

– l'onde de dépression ou onde de détente ; celle-ci est plus longue et a une plus faible différence de pression.

Une étude mathématique du physicien Poisson montre que la vitesse n'est pas constante et varie avec la hauteur de la vague. Si la vitesse est plus grande au sommet, la face avant de la vague devient plus abrupte, voire verticale ; dans le cas contraire, c'est la face arrière qui est abrupte. Ceci accroît le pouvoir compressif de l'onde de choc qui possède alors un pouvoir destructeur plus grand sur l'obstacle qui s'oppose à sa propagation (figure 3.5).

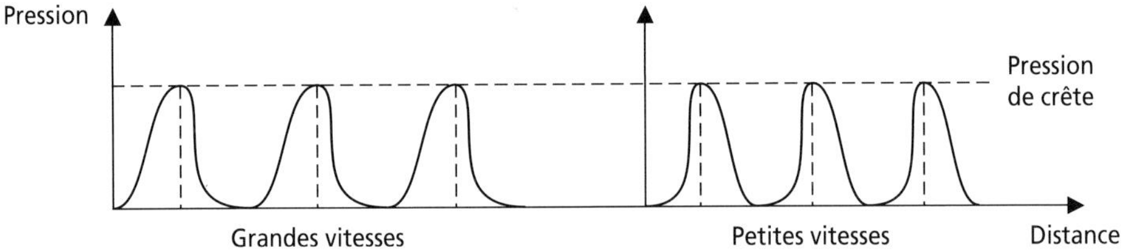

Figure 3.5 – Faces de l'onde de choc.

Lorsqu'une telle onde de choc atteint un objet fixe, par exemple une paroi fixe, cette dernière est soumise alternativement à des pressions élevées puis basses, pendant toute la durée du passage de l'onde de choc. D'autre part, l'énergie de l'explosion, véhiculée en partie par l'onde de choc, notamment sous forme d'énergie cinétique, est transmise, conformément au principe de la conservation de l'énergie, à l'objet fixe qui ainsi sera soumis à des forces telles qu'il se déformera, se brisera ou se détruira.

C'est ainsi que la détonation, à cause même des grandes vitesses d'explosion et de l'onde de choc qui l'accompagne a un grand pouvoir brisant et produit beaucoup de dégâts aux constructions et aux bâtiments fixes se trouvant à proximité. L'exemple récent le plus explicite est donné par les destructions causées aux bâtiments toulousains par l'explosion d'AZF en 1999, qui est une véritable détonation.

La plupart des explosifs primaires (explosifs d'amorçage comme le fulminate de mercure) ou secondaires (pentrite, hexogène, nitroglycérine, dynamite) détonnent.

3.1.5 La chimie de l'explosion

Dans leur grande majorité, les explosions sont les conséquences des réactions chimiques dangereuses.
Dans les explosions, on distingue trois principaux types de réactions dangereuses :

- les réactions de combustion : combinaison d'une substance chimique avec l'oxygène, par exemple la combustion des produits pétroliers ;
- les réactions chimiques en chaîne susceptibles de revêtir un caractère explosif comme les réactions d'oxydoréduction ;
- les réactions de décomposition spontanée des produits instables comme celles des explosifs et des produits pyrotechniques.

Ces réactions dangereuses qui donnent naissance à des explosions nécessitent généralement un amorçage au départ du phénomène, cet amorçage correspondant à un apport d'énergie qui active les molécules et rendent possibles les réactions (figure 3.6).
Cette initiation est obtenue :

- soit par la présence d'une substance qui catalyse la réaction en rendant possible la combinaison entre les produits qui réagissent ; cette substance apporte ainsi de l'énergie chimique au mélange ;
- soit par un apport d'énergie autre que chimique, qui peut être mécanique, thermique, lumineuse, électrique… et qui se transforme en énergie chimique au sein de la réaction.

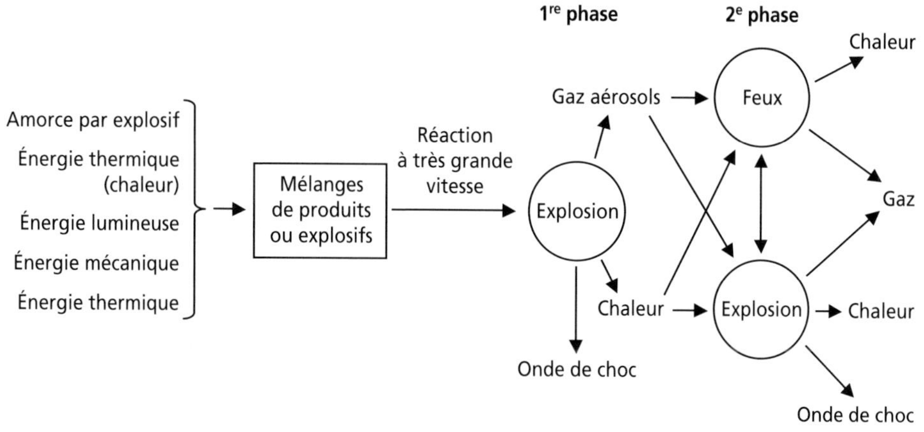

Figure 3.6 – Amorçage des explosions.

La plupart des réactions dangereuses font appel à des produits chimiques dangereux, dont la manipulation demande un certain nombre de précautions et des mesures de sécurité.
Sur les 15 catégories de substances et de préparations dangereuses définies par l'article R 231-51 du Code du travail (voir chapitre 2, tableau 2.4), 5 peuvent induire des incendies et des explosions :

© Dunod – La photocopie non autorisée est un délit.

- **explosibles** : les substances et préparations solides, liquides, pâteuses ou gélatineuses qui, même sans intervention d'oxygène atmosphérique, peuvent présenter une réaction exothermique avec développement rapide de gaz et qui, dans des conditions d'essais déterminées, détonnent, déflagrent rapidement ou, sous l'effet de la chaleur, explosent en cas de confinement partiel ;
- **comburantes** : les substances et préparations qui, au contact d'autres substances, notamment inflammables, présentent une réaction fortement exothermique ;
- **extrêmement inflammables** : les substances et préparations liquides dont le point d'éclair est extrêmement bas et le point d'ébullition bas, ainsi que les substances et préparations gazeuses qui, à température et pression ambiantes, sont inflammables à l'air ;
- **facilement inflammables** : les substances et préparations :
  - qui peuvent s'échauffer au point de s'enflammer à l'air à température ambiante sans apport d'énergie ;
  - à l'état solide, qui peuvent s'enflammer facilement par une brève action d'une source d'inflammation et continuer à brûler ou à consumer après l'éloignement de cette source ;
  - à l'état liquide, dont le point d'éclair est très bas ;
  - ou qui, au contact de l'eau ou de l'air humide, produisent des gaz extrêmement inflammables ou en quantités dangereuses ;
- **inflammables** : les substances et préparations liquides, dont le point d'éclair est très bas.

L'essentiel est dit sur les différentes possibilités et situations et couvre l'ensemble des produits dangereux inflammables et explosibles.

3.1.6 Comparaison entre les incendies et les explosions

Les incendies diffèrent des explosions malgré certaines similitudes quant à l'origine et les causes ; souvent, ces deux événements se suivent et il suffit quelquefois de peu de chose pour qu'un incendie ne se transforme en explosion ou une explosion soit suivie d'un incendie. ; les accidents de Feyzin et de Ghislenghien sont des exemples récents où le feu, en prenant de l'ampleur, a conduit à l'explosion du gaz inflammable.

Les principales différences entre ces deux phénomènes sont les suivantes :

- les incendies sont dus à des réactions dangereuses plus lentes que celles des explosions ;
- les incendies durent plus longtemps que les explosions, dont la durée ne dépasse pas quelques secondes, voire moins ;
- même si les énergies mises en jeu sont similaires, elles se répartissent différemment ; dans les incendies, les émissions d'énergies dégagées durent longtemps alors que pour les explosions, elles apparaissent pendant quelques secondes et par conséquent leur pouvoir brisant est plus élevé ;
- les incendies ne sont pas accompagnés d'émission d'ondes de choc à fort pouvoir destructeur, car il n'y a pas de changements brusques de la pression autour.

Dans les incendies, c'est la décomposition thermique des matières qui est l'élément important et c'est elle qui définit l'importance du phénomène, plus que dans les explosions.

En effet, lors d'un début d'échauffement, la matière se décompose en émettant un grand nombre de substances gazeuses, liquides et solides inflammables, le tout sous forme d'aérosols qui s'enflamment en présence de l'oxygène de l'air et de la chaleur. La pyrolyse se fait d'abord en surface, avant que la chaleur dégagée par le feu décompose le cœur de la matière. L'échauffement et la décomposition de l'intérieur de la matière provoquent une sorte de mini explosion interne, un éclatement de la matière qui la pulvérise et conduit à la formation d'un aérosol composé de gaz et vapeurs, de vésicules liquides et de particules solides formées de grosses molécules et de matière en cours de décomposition. Ceci explique les fumées noires qui accompagnent les incendies et qui, en opacifiant l'atmosphère, rendent difficile la détection du cœur de l'incendie et par conséquent retarde l'extinction du feu.

Ce mécanisme, basé sur la décomposition thermique de la matière est rendu possible par la faible vitesse de la réaction qui prend naissance.

Dans les explosions, compte tenu des vitesses très élevées des réactions dangereuses, les phénomènes de pyrolyse, plus lents, ne peuvent avoir lieu (sauf tout au début, dans le cas des aérosols de poussières qui peuvent se décomposer en surface en formant des vapeurs inflammables). La destruction de la matière est tellement rapide que l'explosion projette des matières non totalement décomposées. C'est seulement après l'explosion que la chaleur développée peut détruire les particules de matière.

3.2 Les réactions de combustion

Les réactions de combustion sont parmi les plus courantes des réactions chimiques et largement utilisées de par le monde entier, essentiellement comme source d'énergie thermique (chauffage) ou mécanique (moteurs thermiques).

Les combustions constituent une forme particulière des réactions d'oxydation qui font réagir l'oxygène à l'état libre (air) ou combiné (substances oxydantes comme les nitrates, les perchlorates, etc.) avec une substance *ad hoc*.

Il existe deux formes de réactions d'oxydation :

– les oxydations proprement dites dans lesquelles l'oxygène se fixe sur la molécule de la substance appelée *réductrice* qui ainsi s'oxyde. C'est le cas des alcools qui s'oxydent en aldéhydes puis en acides ou encore l'ammoniac qui donne de l'acide nitrique. Ces réactions qui peuvent être dangereuses seront étudiées avec les réactions en chaîne ;

– les réactions de combustion qui détruisent la substance proprement dite ; l'oxygène intervient dans la formation d'eau (à partir de l'hydrogène de la molécule) et de gaz carbonique (à partir du carbone de la molécule) pour l'essentiel.

On peut distinguer quatre types de réaction de combustion :

– les réactions de combustion lente qui sont en réalité des oxydations, par exemple celles des métaux (la rouille du fer, l'oxydation de l'aluminium et du zinc). Ces

© Dunod – La photocopie non autorisée est un délit.

réactions ne présentent pas de dangers particuliers, à moins que les formes oxydées soient instables (cas de l'éther éthylique : formation de peroxydes explosifs) ;

– les réactions de combustion vive, avec incandescence ou feu. Dans certains cas, les flammes peuvent prendre de l'ampleur et se propager si des matériaux combustibles se trouvent à proximité. Ce sont alors des incendies avec possibilités d'explosions secondaires ;
– les réactions de combustion très vive mais non instantanée, correspondant à la déflagration ;
– les réactions de combustion quasi instantanée, avec des vitesses très élevées et qui correspondent à la détonation avec propagation d'une onde de choc.

Ce sont surtout les réactions de combustion qui peuvent revêtir un caractère explosif. La réaction de combustion se résume par l'équation (figure 3.7) :

produit A + oxygène → produit B + produit C + énergie (chaleur)

Une telle réaction qui dégage de la chaleur est dite *exothermique*.

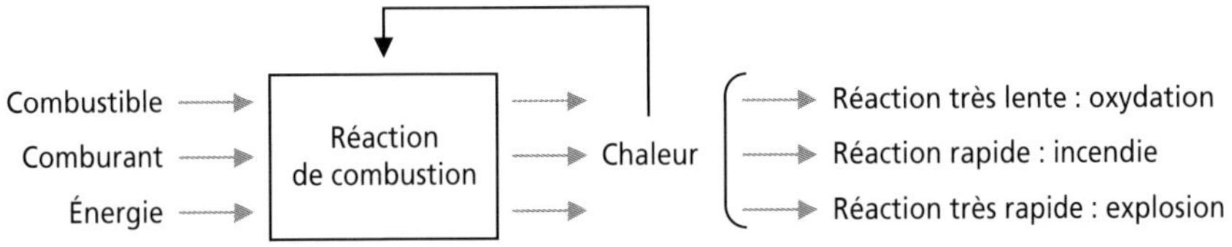

Figure 3.7 – Réaction de combustion.

Voici quelques exemples de réactions de combustion classiques (chaleurs en kg · cal/g) :

– Hydrogène :

$$H_2 + \frac{1}{2} O_2 \rightarrow H_2O + 290$$

– Carbone :

$$C + O_2 \rightarrow CO_2 + 171{,}7$$

– Méthane :

$$CH_4 + 2\,O_2 \rightarrow CO_2 + 2\,H_2O + 210{,}8$$

– Butane :

$$C_4H_{10} + \frac{13}{2} O_2 \rightarrow 4\,CO_2 + 5\,H_2O + 683{,}4$$

– Éthanol :

$$CH_3CH_2OH + O_2 \rightarrow 2\,CO_2 + 3\,H_2O + 327{,}6$$

Une zone dite chaude sépare la zone des produits initiaux non encore réagis (A et oxygène) de la zone des produits résultant de la combustion (B et C) (figure 3.8). Lors de la combustion cette zone chaude se propage par transfert thermique. La zone chaude se déplace suivant des vitesses allant de quelques millimètres par seconde à quelques centaines de mètres par seconde.

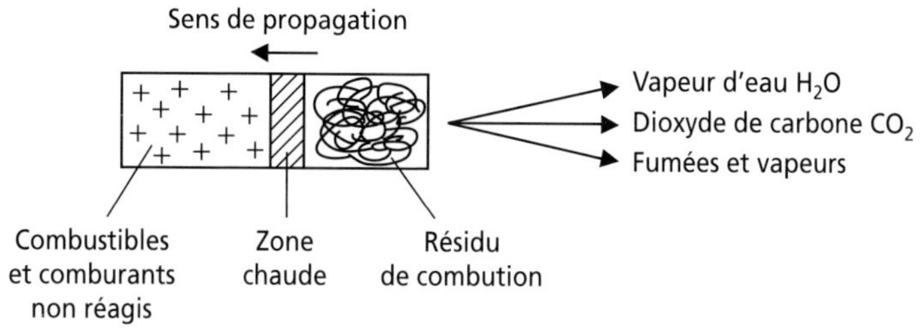

Figure 3.8 – Propagation de la zone chaude.

Deux cas peuvent alors se présenter :

– La réaction de combustion est plus lente que le transfert thermique : la réaction est vive mais dure un certain temps ; cela correspond à la *déflagration.*

– La réaction de combustion est plus rapide que le transfert thermique et la réaction est extrêmement rapide ; c'est la *détonation* accompagnée d'une onde de choc destructrice.

La substance qui réagit avec l'oxygène est appelée *combustible*, l'oxygène étant le *comburant.*

Suivant des processus chimiques plus ou moins complexes et faisant appel à des structures intermédiaires peu stables, la molécule de la substance de base est décomposée et transformée en eau et en dioxyde de carbone principalement avec une foule d'autres produits dont la nature dépend de celle du combustible de base et des conditions de la combustion, dont essentiellement la température. Toutes ces réactions de combustion dégagent de l'énergie sous forme de chaleur qui échauffe la masse et augmente la vitesse de réaction ; la réaction s'emballe et on assiste à une véritable réaction en chaîne.

La chaleur dégagée pyrolyse la substance encore non détruite et, comme généralement les produits gazeux de décomposition thermique sont relativement combustibles, ils s'enflamment. Ainsi, la combustion s'accompagne de flammes qui s'autoalimentent par la chaleur dégagée, favorisant le développement de la réaction (figure 3.9).

Les flammes et le feu s'expliquent par l'inflammation et la combustion des produits gazeux combustibles. Les solides et les liquides ne s'enflamment que si des réactions de pyrolyse forment des produits gazeux combustibles. Ainsi, le bois peut brûler avec des flammes car la chaleur décompose le matériau et dégage des vapeurs combustibles (alcools, hydrocarbures, etc.). Par contre, le charbon qui est du bois carbonisé ne dégage pas de vapeurs et par conséquent ne donne pas de flammes.

© Dunod – La photocopie non autorisée est un délit.

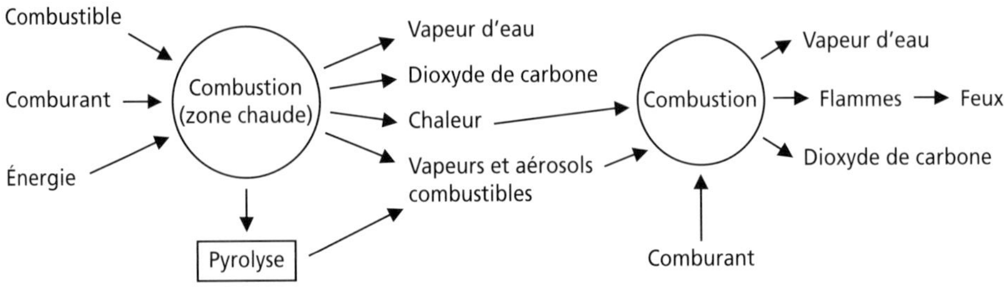

Figure 3.9 – Combustion avec flamme.

La combustion est représentée par le triangle du feu dont les trois côtés correspondent à la présence des trois paramètres : un combustible, un comburant et un apport d'énergie (figure 3.10). Dans le cas des explosifs, ces derniers contiennent à la fois le comburant et le combustible.

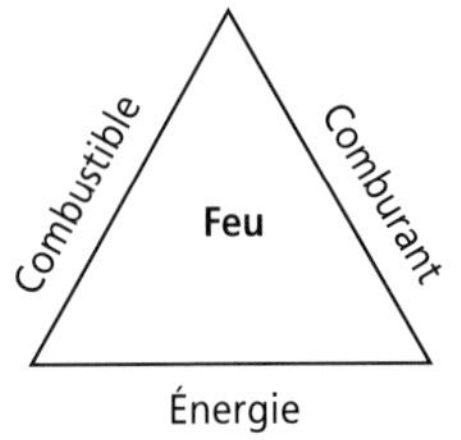

Figure 3.10 – Triangle du feu.

Pour qu'une réaction de combustion ait lieu, il est impératif que ces trois éléments soient présents simultanément.

3.2.1 Les produits combustibles

L'industrie et les différentes activités de bureau ou domestiques emploient, souvent en grandes quantités, un nombre élevé de produits combustibles qui, par conséquent, présentent des risques d'incendie-explosion. Les quantités importantes mises en œuvre nécessitent des stockages de plusieurs dizaines de tonnes, tant chez les utilisateurs que chez les fabricants et les grossistes, ce qui accroît la probabilité d'accidents industriels majeurs.

Pratiquement, tous les produits organiques, c'est-à-dire contenant dans leurs molécules au moins du carbone et de l'hydrogène, sont combustibles et se combinent à l'oxygène pour donner essentiellement de la vapeur d'eau (provenant des atomes d'hydrogène de la molécule) et du dioxyde de carbone ou gaz carbonique (provenant des atomes de carbone présents dans la molécule). Les produits azotés, soufrés, chlorés et autres donnent, suivant les températures de combustion, des dérivés plus spécifiques.

Les hydrocarbures, constitués de carbone et d'hydrogène, sont tous très combustibles et plusieurs d'entre eux sont utilisés comme carburants (méthane, éthane, propane, butane, acétylène, dérivés pétroliers, etc.). Certains autres produits organiques comme les alcools (méthanol, éthanol), les esters (acétate d'éthyle), les cétones (acétone, méthyl-éthyl-cétone [MEK]) sont également très facilement inflammables et sont à l'origine d'incendies et d'explosions.

D'une façon générale, plus la molécule de la substance contient de l'hydrogène, plus elle est facilement combustible ; les molécules contenant peu d'atomes d'hydrogène par rapport à celui de carbone sont plus stables et plus difficilement combustibles.

Le tableau 3.1 donne pour les différents types de produits organiques, les principaux produits formés en petites quantités, autres que la vapeur d'eau et le dioxyde de carbone. Plusieurs de ces produits brûlent à leur tour pour donner de la vapeur d'eau et du dioxyde de carbone.

Tableau 3.1 – Principaux produits formés dans les combustions des produits et matériaux industriels.

Produits naturels : bois et dérivés, papiers et cartons, coton et dérivés, céréales, asphalte, huiles végétales et animales
Oxyde de carbone Acide formique Méthanol Hydrocarbures polycycliques naturels Acroléine
Produits naturels azotés (laine, soie)
Oxyde de carbone Gaz cyanhydrique Oxydes d'azote
Produits chimiques industriels
Hydrocarbures : alcools, aldéhydes, acides, hydrocarbures polycycliques aromatiques **Produits chlorés** : chlore, phosgène, oxydes de chlore **Produits azotés** : oxydes d'azote **Produits soufrés** : acide sulfurique, anhydride sulfureux
Matières plastiques ne contenant que du carbone et de l'hydrogène (polyoléfines, polystyrène, polycarbonates, phénoliques, etc.)
Alcools (méthanol, éthanol) Acides organiques (formique) Hydrocarbures aromatiques lourds (naphtalène, furanniques) et dérivés (phénols) Hydrocarbures polycycliques aromatiques

© Dunod – La photocopie non autorisée est un délit.

Tableau 3.1 (suite) – Principaux produits formés dans les combustions des produits et matériaux industriels.

Matières plastiques chlorées (chlorure de polyvinyle) et matières plastiques contenant des adjuvants chlorés (ignifugeants)
Chlore Oxydes de chlore Acide chlorhydrique Phosgène Hydrocarbures polycycliques aromatiques chlorés
Matières plastiques azotées (polyamides, polyuréthannes, époxy, aminoplastes)
Azote Oxydes d'azote Acide nitrique Gaz cyanhydrique Hydrocarbures polycycliques azotés (indole, pyrrole et dérivés)
Matières plastiques contenant des adjuvants divers (charges, pigments et colorants, plastifiants, antioxydants, ignifugeants, etc.) Suivant la nature chimique de l'adjuvant :
Chlore et oxydes de chlore Oxydes d'azote Anhydride sulfureux et acide sulfurique Anhydride et acide phosphorique

À côté des produits et matériaux organiques il y a lieu de citer également :

– certains métaux dits réducteurs comme le sodium, le magnésium, le zinc, l'aluminium, le fer, etc. En réalité, un très grand nombre de métaux s'oxydent mais les véritables réactions de combustion relèvent des métaux réducteurs, surtout à l'état pulvérulent. Ainsi, la poudre très fine de fer ou d'aluminium peut s'enflammer spontanément dans l'air, alors que les mêmes métaux en masse s'oxydent lentement sans brûler. La combustion des métaux donne essentiellement des oxydes métalliques sans autres produits ;

– un grand nombre de métalloïdes comme le soufre, le phosphore, le carbone, le silicium, brûlent dans l'air en dégageant leurs oxydes acides, ce qui explique le pouvoir corrosif de ces produits ;

– plusieurs produits minéraux peuvent brûler en présence d'oxygène, par exemple l'ammoniac, l'hydrogène sulfuré, l'oxyde de carbone, les hydrures et phosphures, etc. Ces combustions donnent de la vapeur d'eau et les oxydes correspondant aux métalloïdes.

Le tableau 3.2 donne une liste non exhaustive des principales substances combustibles couramment utilisées dans l'industrie.

Tableau 3.2 – Principaux produits combustibles industriels.

Matières minérales
Poussières fines métalliques : fer, aluminium, zinc, cadmium, magnésium, soufre, etc. Gaz et vapeurs : ammoniac, hydrogène sulfuré, sulfure de carbone, oxyde de carbone
Substances organiques
Toutes les poussières fines de substances organiques peu ou pas chlorées : sels d'acides organiques, alcools lourds, hydrocarbures polycarbonés, hydrocarbures polycycliques aromatiques Hydrocarbures, alcools, cétones, esters, amines légères (méthyl et éthylamines), solvants non chlorés, etc.
Produits agroalimentaires
Surtout à l'état divisé (poussières et vésicules) Céréales, farine, amidon, farine de soja Sucre, cacao, lait en poudre Huiles et graisses végétales et animales, arachide Fibres textiles naturelles (coton, lin, jute) et artificielles (viscose) ; la laine et la soie sont moins combustibles Liège, bois Fourrages et herbes séchées
Produits industriels courants
Carburants divers Solvants (pour la plupart) Brais et goudrons Charbon, anthracite, noir de fumée Asphalte, lignite Papiers et cartons Peintures, vernis et encres Huiles minérales et cires
Matières plastiques
Presque toutes les matières plastiques ; celles qui sont chlorées ou azotées ou encore ignifugées sont difficilement combustibles. Les polyoléfines (polyéthylène, polypropylène, polystyrène) sont toutes très combustibles Caoutchoucs naturels et synthétiques Une majorité de fibres synthétiques

© Dunod – La photocopie non autorisée est un délit.

Comme toutes les réactions chimiques exothermiques, les combustions sont accompagnées d'un important dégagement de chaleur ; plus la quantité de chaleur dégagée est élevée, plus la réaction peut prendre une allure explosive, l'expansion des gaz étant plus importante et les vitesses plus grandes.

3.2.2 Les comburants

Le comburant est la molécule qui apporte l'oxygène afin qu'elle réagisse avec le combustible.

Il y a tout d'abord l'oxygène libre qui constitue à peu près 20 % de l'air que nous respirons et qui se combine relativement facilement ; la plupart des combustions, des incendies et des explosions y font appel.

L'air enrichi en oxygène ainsi que l'oxygène gazeux pur sont d'excellents comburants qui entretiennent facilement le feu ; certaines réactions de combustion nécessitant un apport de chaleur avec l'air peuvent se produire dès la température ambiante avec l'air enrichi et *a fortiori* avec l'oxygène pur.

La deuxième source d'oxygène est composée de substances qui ont tendance à céder facilement l'oxygène contenu dans leur molécule. Là, il faut distinguer deux catégories de substances oxygénées :

– les substances qui cèdent facilement leur oxygène lors des réactions. Ce sont les oxydants comme les nitrates, les chlorates, certains oxydes métalliques, etc. Il suffit que ces produits se trouvent en présence d'autres substances avides d'oxygène, appelées *réducteurs*, pour que les réactions de combustion plus ou moins vives aient lieu ;

– les substances suroxygénées comme les peroxydes, les persels, les peracides, qui ont tendance à être peu stables et à céder facilement leur oxygène, souvent brutalement, suivant des réactions explosives.

Toutes ces substances, mélangées à des réducteurs riches en hydrogène, déclenchent des réactions de combustion, inflammations ou explosions.

Le tableau 3.3 donne une liste de produits oxygénés industriels, autres que l'oxygène libre.

Tableau 3.3 – Principaux comburants industriels.

Comburants minéraux	Comburants organiques
Oxygène et ozone	Peroxydes organiques
Oxygène liquide	Oxyde d'éthylène
Air enrichi en oxygène	Anhydride azotique
Eau oxygénée	
Dioxyde d'azote	
Oxydes de chlore	
Chlore	

3.2.3 L'énergie d'activation

C'est l'énergie d'activation qu'il faut fournir aux molécules pour que la réaction de combustion ait lieu.
En effet, pour qu'il y ait réaction entre deux molécules incompatibles A et B, il faut :

- que les deux molécules A et B se rencontrent avec une certaine vitesse et suivant une bonne direction (chocs efficaces) ;
- que les liaisons existantes entre les atomes des produits A et B puissent se rompre sous l'influence d'une certaine énergie ;
- que les atomes ainsi produits puissent se rencontrer et se lier ensemble.

Pour que ces trois conditions soient réalisées et que la réaction ait lieu, il faut fournir une énergie au système, appelée *énergie d'activation.* Cette énergie d'activation peut être d'origine thermique comme les sources de chaleur (flammes, étincelle, chocs mécaniques, frottements, etc.), lumineuse (rayons UV, rayonnements radioactifs, rayons X), chimique (produit d'amorçage ou d'activation).
Si ces trois conditions sont réunies, alors la combustion peut se faire avec plus ou moins de violence, avec, le plus souvent, des flammes, d'où l'appellation *triangle du feu.*
Les énergies minimales nécessaires pour qu'un mélange gazeux s'enflamme sont :

- pour les gaz et les vapeurs : 0,02 à 1 mJ ;
- pour les aérosols (vésicules et poussières) : 1 à 5 mJ.

Il suffit que l'un au moins des trois paramètres soit supprimé pour que la combustion ne se fasse pas ; c'est tout le principe de la prévention des risques d'incendie-explosion.

3.2.4 Le processus de combustion explosive

Soit un mélange (combustible + comburant), par exemple un mélange de propane dans l'air. Un apport d'énergie de l'extérieur, supérieur à l'énergie d'activation, déclenche la réaction de combustion qui se propage avec une certaine vitesse, en dégageant une grande quantité de chaleur (figure 3.11).
La vitesse de réaction dépend de la concentration en combustibles et comburants ; plus les concentrations sont élevées, plus les contacts entres molécules sont nombreux et faciles et les vitesses élevées. Il en est de même pour les quantités de chaleur dégagées.
Un autre facteur est la diffusion des molécules dans le mélange ; plus la vitesse de diffusion est grande, plus la réaction se fait rapidement, les contacts entre molécules étant plus nombreux. Cette diffusion est facilitée par les faibles dimensions et l'analogie des tailles moléculaires ; plus les dimensions des molécules des comburants et des combustibles sont petites et voisines, plus la diffusion se fait bien et plus les contacts sont fréquents. Il en résulte un autre facteur important au niveau des réactions chimiques et plus particulièrement pour les réactions de combustion, la dimension des combustibles, celle du comburant étant généralement la taille moléculaire.

© Dunod – La photocopie non autorisée est un délit.

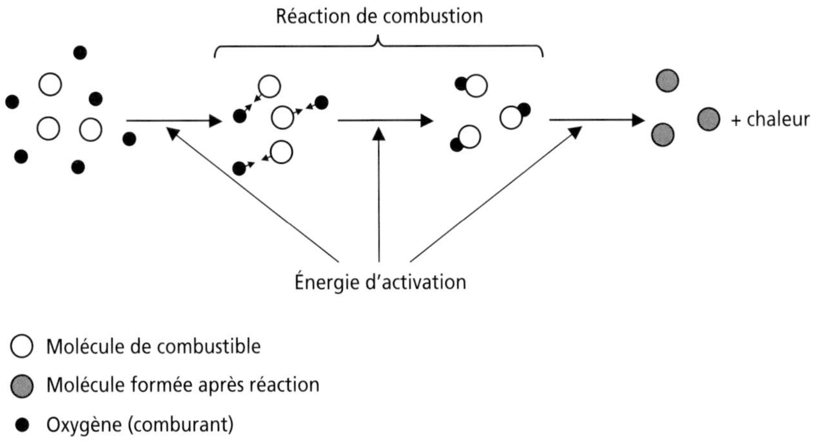

Figure 3.11 – Contacts entre molécules de combustible et de comburant.

Il en résulte une distinction importante à faire au niveau des explosions :

– l'explosion des mélanges gazeux, dans lesquels les combustibles sont à l'état gazeux ou de vapeur ;

– l'explosion des poussières fines et des vésicules (gouttelettes liquides de très petite taille) en suspension dans l'air ou mélangées avec des comburants pulvérulents.

■ Cas des mélanges gazeux

Compte tenu des similitudes de taille et de leurs faibles dimensions, les mélanges sont rapidement homogénéisés et les contacts entre les molécules de combustible et de comburant (ici l'oxygène de l'air) sont nombreux.

Il suffit alors de fournir à ce mélange une énergie égale ou supérieure à l'énergie d'activation pour déclencher la réaction de combustion qui peut se traduire soit par la formation de flammes suivie éventuellement d'une explosion, soit par une explosion suivie éventuellement d'un incendie.

Pour ces mélanges gazeux, les vitesses de réaction sont extrêmement élevées et comme les chaleurs de réaction sont importantes, l'explosion se produit dès lors qu'une source de chaleur, flamme, étincelle ou point chaud, entre en contact avec le mélange. Le plus souvent, ce sont plutôt des détonations qui se produisent, avec des effets brisants dus à l'onde de choc.

■ Cas des poussières et des vésicules fines

Dans le cas des poussières et des vésicules (brouillards) fines, le phénomène est un peu plus complexe. Les dimensions et le poids de ces particules et gouttelettes sont très supérieurs à ceux de la molécule d'oxygène. La diffusion et l'homogénéisation du mélange se font difficilement et les contacts intimes entre les poussières et les molécules d'oxygène sont moins fréquents.

Les réactions de combustion s'enchaînent alors de la façon suivante (figure 3.12) :

– Une première série de réactions de combustion se fait à la surface de la poussière ou de la vésicule.
– La chaleur dégagée par cette combustion superficielle décompose suivant une pyrolyse les particules de l'aérosol, avec formation de substances gazeuses combustibles, dont essentiellement des hydrocarbures (méthane, éthane), des alcools (méthanol, éthanol).
– Les gaz ainsi formés diffusent rapidement et entrent facilement en réaction avec l'oxygène en dégageant une grande quantité de chaleur qui à son tour favorise la pyrolyse et ainsi de suite ; on assiste à une réaction en chaîne explosive.

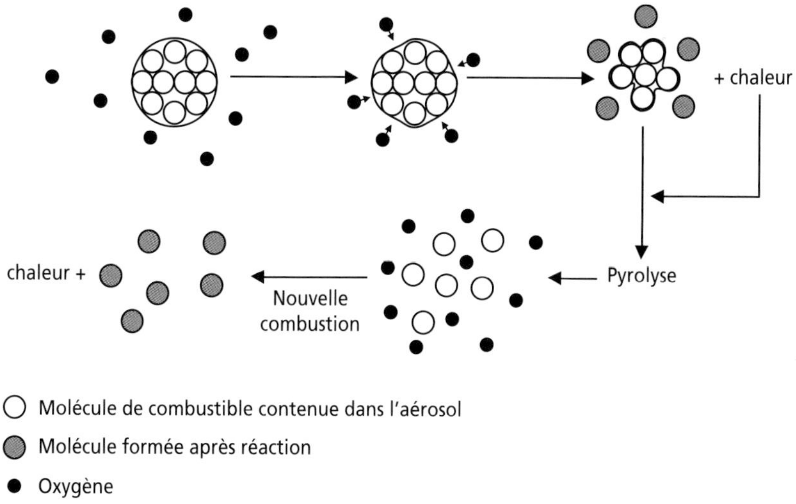

Figure 3.12 – Combustion des aérosols.

Les réactions de combustion des aérosols peuvent être aussi violentes que celle des gaz et donner naissance à des détonations très destructrices.

3.2.5 La détermination de l'inflammabilité et de l'explosibilité des substances

Tous les produits n'ont pas la même aptitude à s'enflammer ou à exploser ; certaines conditions doivent être respectées pour que ces réactions aient lieu. Certaines substances s'enflamment ou explosent plus facilement que d'autres et la nécessité d'appréciation de cette facilité est un critère important tant pour la prévention que pour l'objectif à atteindre.
L'inflammabilité et l'explosibilité des produits chimiques peuvent être appréciées expérimentalement, au moyen d'appareils de mesures spécifiques.
On distingue deux cas de figure.

■ Cas des solides et des liquides

Deux paramètres empiriques caractérisent l'inflammabilité des produits chimiques. Leurs valeurs sont purement expérimentales et l'état de l'appareil et la façon de

© Dunod – La photocopie non autorisée est un délit.

mesurer, notamment la vitesse de chauffe, influent sur les valeurs trouvées. Néanmoins, ils sont fréquemment utilisés pour classer les produits en fonction de leur inflammabilité, notamment le point d'éclair, généralement plus facile à déterminer.

□ Point d'éclair

Le **point d'éclair** (*flash point*) est la température à laquelle il faut porter un solide ou un liquide contenu dans une coupelle chauffée, ouverte ou fermée suivant le cas, pour que le produit s'enflamme à l'approche d'une flamme. L'ensemble de l'appareil est normalisé ainsi que le mode opératoire. Étant donné qu'il s'agit d'une mesure empirique, il est indispensable de suivre scrupuleusement le mode opératoire.

Il existe plusieurs modèles d'appareils pour la mesure des points d'éclair ; le plus utilisé, notamment dans l'industrie pétrolière, est la coupe fermée de Pensky-Martens ; le mode opératoire consiste à placer le liquide dans une coupelle chauffée fermée, munie d'un système d'allumage baignant dans les vapeurs surmontant le liquide ; celui-ci est chauffé graduellement, avec, à chaque température, un allumage. Dès que les vapeurs s'enflamment, la température atteinte correspond au point d'éclair.

Le point d'éclair, exprimé en °C, est le paramètre le plus utilisé pour apprécier l'inflammabilité d'un produit solide ou liquide dans l'air (figure 3.13). Plus le point d'éclair est bas, plus le produit est inflammable. Les gaz n'ont pas de point d'éclair.

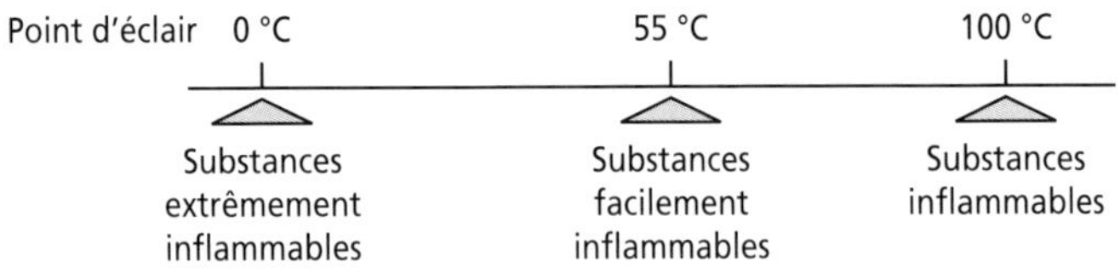

Figure 3.13 – Points d'éclair et inflammabilité.

□ Point d'auto-inflammation

Le **point d'auto-inflammation** est la température à laquelle il faut porter un solide ou un liquide contenu dans un récipient normalisé, pour qu'il s'enflamme sans apport de flamme ou d'étincelle. Dans cette mesure, porté à une certaine température, le produit commence à subir une décomposition pyrolytique, avec dégagement de vapeurs qui s'enflamment. Le point d'auto-inflammation correspond donc à peu près à un début de décomposition avec émission de produits combustibles.

Les points d'auto-inflammation sont pratiquement toujours supérieurs à 250 °C sauf pour quelques produits comme l'éther (160 °C) et le sulfure de carbone (100 °C).

■ Cas des mélanges gazeux avec l'air

Pour les gaz qui n'ont pas de points d'éclairs et d'auto-inflammation, on définit les limites d'inflammabilité, d'explosibilité et de détonation des mélanges avec l'air.

Il existe des limites supérieure et inférieure de concentrations du produit combustible dans l'air. Tout mélange dont la concentration dans l'air se trouve entre les

limites inférieure et supérieure peut s'enflammer, exploser ou détoner. De même, tout mélange dont la concentration se trouve à l'extérieur de ces limites, ne peut, suivant le cas, ni s'enflammer ni exploser ni détoner.
Ainsi, on définit :

– les limites inférieure et supérieure d'inflammabilité (LII et LSI) ;
– les limites inférieure et supérieure d'explosibilité (LIE et LSE) ;
– les limites inférieure et supérieure de détonation (LID et LSD).

La figure 3.14 donnant l'énergie de la réaction de combustion en fonction de la concentration dans l'air du combustible montre très bien que les limites de détonation correspondent à des énergies élevées (autour du maximum de la courbe) alors que les limites d'inflammabilité correspondent à de faibles énergies dégagées lors des inflammations.

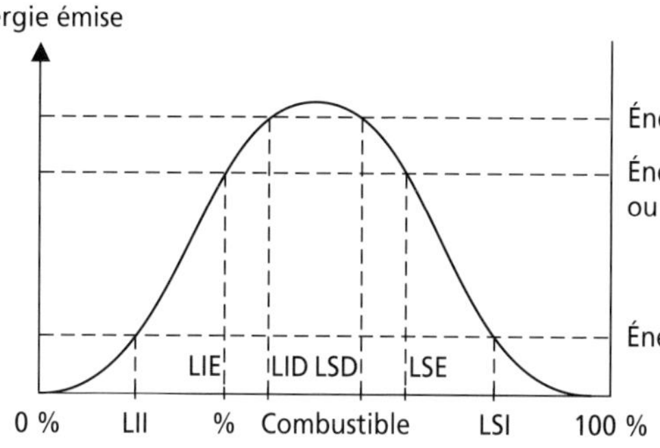

Figure 3.14 – Limites inférieures et supérieures et énergies.

Ces limites sont valables tant pour les gaz que pour les vapeurs émises par les liquides et les solides (tension de vapeur) ou encore pour certains aérosols.
Elles sont mesurées au moyen d'appareils normalisés appelés explosimètres, étalonnés pour un gaz donné, en pourcentage en volume. Le principe est basé sur la mesure électrique de l'échauffement provoqué par l'oxydation catalytique du combustible. Ces appareils de maniement très simple sont couramment utilisés pour apprécier le risque d'explosion dans les locaux.

© Dunod – La photocopie non autorisée est un délit.

3.3 Exemple d'une explosion d'un combustible : l'accident de Feyzin

L'accident majeur de Feyzin, près de Lyon en 1976, illustre parfaitement ce qui vient d'être dit. Le combustible propane mélangé avec l'air s'est enflammé puis a explosé sous l'influence de la chaleur produite.
Une fuite au niveau du réservoir de propane liquéfié s'est traduite par la formation d'un nuage contenant à la fois des vapeurs et des vésicules de propane. Cette nappe a atteint l'autoroute du sud longeant la raffinerie. Une voiture en circulation (moteur et

gaz d'échappement très chauds) l'a enflammée et la chaleur produite par les flammes a fait exploser deux des réservoirs de propane.
Cet accident majeur est l'exemple type d'une explosion accidentelle de grande ampleur due à une réaction de combustion entre un combustible, le propane et l'oxygène de l'air.
La réaction de cette combustion est (figure 3.15) :

$$C_3H_8 + 5\,O_2 \rightarrow 3\,CO_2 + 4\,H_2O + 526{,}3$$

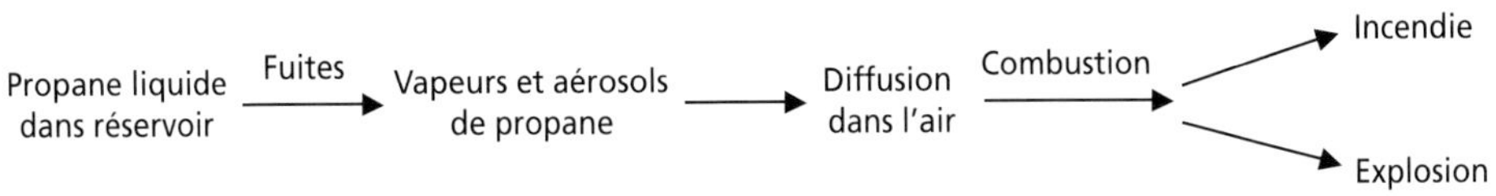

Figure 3.15 – Accident de Feyzin : combustion du propane.

Les coups de grisou dans les mines de charbon, comme l'accident des mines de Courrières en 1907, s'expliquent par la combustion des hydrocarbures gazeux existant à côté de la houille, comme le méthane (CH_4).

3.4 Les réactions chimiques en chaîne

Ces réactions chimiques dangereuses, autres que les combustions, entre produits incompatibles sont à l'origine de nombreuses explosions majeures.
Les chaleurs de réaction dégagées ainsi que les vitesses de réaction sont telles que l'ensemble est porté à des températures élevées, avec expansion des gaz formés tant par la réaction elle-même que par la pyrolyse de la masse. L'échauffement produit accroît la vitesse de réaction avec dégagement de plus en plus grand de chaleur et la vitesse s'emballe. Toutes les conditions sont alors réunies pour produire des explosions violentes.
Ce sont des réactions dites en chaîne, l'un des paramètres nécessaires à la réaction est produit automatiquement par la réaction elle-même. Ce paramètre est généralement la chaleur dans les réactions dangereuses.
Dans les réactions en chaîne, on distingue généralement trois phases (figure 3.16) :

- la phase d'induction, pendant laquelle la vitesse de réaction est très faible ;
- la phase de propagation au cours de laquelle la vitesse augmente ;
- la phase de terminaison correspondant à la disparition d'un des paramètres (l'un des produits de départ par exemple).

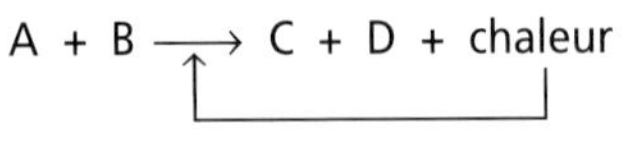

Figure 3.16 – Réactions en chaîne.
La chaleur produite permet la propagation de la réaction.

Il existe principalement deux types de réactions en chaîne dangereuses :

– les réactions d'oxydoréduction ;

– les réactions de polymérisation.

Les réactions nucléaires (fission, fusion) sont également des réactions en chaîne. La majorité des réactions en chaîne exothermiques sont dangereuses, car elles sont à caractère explosif.

3.4.1 Les réactions d'oxydoréduction

Un grand nombre de réactions dangereuses en chaîne sont des combinaisons entre des produits oxydants et des produits réducteurs qui réagissent violemment ensemble. Les atomes d'oxygène contenus dans les molécules d'oxydant se combinent avec les hydrogènes du réducteur, cette combinaison dégageant beaucoup d'énergie car l'attraction entre ces deux atomes est très grande. Ceci se traduit également par le niveau très faible des énergies d'activation nécessaires ; un très léger échauffement ou un peu de lumière ou encore une impureté à l'état de traces, suffisent pour déclencher ces réactions.

Les réactions de combustion sont une variante de réactions d'oxydoréduction, le combustible étant le réducteur et l'oxygène, le comburant.

Les produits oxydants sont caractérisés par leur facilité à céder leur oxygène à des réducteurs, avides d'oxygène. On dit alors que le réducteur est oxydé et l'oxydant est réduit.

Mais, en réalité, une réaction d'oxydoréduction consiste en un transfert d'électrons atomiques du réducteur à l'oxydant ; en effet, l'oxydant, avide d'électrons, accepte facilement les électrons du réducteur qui en contient beaucoup et qui est prêt à les donner. Il peut y avoir transfert d'un ou plusieurs (généralement 2 ou 3) électrons d'un atome à l'autre (figure 3.17).

$$R \longrightarrow R' + e^-$$

$$\downarrow$$

$$O + e^- \longrightarrow O'$$

ce qui fait $R + O \longrightarrow R' + O'$

Ainsi, l'oxydation par une molécule contenant des atomes d'oxygène O :

$O + 2\,e^- \longrightarrow O^{-2}$: molécule de l'oxydant réduit

$$C \longrightarrow C' + 4\,e^-$$

et le total $C + O_2 \longrightarrow CO_2$

Figure 3.17 – Réactions d'oxydoréduction.
R : molécule de réducteur. R′ : forme oxydée du réducteur. O : molécule d'oxydant. O′ : forme réduite de l'oxydant. e^- : électron périphérique des atomes.

Le tableau 3.4 donne une liste de produits oxydants et le tableau 3.5 celle de réducteurs. Toute substance du tableau 3.4 réagit brutalement avec les substances du tableau 3.5 et vice versa. Il y a incompatibilité entre les produits des deux tableaux.

© Dunod – La photocopie non autorisée est un délit.

Tableau 3.4 – Produits oxydants industriels.

Produits minéraux
Oxydes métalliques : oxydes de plomb, de mercure, cuivreux, d'argent Halogènes : iode, brome, chlore Acides : sulfurique fumant (oléum), nitrique Sels : nitrates de potassium, nitrate d'ammonium, chlorate de potassium Peroxydes, peracides et persels comme le peroxyde d'azote, le peroxyde de chlore, les acides persulfurique et perchlorique, les perchlorates, les persulfates, etc.
Produits organiques
Peroxydes organiques (peroxyde de benzoyle) Persels Oxyde d'éthylène, oxyde de propylène Nitrobenzène Acide picrique

Tableau 3.5 – Produits réducteurs industriels.

Produits minéraux
Métaux réducteurs : magnésium, aluminium, étain, fer, zinc et certains de leurs sels Métalloïdes réducteurs : carbone, hydrogène, silicium, soufre, Hydrures métalliques Hydrogène sulfuré Anhydride sulfureux Oxyde de carbone
Produits organiques
Hydrazine Aldéhydes Acide formique Alcools Amines Organométalliques Glycérine Hydrazine Sucres (glucose)

Par extension, le terme oxydoréduction est utilisé pour certaines réactions qui ne font pas appel aux substances contenant des atomes d'oxygène, mais à des molécules constituées d'atomes riches en électrons périphériques (oxydants) et des molécules dont les atomes sont pauvres en électrons périphériques en électrons (réducteurs), la réaction devenant un transfert d'électrons du plus riche vers le plus pauvre.

Ainsi, dans l'action du chlore sur l'hydrogène, la combinaison des deux se fait au moyen d'une liaison obtenue par la perte de l'électron de l'hydrogène qui vient se fixer sur l'atome de chlore. Ici, le chlore est l'oxydant et l'hydrogène le réducteur (figure 3.18).

$$Cl_2 \longrightarrow 2\,Cl \qquad H_2 \longrightarrow 2\,H$$

$$H \longrightarrow H^+ + e^-$$

$$e^- + Cl \longrightarrow Cl^-$$

$$H^+ + Cl^- \longrightarrow HCl \qquad H_2 + Cl_2 \longrightarrow 2\,HCl$$

Figure 3.18 – Exemple de réaction d'oxydoréduction : action du chlore sur l'hydrogène.

Un tel mélange de chlore et d'hydrogène, exposé à la lumière solaire qui apporte l'énergie d'activation nécessaire, explose.

Il en est de même pour les mélanges de poussières métalliques (fer, zinc) avec le chlore.

Ces réactions dangereuses sont surtout fréquentes avec les mélanges solide-solide, liquide-liquide et solide-liquide. L'accident d'AZF de Toulouse illustre parfaitement cette situation et semble s'expliquer, d'après les enquêtes en cours mais contestées par certains, du mélange de deux produits incompatibles solides, l'ammonitrate et un dérivé chloré.

3.4.2 Les réactions de polymérisation

Ces réactions sont à l'origine de toute l'industrie des matières plastiques et des matériaux synthétiques (caoutchoucs synthétiques, peintures et vernis, encres, etc.) connus depuis une centaine d'années.

Le principe est le suivant : il s'agit, par différents moyens, de coller ensemble, plusieurs molécules de petite taille appelées *monomères* afin d'obtenir de très grosses molécules ayant des propriétés physico-chimiques et mécaniques intéressantes, très différentes du monomère initial (figure 3.19). La plupart des réactions qui donnent naissance à ces grosses molécules appelées *polymères* ou *macromolécules* sont des réactions en chaîne initiées par des catalyseurs appelés quelquefois *durcisseurs* ou *accélérateurs.*

Compte tenu de la grande diversité des combinaisons possibles entre les monomères, diversité rendue possible par les conditions opératoires variées, celles-ci permettent d'obtenir, à partir des mêmes molécules initiales, une foule de polymères ayant des propriétés variées, allant des liquides visqueux appelés *résines* aux solides souples, élastiques ou durs.

Les différents polymères, additionnés d'adjuvants divers comme les charges inertes (charges minérales, noir de fumée, pigments colorés), les antioxydants, les plasti-

© Dunod – La photocopie non autorisée est un délit.

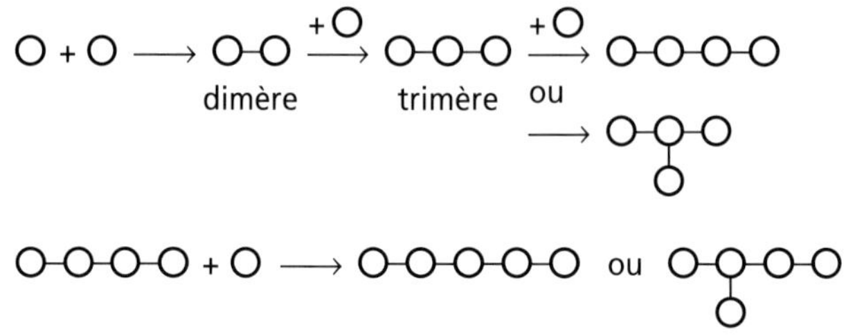

Figure 3.19 – Principe d'une réaction de polymérisation.
O : monomère (petite ou moyenne molécule). – : liaison stable (covalence).
La réaction se poursuit, un polymère peut contenir jusqu'à plusieurs milliers de monomères.

fiants, les ignifugeants, donnent les matières plastiques habituelles qui ont trouvé de multiples usages tant dans l'industrie que dans la vie courante.

Certaines réactions de polymérisation sont exothermiques et comme les polymères sont généralement peu conducteurs de la chaleur, le cœur du système peut atteindre des températures élevées et la décomposition thermique assez avancée, dégage des vapeurs combustibles susceptibles de déclencher des incendies voire des explosions. De tels accidents peuvent se produire notamment lors du stockage de quantités importantes de polymères fraîchement fabriqués pour lesquels la réaction de polymérisation n'est pas tout à fait terminée.

Les principaux risques existent au niveau des fabrications de polymères et lors du stockage des matériaux fraîchement obtenus.

On distingue trois types de réaction de polymérisation :

– les polymérisations par ouverture des doubles liaisons ;

– les polycondensations ;

– les polyadditions.

Le tableau 3.6 donne une liste des principales matières plastiques industrielles et leur mode d'obtention.

Tableau 3.6 – Principales matières plastiques et leur obtention.

Thermoplastiques
Polyéthylène (PE) : polymérisation de l'éthylène sous pression avec catalyseur
Polypropylène (PP) : polymérisation du propylène sous pression avec catalyseur
Polychlorure de vinyle (PVC) : polymérisation du chlorure de vinyle en émulsion dans l'eau avec catalyseur peroxydique
Polytétrafluoréthylène (PTFE) : polymérisation du tétrafluoréthylène en émulsion dans l'eau avec catalyseur peroxydique
Polyacétate de vinyle (PVAC) : polymérisation de l'acétate de vinyle dans l'eau avec catalyseur peroxydique
Polyalcool vinylique (PVAL) : hydrolyse du polyacétate de vinyle

Tableau 3.6 (suite) – Principales matières plastiques et leur obtention.

Polystyrène (PS) : polymérisation du styrène en émulsion dans l'eau avec catalyseur peroxydique
Polyméthacrylate de méthyle (PMMA) : polymérisation du méthacrylate de méthyle avec catalyseur peroxydique
Polyacrilonitrile (PAN) : polymérisation de l'acrylonitrile avec catalyseur peroxydique
Polycarbonates (PC) : polycondensation entre diphénylolpropane et bis-phénol A
Polyesters linéaires : polycondensation de l'acide téréphtalique avec des glycols
Polyamide (PA) : polycondensation de diacides avec des diamines ou polycondensation des aminoacides sur eux-mêmes
Thermodurcissables
Aminoplastes UF (urée-formol) ou MF (mélanine-formol) : polycondensation du formol avec l'urée ou la mélanine à chaud.
Phénoplastes (PF) : polycondensation du formol avec des phénols en milieu acide
Polyesters réticulés ou insaturés (UP) : polycondensation d'un diacide ou un dianhydride avec un polyol, puis dissolution de la résine obtenue dans un monomère (styrène)
Résines alkydes : polycondensation de polyacides avec un polyalcool en solution dans une huile végétale (résines entrant dans les peintures et vernis gras)
Polyépoxydes ou résines époxy (EP) : polycondensation de l'épichlorhydrine avec un polyalcool ou un polyphénol à chaud
Polyimides (PI) : polycondensation de dianhydrides avec des diamines à chaud
Polyuréthannes (PUR) : polyaddition de di- ou tri-isocyanates avec des polyols

■ Réactions de polymérisation

Ce sont des réactions simples qui se font par ouverture des doubles liaisons contenues dans les molécules de monomères comme l'éthylène, le propylène, le butadiène, le styrène, le chlorure de vinyle, etc.

Le principe est le suivant :

– Dans une première phase, un initiateur (peroxyde) ouvre la double liaison existant dans le monomère (figure 3.20).

– Puis deux autres monomères se fixent sur les liaisons libérées par la rupture de la double liaison.

– Et ainsi de suite, la réaction en chaîne se poursuit jusqu'à épuisement total du monomère.

Ces réactions de polymérisation sont relativement peu dangereuses, car elles ne sont pas très exothermiques et sont souvent bien contrôlées. Elles se font soit en phase gazeuse sous pression (polyéthylène, polypropylène), soit en phase liquide, le monomère étant dispersé dans un liquide comme l'eau (polychlorure de vinyle, polystyrène).

© Dunod – La photocopie non autorisée est un délit.

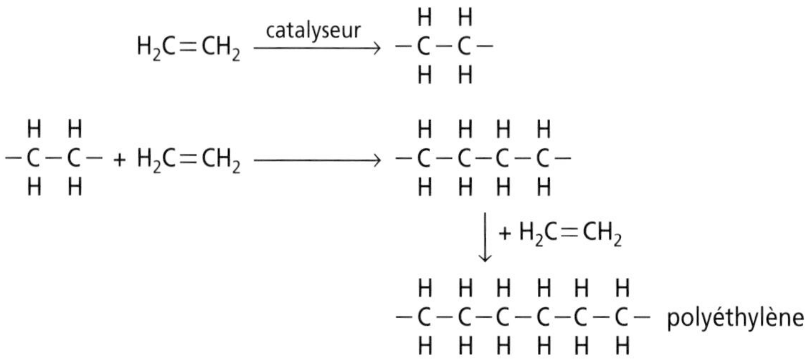

Figure 3.20 – Réaction de polymérisation par ouverture d'une double liaison : cas de l'éthylène.

Réactions de polyaddition

Deux molécules différentes, possédant chacune deux ou plusieurs fonctions susceptibles de réagir l'une sur l'autre, permettent de relier entre eux les monomères et obtenir des molécules plus grosses, les polymères. L'exemple type est le polyuréthanne, obtenu à partir d'une substance très réactive, le di-isocyanate et un polyol. La réaction est la suivante :

$$OCN-R-NCO + HO-R'-OH \rightarrow OCN-R-NH-CO-O-R'-OH$$

Les groupes isocyanate – NCO et alcool – OH réagissent à leur tour avec des diols et les di-isocyanates :

$$-CO-NH-R-NH-CO-O-R'-O-CO-NH-R-NH-CO-O-R'-O-$$

Les réactions de polycondensation se font généralement avec dégagement de chaleur, suivant une réaction en chaîne qui peut prendre une allure explosive si les températures du mélange de réactifs sont trop élevées sans évacuation de la chaleur. C'est notamment le cas d'incendies dus à des échauffements à cœur de mousses polyuréthannes.

Réactions de polycondensation

Ici, les molécules de monomères se fixent les unes aux autres avec élimination de très petites molécules, généralement de l'eau.

De nombreuses matières plastiques comme les polyamides, les polyesters, les polycarbonates, sont obtenus selon des réactions de polycondensation. Ces réactions sont le plus souvent catalysées par des acides.

Ainsi, les polyamides sont obtenus en faisant réagir des diamines sur des diacides, selon la réaction suivante :

$$H_2N-R-NH_2 + HOOC-R'-COOH \rightarrow H_2N-R-NH-CO-R'-COOH + H_2O$$

Les groupes amine $-NH_2$ et acide $-COOH$ réagissent à leur tour avec les diamines et diacides, avec élimination d'eau H_2O :

$$-NH-R-NH-CO-R'-CO-NH-R-NH-CO-R'-CO-$$

Ces réactions sont généralement exothermiques, mais une partie de la chaleur sert à vaporiser l'eau formée, ce qui rend difficile les emballements des réactions et les explosions sont rarissimes.

3.4.3 Exemple d'accident par réaction d'oxydoréduction : l'explosion accidentelle d'AZF à Toulouse

À partir des différentes enquêtes publiées et malgré quelques contestations plus ou moins justifiées, on peut dresser une hypothèse pour expliquer cette détonation majeure qui a causé beaucoup de dégâts.

Environ 300 tonnes d'ammonitrate, nitrate d'ammonium pour usage d'engrais, étaient stockés dans un hangar. Pour une raison encore indéterminée (vraisemblablement erreur humaine), environ 500 kg de dichloro-isocyanurate de sodium DCCNa contenus dans un sac plastique, se sont trouvés en contact avec l'ammonitrate. Une réaction d'oxydoréduction très exothermique s'est produite suivie d'une réaction en chaîne ; l'explosion de l'ensemble de l'ammonitrate stocké, amorcée par la réaction du DCCNa sur l'ammonitrate, s'est produite avec les conséquences que l'on sait.

Le DCCNa est utilisé pour désinfecter les piscines, car, en présence d'eau, il dégage du chlore antiseptique.

D'après les expériences effectuées, le mélange DCCNa + nitrate d'ammonium explose. Le mélange formerait du trichlorure d'azote, produit très instable qui explose. C'est vraisemblablement l'explosion de ce produit formé en petites quantités lors d'un contact superficiel probable entre les deux solides pulvérulents, le DCCNA et l'ammonitrate, qui a déclenché l'explosion de ce dernier. Il ne semble pas que le chlore éventuellement formé ait déclenché l'explosion.

La décomposition rapide de l'ammonitrate s'accompagne d'un grand dégagement de gaz et de chaleur :

$$NO_3NH_4 \rightarrow N_2 + 2\,H_2O + \frac{1}{2}\,O_2 + 27{,}7 \text{ kcal}$$

La décomposition commence lentement vers 100 °C, mais elle prend une allure très rapide et exothermique à partir de 250 °C.

L'ammonitrate étant solide, son volume peut être négligeable devant celui des gaz formés ; une mole de nitrate d'ammonium, soit 80 g, dégage par décomposition 3,5 moles de gaz, soit un volume de $(22{,}4 \times 3{,}5) = 78{,}4$ litres ; la dilatation des gaz par la chaleur produite par l'explosion augmente encore ce volume.

La présence d'impuretés comme les oxydes de fer, la chaux vive, l'oxyde de chrome favorise la décomposition en abaissant la température de décomposition et en augmentant sa vitesse.

Ainsi, 1 tonne d'ammonitrate donne au moins 1 000 m^3 de gaz avec une expansion très rapide et une onde de choc très puissante, d'où les destructions des bâtiments

© Dunod – La photocopie non autorisée est un délit.

tout autour de l'usine. Les 300 tonnes stockées ont dû dégager au moins 300 000 m^3 de gaz à très grande vitesse.
Dans le passé, il y a eu plusieurs explosions de nitrate d'ammonium comme en 1921, à Ludwigshaffen en Allemagne, lors d'une opération de désagrégation du produit pris en masse. En 1947, aux États-Unis, deux bateaux ayant à leur bord plusieurs milliers de tonnes de nitrate d'ammonium contenant des impuretés à base de paraffine et d'argiles ont explosé, en faisant plusieurs centaines de morts.

3.5 Les explosifs

Il s'agit d'une famille de substances dont les molécules complexes ne sont pas stables et peuvent se décomposer brutalement sous l'action d'un choc, d'une élévation de température ponctuelle ou par amorçage avec un autre explosif, présent en petites quantités.
On distingue deux groupes suivant le mode de décomposition explosive :

- la décomposition de molécules contenant à la fois des fonctions oxydantes et des fonctions réductrices. La décomposition est alors une réaction du type oxydo-réduction, mais avec une seule substance présente. C'est le cas de nombreux explosifs classiques : nitroglycérine, trinitrotoluène, fulminate de mercure, acide picrique, nitrate d'ammonium, nitrocellulose, etc. ;
- la décomposition de molécules instables par suite de leur structure chimique et qui se décomposent brutalement sous l'influence d'un moindre choc ou chaleur. Ce sont surtout des explosifs d'amorçage comme l'azoture de plomb, le tétrazène.

Dans une molécule d'explosif, il existe une partie O riche en oxygène, donc oxydante, et une partie H riche en hydrogène, donc réductrice. La décomposition se fait suivant une réaction d'oxydoréduction interne (figure 3.21).

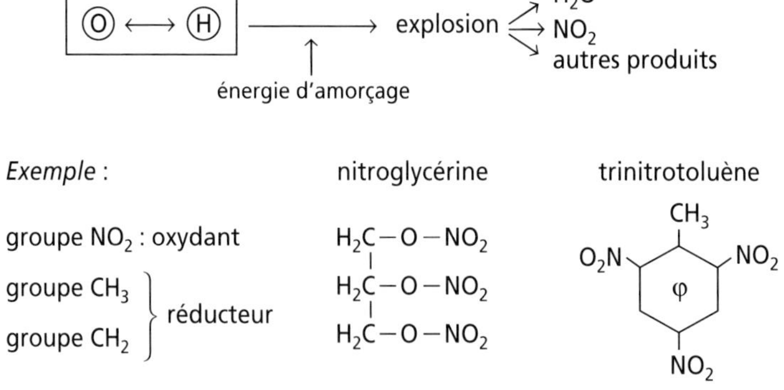

Figure 3.21 – Décomposition des explosifs.

Ces explosifs peuvent se décomposer suivant des vitesses variables. L'adjonction de matériaux inertes ralentit la vitesse de certains d'entre eux et augmente leur stabilité ; c'est le cas de la dynamite, mélange de nitroglycérine et de brique pilée.

Suivant la vitesse de décomposition, on a :

– soit des décompositions lentes (produits utilisés pour la propulsion de fusées et les feux d'artifice) ;

– soit des déflagrations pour les vitesses moyennes ;

– soit encore des détonations destructrices pour les vitesses élevées.

L'emploi industriel des explosifs, notamment dans les mines et carrières et le génie civil (creusement des souterrains, fondations, etc.) fait appel à des explosifs stabilisés comme la dynamite, pour que leur manipulation présente peu de dangers.

Comme précédemment, les risques d'explosion de grande ampleur existent surtout au niveau des fabrications et du stockage des explosifs, car les quantités mises en jeu sont importantes. Une réglementation sévère précise les conditions et les mesures de sécurité à mettre en œuvre pour éviter les accidents, toujours graves, dans les usines de fabrication des explosifs, et limiter les dégâts occasionnés.

Le tableau 3.7 donne une liste des principaux explosifs industriels.

Tableau 3.7 – Principaux explosifs industriels.

Explosifs d'amorçage
Fulminate de mercure (à partir du nitrate de mercure et d'éthanol) Azoture de plomb (à partir d'azoture de sodium) Trinitrorésorcinate de plomb (à partir de la résorcine) Tétrazène (à partir de l'aminoguanidine)
Explosifs nitratés
Nitrate d'ammonium ou ammonitrate et mélanges à base de nitrate d'ammonium Poudre noire à base de nitrate de potassium (salpêtre) Nitrates-fioul (mélanges de nitrates et de fioul) Nitroglycérine (trinitroglycérine) Dynamite (mélange de nitroglycérine et de brique pilée)
Explosifs nitrés
Trinitrophénol ou mélinite (peu utilisé) Trinitrométacrésol ou créasylite Tolites (di- et trinitrotoluène) obtenus par nitration du toluène en plusieurs étapes Pentrite (tétranitrate de pentaérythrite) ou PETN Hexogène (cyclotriméthylènetrinitramine) ou cyclonite ou RDX Octogène (cyclotétraméthylène tétranitramine) ou HMX Tétryl (trionitrophénylnitramine) Hexyl (hexanitrodiphénylamine) Nitroguanidine

© Dunod – La photocopie non autorisée est un délit.

Tableau 3.7 (suite) – Principaux explosifs industriels.

Explosifs pour armes (poudres propulsives)
Nitrocelluloses (par nitration du coton ou de la cellulose du bois) Cotons-poudres (mélanges à base de nitrocelluloses et dinitrotoluène) Poudres explosives (mélanges à base de nitrocelluloses) Dinitrate d'éthylène ou nitroglycol Nitroglycérine
Propergols (explosifs pour la propulsion des fusées et missiles)
Propergols à base de nitrocelluloses et nitroglycérine Propergols composites à base d'un oxydant (perchlorate d'ammonium) et d'un réducteur (poudre d'aluminium, de béryllium, etc.) Propergols liquides à base d'oxygène liquide et d'hydrogène, de bore ou de carbone

La fabrication des explosifs est la phase certainement la plus dangereuse. La plupart des réactions étant exothermiques, un contrôle rigoureux des températures ainsi que l'absence de certaines impuretés sont indispensables.

3.5.1 Fabrication des explosifs nitrés (nitroglycérine, nitrotoluènes, etc.)

Les explosifs nitrés sont obtenus par nitration, en milieu anhydre, de molécules diverses qui apportent la fonction réductrice, alors que la partie nitrée est l'oxydant.

Les produits de base sont les acides sulfonitriques, mélanges d'acide sulfurique fumant (oléums) et d'acide nitrique concentré et les substances à nitrer comme la glycérine (trinitroglycérine), le toluène (trinitrotoluènes ou tolite), la pentaérythrite (pentrites), l'hexaméthylènetétramine (hexogène), la cellulose (nitrocellulose). Les réactions, exothermiques, doivent être refroidies pour maintenir une température raisonnable. L'absence d'eau est requise pour éviter les réactions secondaires et l'eau formée est évacuée au fur et à mesure de sa formation.

Le processus chimique de la nitration est donné en figure 3.22.

L'agent nitrant principal est l'ion nitronium NO_2^+ qui se fixe sur la molécule réductrice. Le mélange sulfonitrique donne :

$$H_2SO_4 + HNO_3 \rightleftharpoons HSO_4^- + NO_2^+ + H_2O$$

puis :

$$NO_2^+ + R-H \rightarrow R-NO_3 + H^+$$

$R-H$ étant la substance à nitrer.

Les fabrications sont faites soit en continu à contre-courant, soit en discontinu dans des cuves en inox. Certaines opérations se déroulent en plusieurs phases successives, par exemple pour les mono-, di- et trinitrotoluènes.

Pour la nitroglycérine :

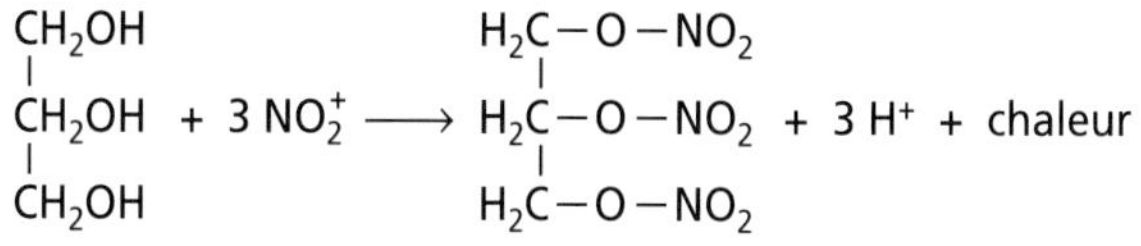

Pour le trinitrotoluène :

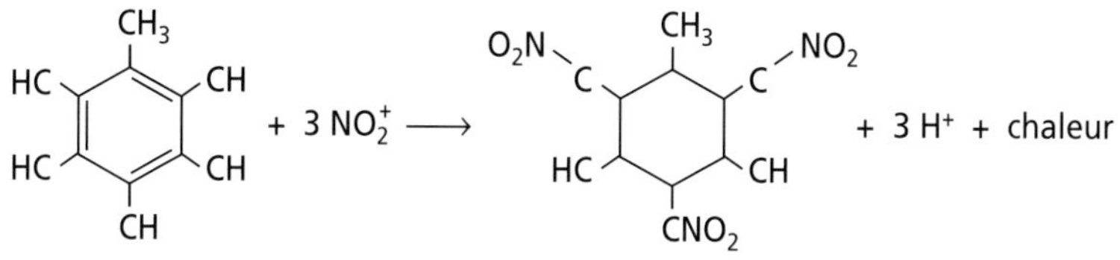

Figure 3.22 – Réactions de nitration.

Ce sont des produits huileux ou des solides plus ou moins plastiques. Ils sont généralement utilisés mélangés avec d'autres substances et charges comme la brique pilée (dynamite), le sel dans les explosifs anti-grisou, le stéarate de calcium qui rend les explosifs moins sensibles à l'humidité, l'aluminium en grenaille qui élève la température des gaz donc améliore la puissance de l'explosion, les fiouls, etc.

Le fulminate de mercure $Hg(CNO)_2$ est fabriqué par action de l'acide nitrique concentré sur l'alcool éthylique en présence de mercure et des oxydes de cuivre comme catalyseurs. La réaction est complexe et exothermique :

$$HNO_3 + Hg(NO_3)_2 + CH_3CH_2OH \rightarrow Hg(CNO)_2 + H_2O$$

réaction non équilibrée

3.5.2 La fabrication des autres explosifs

Le tétrazène est obtenu en faisant agir du nitrite de sodium sur du sulfate d'aminoguanidine, en milieu acide.

Le nitrate d'ammonium est fabriqué sur une très grande échelle, car il s'agit d'un engrais courant, largement utilisé en agriculture intensive, pour apporter de l'azote minéral.

Les explosifs chloratés (cheddites) et perchloratés sont employés en mélanges avec d'autres adjuvants comme les paraffines et les fiouls, ces derniers jouant le rôle de réducteurs.

La poudre noire est un mélange intime de nitrate de potassium (salpêtre), de charbon et de soufre en poudre, avec éventuellement d'autres produits.

Les poudres sans fumées sont à base de nitrocelluloses, obtenues par nitration du coton.

3.5.3 Les autres opérations dans la fabrication des explosifs

Une fois le produit explosif fabriqué, il y a lieu alors de le purifier et de le débarrasser des impuretés susceptibles de réduire sa stabilité, au moyen d'opérations de cristal-

© Dunod – La photocopie non autorisée est un délit.

lisation et de filtration à froid, avant les opérations de broyage, d'émottage, de tamisage et de mélangeage avec d'autres adjuvants actifs ou neutres et mise en forme par moulage ou par coulée et emballage.
Toutes ces opérations présentent des risques évidents d'explosion, la cause principale étant l'échauffement accidentel par chocs, frottements ou étincelles.
Après ces opérations, il y a lieu de stocker les explosifs et de les transporter jusqu'au lieu d'utilisation, ce qui n'est pas sans présenter de dangers.
Les explosions des poudreries de Boston et de Grenelle aux XVIIe et XVIIIe siècles sont dues à celles de la poudre noire, les explosifs nitrés n'étant pas encore connus à cette époque.

4 • LES SUBSTANCES TOXIQUES ET ÉCOTOXIQUES

Parmi les millions de produits chimiques et de matériaux employés tant dans les activités industrielles et le bâtiment que dans la vie quotidienne des hommes, il existe une catégorie de substances simples ou composées qui ont la faculté, lorsqu'elles entrent en contact avec l'organisme, de se fixer sur les organes et perturber leur fonctionnement, voire les détruire à plus ou moins longue échéance. Ces produits sont appelés *nocifs* ou *toxiques*, selon leur degré d'agression.

Les produits qui agressent les hommes sont également dangereux pour l'ensemble des animaux et des végétaux à des degrés divers, étant donné que les processus d'intoxication sont à peu près similaires ou très voisins, car ils font appel essentiellement aux caractéristiques physico-chimiques des substances et pas seulement à l'organisme vivant qui les reçoit. Il en résulte que les produits nocifs ou toxiques sont également écotoxiques et agressent la faune et la flore, dans les conditions habituelles et compte tenu de la réceptivité et de la résistance affichées par chacun des organismes vivants.

Lors des accidents industriels, il se forme un grand nombre de produits dont certains peuvent causer presque autant de ravages aux êtres vivants que les explosions étudiées au chapitre précédent, en agissant quasi exclusivement par la voie de l'intoxication. D'ailleurs, de nombreux accidents majeurs sont des explosions accompagnées d'émission de produits toxiques qui causent quelquefois plus de dommages que les explosions proprement dites. Les accidents majeurs de Seveso et de Bhopal se rattachent à cette catégorie.

4.1 Les produits nocifs et toxiques

Il s'agit de substances pures ou de mélanges de substances appelés *préparations*, qui ont la faculté de se fixer sur certains organes des êtres vivants et de perturber plus ou moins gravement leur fonctionnement, allant jusqu'à leur destruction, suivie éventuellement de la mort de l'être vivant.

La législation du travail inspirée des directives européennes dont notamment la directive 89/391 du 12 juin 1989, par le biais du Code du travail et du Code de la Sécurité sociale est plus explicite dans la définition des substances et préparations dangereuses nocives et toxiques. Elle leur associe des concentrations limites à ne pas

© Dunod – La photocopie non autorisée est un délit.

dépasser pour des expositions de salariés pendant huit heures ou moins, à des atmosphères polluées par les produits, sur les lieux de travail.

Dans les accidents industriels avec émanation de produits toxiques, ces derniers se trouvent dilués dans l'air et pénètrent directement dans l'organisme à travers les voies respiratoires (air pollué inspiré) et la voie cutanée (dépôt sur la peau). Les valeurs définies par la législation du travail donnent donc une idée pratique de la toxicité des produits industriels et peuvent servir dans la détermination de l'impact du danger pour les êtres vivants en cas d'émanations par suite d'un accident industriel majeur.

En France, il existe actuellement deux catégories de concentrations limites officielles :

– les valeurs moyennes d'exposition (VME) qui correspondent aux concentrations à ne pas dépasser pour des durées d'exposition de 8 heures par jour ;
– les valeurs limites d'exposition (VLE) qui correspondent aux concentrations à ne pas dépasser pour des durées d'exposition courtes, inférieures à 15 minutes.

En valeur absolue, les VME sont plus faibles que les VLE. Dans le cas d'une pollution par suite d'un accident industriel, généralement la durée étant de plusieurs heures voire de quelques jours, on peut estimer que les VME sont plus proches des limites à considérer que les VLE plus intenses.

Ces concentrations limites dans l'air sont exprimées soit en mg/m^3 pour tous les produits (y compris les poussières et les vésicules polluantes), soit en ppm (concentration volumique en partie par million) pour les gaz et vapeurs. La correspondance entre ces deux unités est donnée par la formule :

$$\text{valeur en ppm} \times \text{masse moléculaire}/24{,}45 = \text{valeur en mg/m}^3$$

Il existe également des valeurs américaines (TLV), allemandes, russes et européennes. Le tableau 4.1 donne une liste de produits chimiques industriels dangereux à respirer, avec leurs concentrations limites pour la sécurité du travail.

En ce qui concerne la pollution de l'environnement, les concentrations limites généralement admises sont nettement plus faibles que les VME, mais elles supposent une pollution quasi permanente alors qu'après un accident industriel majeur, la pollution de l'air reste généralement temporaire, principalement à cause des vents qui balaient l'atmosphère et déplacent les polluants en les diluant.

Les études toxicologiques sur animaux de laboratoire permettent de définir des valeurs expérimentales de toxicité plus scientifiques, par exemple les concentrations létales VL50 correspondant à la quantité inoculée pour laquelle la moitié de la population animale intoxiquée au laboratoire meurt.

Une autre façon de définir la toxicité des substances et préparations est de suivre la nomenclature des installations classées (voir chapitre 5) ou la classification des substances et préparations dangereuses, telle que définie par l'article R 231-51 du Code du travail et l'étiquetage correspondant des produits dangereux inspirés des directives européennes de sécurité du travail (voir chapitre 6).

Cette classification distingue dix catégories de produits nocifs ou toxiques :

– **Très toxiques** : substances et préparations qui, par inhalation, ingestion ou pénétration cutanée en très petites quantités, entraînent la mort ou des risques aigus ou chroniques.

Tableau 4.1 – Produits chimiques industriels dangereux à respirer avec leurs concentrations limites dans l'air.

Produits	VME		VLE		TLV	CE
	ppm	mg/m^3	ppm	mg/m^3	ppm	ppm
Acétate de butyle	150	710	200	940	150	–
Acétate de méthyle	200	610	250	760	200	–
Acétate d'éthoxyéthyle	5	27	–	–	5	–
Acétate de méthoxyéthyle	5	24	–	–	5	–
Acétate de vinyle	10	30	–	–	10	–
Acétone	750	1 800	–	–	500	–
Acide acétique	–	–	10	25	10	25
Acide fluorhydrique	–	–	3	2,5	–	–
Acide formique	–	–	5	9	5	9
Acide cyanhydrique	2	2	10	10	–	–
Acide nitrique	2	5	4	10	2	–
Acroléine	–	–	0,1	0,25	0,1	–
Alcool isopropylique	–	–	400	980	400	–
Alcool méthylique	200	260	1 000	1 300	200	–
Aldéhyde acétique	100	180	–	–	25	–
Aldéhyde formique (formol)	0,5	–	1	–	0,3	–
Ammoniac	25	18	50	36	25	–
Argent et dérivés	–	0,1	–	–	0,1	0,01
Dioxyde d'azote (NO_2)	–	–	3	6	3	–
Benzène	5	16	–	–	0,5	–
Béryllium et dérivés	–	0,002	–	–	0,002	–
Bois (poussières)	–	1	–	–	–	–
Brais de houille	–	0,2	–	–	0,2	–
Brome	–	–	0,1	0,7	0,1	–
Cadmium et dérivés	–	0,05	–	0,05	0,01	–

© Dunod – La photocopie non autorisée est un délit.

Tableau 4.1 (suite) – Produits chimiques industriels dangereux à respirer avec leurs concentrations limites dans l'air.

Produits	VME		VLE		TLV	CE
	ppm	mg/m³	ppm	mg/m³	ppm	ppm
Monoxyde de carbone (CO)	50	55	–	–	25	–
Chlore	–	–	1	3	0,5	–
Chrome VI et dérivés	–	0,05	–	–	0,5	–
Crésols	5	22	–	–	5	–
Cuivre (fumées)	–	0,2	–	–	0,2	–
Cyclohexanone	25	100	–	–	25	–
Dichloroéthane	200	810	–	–	100	–
Dichlorométhane	50	180	100	350	50	–
Di-isocyanate d'hexaméthylène (HDI)	0,01	0,075	0,02	0,15	0,005	–
Di-isocyanate de diphénylméthane (MDI)	0,01	0,1	0,02	0,2	–	–
Di-isocyanate de toluylène (TDI)	0,01	0,08	0,02	0,16	0,005	–
Diméthylformamide (DMF)	10	30	–	–	10	–
Dioxanne	10	35	40	140	25	–
Fluor	–	–	1	2	–	–
Fluorures	–	2,5	–	–	–	–
Hexane n	50	170	–	–	–	–
Hydrogène sulfuré (HS)	5	7	10	14	–	–
Iode	–	–	0,1	1	–	–
Isophorone	–	–	5	25	–	–
Kaolin	–	10	–	–	–	–
Magnésium oxyde (fumées)	–	10	–	–	–	–
Manganèse (fumées)	–	1	–	–	–	–
Mercure (vapeurs)	–	0,05	–	–	–	–
Méthyléthylcétone	200	600	–	–	–	–
Molybdène (dérivés solubles)	–	–	5	–	–	–

Tableau 4.1 (suite) – Produits chimiques industriels dangereux à respirer avec leurs concentrations limites dans l'air.

Produits	VME		VLE		TLV	CE
	ppm	mg/m³	ppm	mg/m³	ppm	ppm
Naphtalène	10	50	–	–	–	50
Nickel et dérivés	–	1	–	–	–	–
Nitrobenzène	1	5	–	–	–	5
Nitroglycérine	0,1	1	–	–	–	–
Noir de carbone	–	3,5	–	–	–	–
Oxyde d'éthylène	1	–	5	–	–	–
Ozone	0,1	0,2	0,2	0,4	–	–
Pentachlorophénol	–	0,5	–	–	–	–
Perchloréthylène	50	335	–	–	–	–
Phénol	5	19	–	–	–	–
Phosphore blanc	–	0,1	–	0,3	–	–
Phtalate de dibutyle	–	5	–	–	–	–
Plomb et dérivés	–	0,15	–	–	–	–
Pyridine	5	15	10	30	–	15
Silice cristallisée (poussières)	–	0,05	–	–	–	–
Sodium bisulfite	–	5	–	–	–	–
Sodium hydroxyde (soude caustique)	–	2	–	–	–	–
Dioxyde de soufre (SO_2)	2	5	5	10	–	–
Styrène	50	215	–	–	–	–
Sulfure de carbone	10	30	25	75	–	–
Térébenthine (essence de)	100	560	–	–	–	–
Tétrachlorométhane	2	12	10	60	–	–
Tétrahydrofuranne	200	590	–	–	–	–
Titane oxyde	–	10	–	–	–	–
Toluène	100	375	150	550	–	–

© Dunod – La photocopie non autorisée est un délit.

Tableau 4.1 (suite) – Produits chimiques industriels dangereux à respirer avec leurs concentrations limites dans l'air.

Produits	VME		VLE		TLV	CE
	ppm	mg/m^3	ppm	mg/m^3	ppm	ppm
Toluidine ortho	2	9	–	–	–	–
Trichloroéthylène	75	405	200	1 080	–	–
Trichlorométhane (chloroforme)	5	25	50	250	–	–
Xylènes	100	435	150	650	–	–
Zinc (oxyde et fumées)	–	5	–	–	5	–

- **Toxiques** : substances et préparations qui, par inhalation, ingestion ou pénétration cutanée en petites quantités, entraînent la mort ou des risques aigus ou chroniques.
- **Nocives** : substances et préparations qui, par inhalation, ingestion ou pénétration cutanée peuvent entraîner la mort ou des risques aigus ou chroniques.
- **Corrosives** : substances et préparations qui, en contact avec des tissus, peuvent exercer une action destructrice sur ces derniers.
- **Irritantes** : substances et préparations non corrosives qui, par contact immédiat, prolongé ou répété avec la peau ou les muqueuses, peuvent provoquer une certaine réaction inflammatoire.
- **Sensibilisantes** : substances et préparations qui, par inhalation ou pénétration cutanée, peuvent donner lieu à une réaction d'hypersensibilité telle qu'une exposition ultérieure à la substance ou à la préparation produit des effets indésirables.
- **Cancérogènes** : substances et préparations qui, par inhalation, ingestion ou pénétration cutanée, peuvent produire le cancer ou en augmenter la fréquence.
- **Mutagènes** : substances et préparations qui, par inhalation, ingestion ou pénétration cutanée, peuvent produire des défauts génétiques héréditaires ou en augmenter la fréquence.
- **Toxiques pour la reproduction** : substances et préparations qui, par inhalation, ingestion ou pénétration cutanée, peuvent produire ou augmenter la fréquence d'effets indésirables non héréditaires dans la progéniture ou porter atteinte aux fonctions ou capacités reproductives.
- **Dangereuses pour l'environnement** : substances et préparations qui, si elles entraient dans l'environnement, présenteraient ou pourraient présenter un risque immédiat ou différé pour une ou plusieurs de ses composantes.

Cette classification est suffisamment exhaustive et couvre l'ensemble des produits dangereux pour l'homme et les organismes vivants (faune et flore).

4.1.1 La toxicité des produits

Comme on a vu précédemment, la toxicité d'une substance s'explique par ses réactions avec les molécules composant les tissus vivants.
Les substances dangereuses pénètrent dans les organismes selon les trois voies suivantes (figure 4.1) :

- la voie pulmonaire vient de l'inhalation de l'air contaminé. Les polluants traversent les voies respiratoires supérieures avant de se trouver au niveau des poumons, dans les bronchioles et les alvéoles pulmonaires où ils passent dans le sang ; ce dernier les répartit dans le corps tout entier et les produits toxiques se fixent préférentiellement sur tel ou tel organe, subissant éventuellement des métabolismes avant de perturber le fonctionnement de l'organe et donner naissance à des troubles de santé. La pénétration par la voie pulmonaire concerne principalement les gaz et vapeurs, mais également les aérosols (vésicules et poussières très fines) qui peuvent pénétrer jusqu'au niveau des alvéoles pulmonaires ;
- la voie cutanée est celle qui vient tout de suite après la voie pulmonaire par l'importance de la pénétration. En effet, la peau, humaine ou animale n'est pas étanche ; elle respire et ses pores laissent pénétrer les petites molécules et les très petites particules et vésicules. D'autre part, les polluants peuvent se condenser ou se déposer sur la peau, et en augmentant la durée de contact, favoriser la pénétration des substances dangereuses ;
- la voie orale ou buccale prend une certaine importance, notamment pour les animaux qui se nourrissent essentiellement de végétaux. En effet, les gaz et vapeurs, les vésicules et les poussières peuvent se déposer directement sur les feuilles des végétaux et ainsi s'introduire dans les organismes animaux par la voie de l'alimentation végétale. La consommation de végétaux, d'animaux et de produits laitiers pollués peut contaminer les hommes.

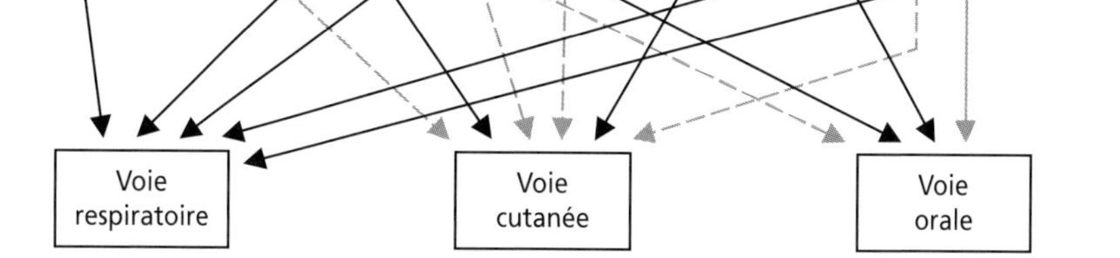

Figure 4.1 – Voies de pénétration des substances toxiques dans le corps.

© Dunod – La photocopie non autorisée est un délit.

Une fois qu'elles ont pénétré dans l'organisme par les trois voies ci-dessus, les substances passent dans le sang qui les diffuse un peu partout, au niveau des différents organes, suivant leurs propriétés.

Ainsi les substances liposolubles (substances compatibles avec les matières grasses et les dissolvant) se fixent sur les tissus gras et perturbent leur fonctionnement. C'est le cas des solvants qui se fixent sur le tissu nerveux et conduisent, dans un premier temps, à des maux de tête et un état d'ébriété, suivi de complications éventuelles en cas d'absorption de fortes quantités (polynévrites).

D'autres substances subissent des transformations chimiques, les métabolismes, qui sont essentiellement des oxydations enzymatiques au niveau du foie. Les molécules ainsi formées, appelées *métabolites*, se fixent sur un ou plusieurs organes et perturbent leur fonctionnement. C'est le cas du benzène métabolisé en phénol qui se fixe préférentiellement sur la moelle osseuse où sont fabriqués les globules sanguins ; la fabrication des globules est perturbée et des cancers du sang apparaissent ; cette maladie professionnelle grave, appelée *benzolisme*, était fréquente il y a encore quelques décennies chez les peintres.

D'autres substances se fixent préférentiellement sur les organes des voies de pénétration, sans atteindre le sang. C'est notamment le cas des poussières absorbées par la voie respiratoire ; certaines de ces poussières se fixent sur le tissu pulmonaire et déclenchent des maladies comme les pneumoconioses (poussière de silice cristallisé) et les cancers (amiante).

Les principales réactions des substances dangereuses sur les tissus vivants sont les suivantes (figure 4.2) :

- fixation de l'eau des corps vivants par les molécules polluantes, avec destruction des tissus. C'est le cas des acides et des anhydrides d'acides qui déshydratent les molécules et les détruisent. C'est aussi le cas des produits très avides d'eau comme la chaux vive, la soude caustique ainsi que des gaz comme le chlore, le phosgène, l'ammoniac, etc. ;
- attaque des molécules du tissu vivant avec formation de composés et de nouvelles molécules qui ne peuvent plus remplir leur fonction. C'est le cas des isocyanates

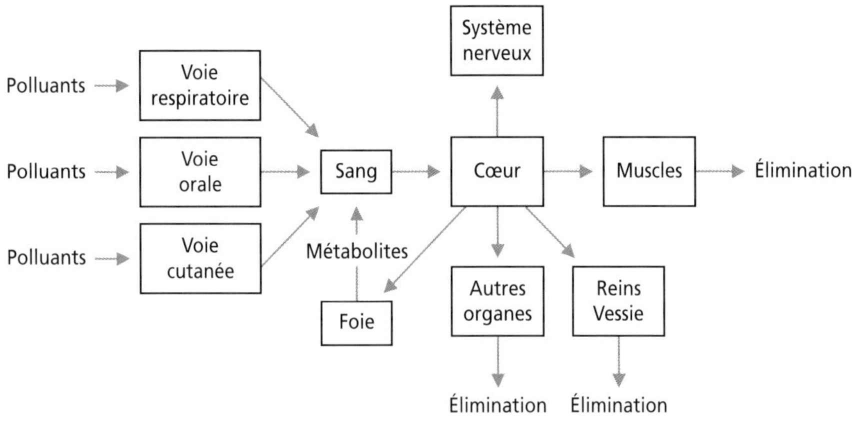

Figure 4.2 – Mode d'atteinte des organes : intoxication.

(accident de Bhopal) qui, très avides d'hydrogène, forment avec les molécules de protéines des uréthannes inconnues à l'organisme vivant et ne pouvant répondre aux besoins des tissus ;

- attaque de la molécule par fixation d'une partie de celle-ci. C'est le cas de l'acide cyanhydrique et des cyanures qui, en complexant le fer de l'hémoglobine, bloquent le transport d'oxygène par les globules rouges du sang. L'oxyde de carbone joue un rôle similaire ;
- le chlore et les dérivés chlorés ainsi que les solvants se fixent sur les lipides et les empêchent de fonctionner normalement ;
- certaines substances, en contact avec les tissus vivants, se transforment, et ce sont les produits de transformation qui réagissent avec les molécules des organismes vivants. Ainsi, le phosgène réagit avec l'eau contenue dans les tissus pour donner *in situ* de l'acide chlorhydrique très agressif pour les cellules. Les produits formés, les métabolites, sont souvent plus dangereux que la substance initiale.

À côté de sa réactivité chimique, il faut distinguer également les dimensions et la forme de la molécule. Plus la molécule est petite, plus elle se combine facilement avec les grosses molécules des tissus vivants, de par sa mobilité. Par ailleurs, certaines molécules ayant des structures particulières comme les hydrocarbures polycycliques aromatiques induisent des mutations génétiques susceptibles d'aboutir à des cancers au niveau des tissus.

4.1.2 Intoxications accidentelles et chroniques

Lorsqu'un produit chimique pénètre dans l'organisme, on distingue selon les cas deux possibilités :

- une intoxication accidentelle avec manifestation immédiate de symptômes pathologiques ;
- une intoxication chronique qui se manifeste après un certain temps et se traduit par des troubles pathologiques divers.

■ Intoxications accidentelles

Elles font suite à :

- une absorption massive de substances dangereuses qui sont dispersées dans la nature en grandes quantités, conduisant à une forte pollution de l'atmosphère, même si celle-ci reste limitée dans le temps ;
- une absorption de produits présentant une toxicité directe élevée, agissant rapidement et directement sur les molécules contenues dans les tissus vivants, action essentiellement destructrice ou modificatrice des fonctions normales.

Par exemple, une inspiration d'air pollué par du chlore ou de l'oxyde de carbone ou encore des vésicules d'isocyanates produit immédiatement son effet : suffocation, troubles pulmonaires, intoxications sanguines, etc. Les trois produits signalés ci-dessus sont en effet des substances toxiques qui réagissent directement sur les tissus vivants, sans passer par des stades intermédiaires. La réaction de destruction des tissus vivants est rapide et les troubles apparaissent quasi immédiatement.

© Dunod – La photocopie non autorisée est un délit.

C'est ce qui se passe dans les accidents industriels majeurs où, le plus souvent, les troubles apparaissent rapidement, nécessitant des secours médicaux immédiats.

■ Intoxications chroniques

Elles s'expliquent par l'absorption de faibles quantités de produits dangereux dont l'action n'est pas rapide car elle passe par des phases intermédiaires plus lentes.
En effet, ces substances, souvent apparemment non dangereuses ou agressives, subissent dans les tissus vivants, des transformations chimiques complexes, les métabolismes et ce sont les métabolites qui agissent sur les organes, les dénaturent et perturbent leur fonctionnement ; les troubles pathologiques apparaissent au bout de durées variables, allant de quelques jours à plusieurs décennies pour certains types de cancers (amiante).
Ainsi le benzène, solvant bien connu et qui est présent dans les carburants, ainsi que l'amiante, tous deux des produits industriels apparemment inertes, sont néanmoins à l'origine de maladies graves du type cancers.
Le tableau 4.2 donne une liste non exhaustive de maladies professionnelles dues à des substances susceptibles d'être émises lors des accidents industriels majeurs.

Tableau 4.2 – Maladies professionnelles dont les symptômes peuvent apparaître après une pollution due à un accident industriel majeur.

Tableau n° 4 : Hémopathies provoquées par le benzène et tous les produits en renfermant
Tableau n° 6 : Affections provoquées par les rayonnements ionisants
Tableau n° 14 : Affections provoquées par les dérivés nitrés du phénol, par le pentachlorophénol, les pentachlorophénates et par les dérivés halogénés de l'hydroxybenzonitrile
Tableau n° 16 bis : Affections cancéreuses provoquées par les goudrons de houille, les huiles de houille, les brais de houille et les suies de combustion du charbon
Tableau n° 25 : Pneumoconioses consécutives à l'inhalation de poussières minérales renfermant de la silice libre
Tableau n° 30 : Affections professionnelles consécutives à l'inhalation de poussières d'amiante
Tableau n° 42 : Surdité provoquée par les bruits lésionnels
Tableau n° 43 : Affections provoquées par l'aldéhyde formique et ses polymères
Tableau n° 44 : Affections consécutives à l'inhalation de poussières ou de fumées d'oxyde de fer
Tableau n° 62 : Affections professionnelles provoquées par les isocyanates organiques
Tableau n° 71 : Affections oculaires dues au rayonnement thermique
Tableau n° 71 bis : Affections oculaires dues au rayonnement thermique associé aux poussières
Tableau n° 72 : Maladies résultant de l'exposition aux dérivés nitrés des glycols et du glycérol
Tableau n° 90 : Affections respiratoires consécutives à l'inhalation de poussières textiles végétales

Si l'absorption de ces produits a eu lieu lors des activités professionnelles, alors ces maladies sont considérées comme maladies professionnelles et réparées et indemnisées suivant des règles bien précises, issues du Code de la Sécurité sociale, alors que la prévention des maladies professionnelles est indiquée dans le Code du travail. Dans les accidents industriels majeurs, il se peut que les troubles apparaissent sous forme de manifestations pathologiques, au bout de plusieurs jours voire plusieurs mois, mais l'origine reste l'accident, bien que la pollution dure quelque temps. Ainsi à Bhopal, si, à proximité de l'usine, les troubles dus à l'isocyanate de méthyle dégagé sont apparus immédiatement, pour ceux qui se trouvaient plus loin, les troubles ne sont apparus que plusieurs jours voire plusieurs mois après l'accident, faisant ainsi un très grand nombre de victimes.

4.2 La formation de substances toxiques dans les accidents industriels

L'émission de produits toxiques dans la nature à la suite d'un accident industriel se fait selon les deux façons suivantes :

– fuite à partir d'une enceinte fermée contenant des produits toxiques ;
– réactions dangereuses survenues lors des opérations habituelles de fabrication ou de stockage.

4.2.1 Les fuites d'une enceinte contenant des produits toxiques

L'industrie utilise de nombreux produits chimiques dangereux qui, pour les besoins des fabrications ou avant commercialisation, sont stockés dans des enceintes fermées, plus ou moins bien conçues et quelquefois en mauvais état.
Comme enceintes, il y a lieu de signaler :

– les réservoirs et les cuves métalliques ou en matières plastiques, simples ou à double paroi, de capacités variables, allant jusqu'à plusieurs dizaines de m^3. Ces enceintes peuvent être enterrées ou aériennes et doivent répondre à un certain nombre de critères et de normes afin d'assurer en toute sécurité, le stockage, le dépotage et le transport des matières dangereuses. Ces enceintes peuvent être fixes ou mobiles, se déplaçant (citernes et camions-citernes). Certains réservoirs sont refroidis par écoulement ou circulation d'eau froide ;
– les canalisations et les conduites pour transporter, tant à l'intérieur d'une usine, des réservoirs de stockage vers les réacteurs de fabrication, qu'à l'extérieur des usines, pour alimenter en continu d'autres sites. Ces canalisations sont généralement métalliques et quelquefois en matières plastiques, pour les courtes longueurs ;
– certains réacteurs et mélangeurs qui peuvent être assimilés à ces enceintes, à condition qu'il n'y ait pas de réactions chimiques, mais de simples mélangeages de plusieurs produits, des dilutions et des dissolutions.

Pour être sécurisées, ces enceintes et canalisations doivent respecter un certain nombre de conditions fixées par des normes internationales. Elles doivent aussi être correctement entretenues et réparées si nécessaires. Beaucoup de fuites ont pour origine une

© Dunod – La photocopie non autorisée est un délit.

dégradation normale dans le temps de ces enceintes et l'absence d'entretiens et de réparations. Des fuites peuvent apparaître à certains endroits qui, en l'absence d'interventions et surtout par suite de surpressions internes dues à des dilatations ou petites réactions secondaires et évaporations, peuvent se transformer en jets de produits et vapeurs dangereux et polluer l'environnement. L'accident de Bhopal illustre ce cas, la présence d'eau dans le réservoir ayant entraîné une réaction d'hydrolyse exothermique.

4.2.2 Les réactions dangereuses accidentelles

Il s'agit de réactions secondaires indésirables et incontrôlables qui peuvent avoir lieu :

- lors des réactions chimiques habituelles dans la fabrication et la synthèse des produits industriels ;
- lors des stockages effectués dans de mauvaises conditions et l'introduction accidentelle de substances réagissant avec les produits stockés ; c'est notamment le cas de la présence d'humidité qui induit certaines réactions secondaires dangereuses ;
- lors des transvasements d'un réservoir à un autre, par suite d'erreurs de manipulations et mélanges de substances incompatibles.

Dans les fabrications et synthèses de produits chimiques dans des réacteurs, deux facteurs sont particulièrement importants :

- la bonne température du mélange réactif ; généralement, un dépassement souvent de quelques degrés suffit pour déclencher des réactions secondaires difficilement contrôlables, avec formation de substances toxiques qui peuvent se dégager ainsi que des explosions. Ce fut le cas à Seveso. Il est souvent indispensable de mesurer en continu la température du réacteur et avoir si besoin un apport très rapide d'eau froide pour refroidir et arrêter les réactions secondaires dangereuses ;
- l'absence d'impuretés susceptibles de catalyser certaines réactions secondaires indésirables. C'est notamment le cas des oxydes métalliques dont les oxydes de fer, qui jouent un rôle catalytique et induisent des réactions secondaires ou encore augmentent la vitesse. C'est souvent le cas dans des vieux réacteurs rouillés ou mal entretenus. Les rouilles peuvent apparaître également au niveau des soudures dans les canalisations. Le tableau 4.3 donne une série de produits courants susceptibles de jouer un rôle catalytique, donc de favoriser les réactions dangereuses explosives.

Indépendamment des réactions secondaires dangereuses, certaines synthèses et fabrications de produits chimiques, caractérisées par la formation de grandes quantités de chaleur et des vitesses de réaction élevées, faisant appel à des produits incompatibles, peuvent présenter également des risques de tout genre ; seul, le respect absolu des modes opératoires et le suivi continu des différents paramètres de la réaction peuvent assurer la sécurité.

Tableau 4.3 – Produits ayant un rôle catalytique dans les réactions dangereuses.

Produits minéraux
Aluminium, oxyde d'aluminium, chlorure d'aluminium Cuivre et oxyde cuivreux Oxydes de fer Dioxyde de manganèse Nickel, platine, palladium Acides minéraux (sulfurique, chlorhydrique, phosphorique)
Produits organiques
Acides organiques (formique, acétique, benzoïque) Peroxydes (de benzoyle, d'amyle, de lauroyle) Persels (peracétates)

4.2.3 Principaux produits toxiques formés dans les accidents industriels majeurs

Lors des incendies et explosions qui accompagnent les processus industriels, fabrications, stockage et transports, de nombreux produits dangereux pour la santé des hommes peuvent prendre naissance et se disperser dans l'environnement, en créant une pollution importante.
Les principales substances et familles de substances nocives ou toxiques susceptibles de se dégager dans la nature lors des accidents industriels majeurs sont les suivants.

■ Produits simples

Des produits simples sont émis notamment lors des fuites des enceintes les contenant, soit en cours de stockage, soit lors des transports. Il s'agit essentiellement de gaz toxiques comme le chlore, l'ammoniac, le phosgène, ou encore des liquides très volatils comme le sulfure de carbone, le brome ou des solutions émettant facilement des vapeurs toxiques comme certains acides (acides chlorhydrique, nitrique, acétique), ammoniaque, benzène, toluène, etc. De tels liquides, émis sous pression à la suite de fuites ou d'explosions, forment des nuages toxiques qui polluent l'atmosphère environnante.

■ Hydrocarbures simples

Les hydrocarbures simples gazeux (méthane, éthane, éthylène, acétylène) ou liquides (benzène, styrène, butadiène, etc.), dont certains peuvent se former lors des explosions et des fuites, sont également combustibles.

■ Hydrocarbures solides et autres molécules lourdes complexes

Il s'agit d'hydrocarbures solides ou d'autres molécules lourdes complexes : amines et dérivés, thiols et dérivés, isocyanates, etc. Ces molécules qui ont pour origine les pyrolyses lors des incendies et explosions forment des aérosols présents dans les

© Dunod – La photocopie non autorisée est un délit.

nuages toxiques qui accompagnent les accidents industriels. Parmi ces molécules dangereuses, il y a lieu de citer les dérivés du naphtalène, de l'anthracène, les amines et polyamines aromatiques, les hydrocarbures polychlorés (chlorobenzènes, chloronaphtalène, etc.), etc. Plusieurs de ces produits conduisent à des cancers cutanés et de la vessie.

■ Hydrocarbures polycycliques aromatiques

Les hydrocarbures polycycliques aromatiques (HPA) forment une autre famille de produits hydrocarbonés solides toxiques, comprenant plusieurs substances hautement cancérogènes (figure 4.3). Ils se forment lors des réactions de décompositions thermiques de nombreux matériaux (matières plastiques, tissus) et produits organiques divers. Ces HPA sont des molécules lourdes assez stables, pauvres en hydrogène, comprenant de 3 à 6/7 noyaux aromatiques, voire plus, accolés les uns aux autres et qui se forment lors des réactions de condensation et de déshydrogénation de molécules organiques plus petites. On les trouve dans les résidus de distillation de la houille et du pétrole sous forme de goudrons et de brais. Stables dans le temps et non biodégradables, ils sont à l'origine des fumées noires qui se dégagent dans les incendies, à côté des imbrûlés carbonés.

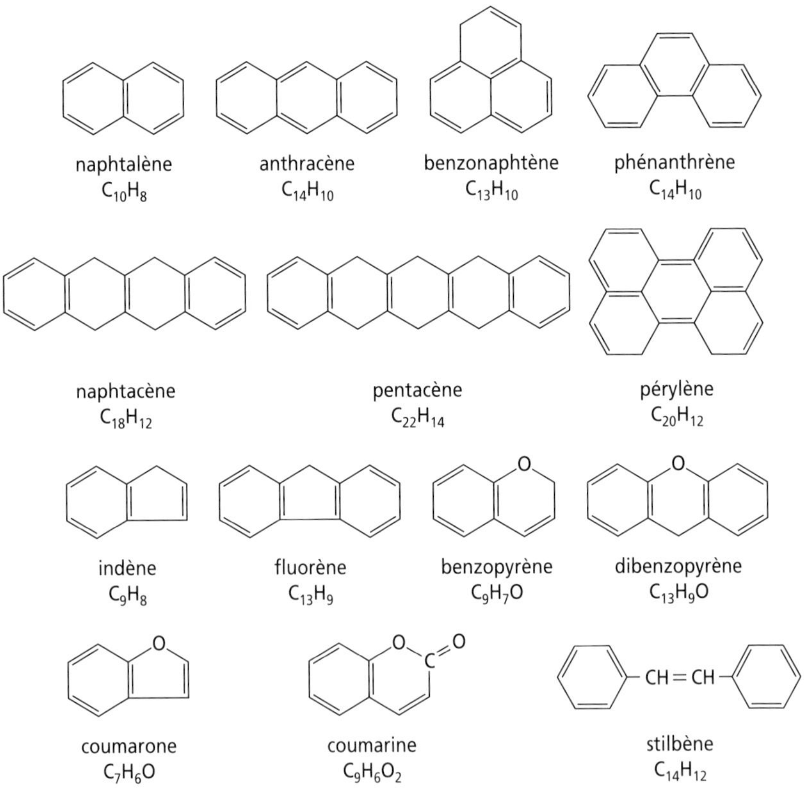

Figure 4.3 – Hydrocarbures polycycliques aromatiques.

Variantes des HPA, les substances polyaromatiques possèdent des noyaux aromatiques reliés entre eux par des atomes d'oxygène, d'azote ou de soufre ou encore par des noyaux formés de 5 atomes comme les dérivés de l'indène, azole, thiazole, les dérivés furanniques, pyridiniques, etc. Cette famille comprend plusieurs milliers de molécules, plus ou moins stables, généralement à odeur prononcée ; plusieurs d'entre elles sont toxiques.

■ Dioxines

Une autre famille de produits très toxiques est celle des dioxines, molécules très stables et non biodégradables qui se forment lors des décompositions thermiques de produits chlorés (matières plastiques chlorées comme les polychlorures de vinyle et les matériaux ignifugés par des dérivés chlorés) au cours des incendies et explosions. Toutes les dioxines sont très toxiques tant pour les hommes que pour la nature ; plusieurs d'entre elles sont parmi les substances les plus cancérogènes connues.

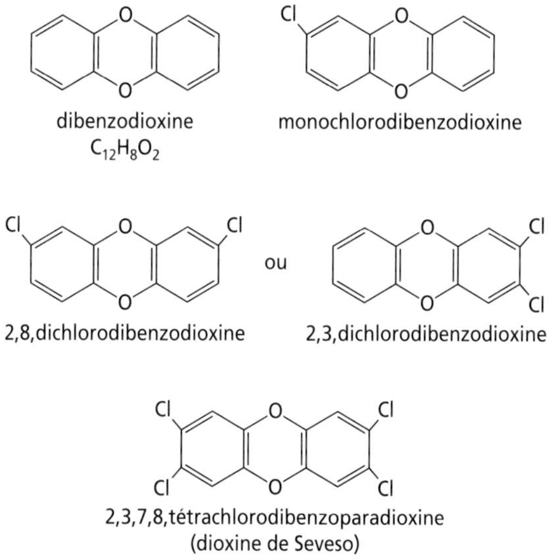

Figure 4.4 – Quelques dioxines.

■ Produits radioactifs

Enfin les produits radioactifs, couramment utilisés dans les industries pharmaceutiques et les laboratoires toxicologiques ainsi que dans d'autres activités comme les industries mécaniques et les travaux publics, la médecine thérapeutique, la radiologie, émettent des rayonnements ionisants (notamment des rayons X et gamma) nocifs pour la faune et la flore. Ces rayonnements peuvent provoquer des lésions cellulaires, des altérations sanguines, des atteintes cutanées et généralement des atteintes génétiques ; ils induisent également des cancers (leucémies, cancers broncho-pulmonaires et du squelette). Le danger présenté par ces substances est d'autant plus grand que

© Dunod – La photocopie non autorisée est un délit.

la durée de l'émission de rayonnements ionisants est souvent très longue, plusieurs décennies voire plusieurs centaines et milliers d'années. Une pollution radioactive des eaux et du sol peut être considérée comme permanente et le risque de contamination par irradiation perdure. Si l'effet d'une contamination importante est immédiat et se traduit par des lésions graves, notamment cutanées, la contamination radioactive de faible importance peut être à l'origine de maladies dont certaines sont graves.

La pollution radioactive la plus dangereuse provient des accidents de centrales nucléaires. Cependant, en cas d'incendies ou d'explosion industriels, les aérosols et les vapeurs de substances radioactives émis lors des accidents contaminent l'environnement pour une longue période et cette contamination, même de faible intensité, pourrait être dangereuse pour la faune et la flore.

L'industrie utilise essentiellement des sources radioactives de moyenne et faible toxicité et en généralement en faibles quantités et par conséquent la dispersion de ces substances dans l'environnement ne présente qu'un risque limité pour les êtres vivants de l'environnement. Mais, même faible, le danger existe.

4.3 Les conséquences de l'émission de produits toxiques dans l'environnement

Les conséquences de l'émission de produits toxiques dans l'environnement, à la suite d'un accident industriel majeur sont nombreuses et importantes et dépendent essentiellement de la nature et des quantités de substances dangereuses émises.

Généralement, cette émission se fait avec une certaine vitesse, soit parce qu'elle est due à un jet de produits à travers une ouverture accidentelle d'un réacteur, d'un réservoir ou d'une canalisation, sous forme d'une fuite dans l'air, soit à la suite d'une explosion du type déflagration, très localisée, généralement au niveau du réacteur ou de l'enceinte fermée, dont les dégâts causés restent limités à l'atelier, mais cette explosion projette à grande vitesse, des produits dangereux dans la nature.

Si le produit rejeté est à l'état gazeux (gaz ou vapeur), la dilution dans l'air est relativement rapide, contaminant une zone plus ou moins importante. Ces polluants sont absorbés essentiellement par les voies respiratoires et peuvent conduire à des troubles pulmonaires ou au niveau des voies respiratoires supérieures (nez, larynx, trachée).

Si le produit rejeté est à l'état liquide ou solide, les liquides se trouvent sous forme de vésicules, très petites gouttelettes qui peuvent rester pendant longtemps en suspension dans l'air et former des nappes, nuages ou brouillards dangereux pour les êtres vivants. Les solides sont émis sous forme de poussières fines qui ne se déposent que lentement. Souvent, vésicules et poussières sont émises simultanément sous forme de nuages.

Les solides et liquides ainsi rejetés pénètrent principalement par les voies respiratoires ; mais en se déposant à la longue, par gravité, sur la peau, les végétaux et au sol, ils contaminent directement les organismes vivants, en pénétrant par les voies cutanée et orale.

Les produits volatils (comme les solvants) qui peuvent se trouver dans les vésicules liquides s'évaporent d'abord superficiellement puis à cœur. En séchant, les vésicules se transforment en poussières solides qui peuvent se déposer en partie basse.
En pratique, on peut dire qu'à la suite d'un accident industriel majeur, la pollution de l'environnement est la résultante de la présence de substances toxiques à la fois gazeuses, liquides et solides, formant une sorte de nuage ou de brouillard agressif pour toute forme de vie, faune et flore.
Enfin, il y a lieu de signaler l'importance des facteurs météorologiques sur les phénomènes de pollution. Le vent disperse les polluants de toute nature sur de grandes distances, favorise leur maintien en suspension et explique l'importance des surfaces polluées sur des grandes distances.
La pluie et la neige favorisent la dépose des polluants sur les végétaux et le sol. Les substances écotoxiques déposées sur le sol pénètrent dans les végétaux à travers les racines et se retrouvent ensuite dans l'organisme des animaux ayant consommé ces végétaux ; il en est de même pour les hommes.
Par conséquent, directement ou indirectement, suivant les processus de déposition ou d'alimentation, les agents polluants, émis lors des accidents industriels majeurs, se retrouvent dans les organismes des hommes, des animaux et des végétaux, à des degrés divers et conduisent à des troubles de fonctionnement.
Si, beaucoup d'animaux et de végétaux peuvent se défendre efficacement contre les polluants naturels ou connus dans la nature, ils sont désarmés vis-à-vis des substances entièrement synthétiques qu'ils ne connaissent pas. Par manque d'accoutumance, la faune et la flore ne sont pas encore armées pour les combattre, surtout si ces produits sont présents en grandes quantités et elles dépérissent ; il faut souvent des décennies, voire des siècles, pour que certains insectes et végétaux s'adaptent aux polluants et trouvent les moyens pour les neutraliser et les combattre efficacement.
C'est pour toutes ces raisons que les accidents industriels majeurs sont sources d'importantes pollutions et font de gros dégâts au niveau de la faune et de la flore.
Les hommes ne sont pas mieux lotis et souffrent des nombreux polluants émis lors des accidents.
Le tableau 4.4 donne une liste de produits particulièrement écotoxiques.
Mais la pollution après un accident industriel ne se limite pas aux substances nocives émises directement, mais également aux nombreuses transformations qu'elles peuvent subir dans l'air et au sol.
La première de ces transformations est constituée des réactions d'hydrolyse avec l'eau présente tant à l'état vapeur (humidité omniprésente) que sous forme liquide (pluies, neige, rosée, humidité du sol, flaques et surfaces d'eau).
Une deuxième réaction courante dans la nature est constituée par les oxydations nombreuses par l'oxygène de l'air, réactions catalysées par les agents atmosphériques comme les rayonnements ultraviolets.
L'action des acides formés sur les produits basiques comme l'ammoniac et les oxydes métalliques donnent naissance à des sels stables qui se déposent au sol et modifient leurs caractéristiques.
De nombreuses substances émises lors des accidents sont ainsi transformées plus ou moins rapidement :

– les aldéhydes et les oxydes acides sont hydrolysés en acides plus stables et agressifs ;

© Dunod – La photocopie non autorisée est un délit.

Tableau 4.4 – Produits écotoxiques.

Tous les produits toxiques pour l'homme en général
Tous les biocides
Produits actifs destinés à détruire, repousser ou rendre inoffensif les organismes nuisibles : Désinfectants : produits d'hygiène, hygiène vétérinaire Produits de protection : protection du bois, des conteneurs, des fluides industriels, de films, fibres, cuirs, caoutchoucs, matières plastiques, ouvrages de maçonnerie, anti-moisissure Antiparasitaires : insecticides, rodenticides, avicides, piscicides, acaricides, répulsifs et appâts Produits de protection des denrées alimentaires humaines et animales
Les produits écotoxiques classés en 3 catégories
Catégorie 3 (les plus toxiques)
Arsenic, cadmium, mercure et leurs dérivés Nitrate d'argent, chromates et bichromates Acrylonitrile, benzène, hydrazine, solvants chlorés
Catégorie 2 (moyennement toxiques)
Cuivre, plomb, nickel et dérivés Sulfures, sulfure de carbone Ammoniac, aniline, nitrites Formol, phénol Styrène, naphtalène, toluène, xylènes
Catégorie 1 (peu toxiques ou nocifs)
Hydroxydes alcalins (soude, potasse, chaux vive) Fluorures, iodures, nitrates, phosphates Acides minéraux Hydrocarbures saturés Acétaldéhyde, acides formique et acétique, méthanol Urée

– les produits chlorés et soufrés sont transformés en acides chlorhydrique et sulfurique très agressifs ;
– les produits azotés peuvent s'oxyder en oxydes d'azote et acide nitrique ;
– les hydrocarbures peuvent s'oxyder lentement et conduire à une foule de molécules plus ou moins dangereuses ;
– certaines transformations donnent naissance à des substances cancérogènes comme les hydrocarbures polycycliques aromatiques, les dioxines et d'autres molécules complexes.

Si certaines de ces transformations sont de nature à atténuer la dangerosité globale des produits émis, d'autres peuvent se transformer en substances écotoxiques.
Il s'ensuit une certaine difficulté dans la recherche des substances émises directement par l'accident, ceci afin de déterminer exactement le déroulement des processus, surtout si les prélèvements et les analyses ne sont pas effectués rapidement. Il en résulte souvent des différences au niveau des résultats des enquêtes, voire des contradictions techniques qui sont à l'origine de nombreuses contestations technico-juridiques. Dans la collecte des informations sur les produits formés lors des accidents, une grande prudence est indispensable dans l'interprétation des résultats analytiques.

4.4 Quelques accidents majeurs

Les deux accidents les plus connus, largement commentés par les médias et la littérature technique et industrielle, et qui concernent la formation de substances toxiques, sont ceux de Seveso et de Bhopal. Ils ne sont certes pas les seuls, mais ils ont fait l'objet d'enquêtes approfondies et nous connaissons actuellement les causes et les déroulements de ces accidents.
Dans l'accident de Seveso, il s'agit d'une réaction chimique dangereuse mal maîtrisée et dans celui de Bhopal, d'un produit chimique dangereux stocké dans de mauvaises conditions.

4.4.1 L'accident de Seveso en Italie

L'accident survenu en 1974 est certainement l'un des sinistres industriels les plus connus ; bien que n'ayant pas fait de morts, il a causé l'intoxication par les dioxines de près de 70 000 personnes.
L'usine de Seveso fabriquait dans un réacteur du 2,4,5 trichlorophénol, utilisé dans les pesticides, par action à chaud, vers 160 °C, du 1,2,4,5 tétrachlorobenzène avec la soude.
Pour une raison inconnue, la température s'est élevée, la réaction s'est emballée et l'explosion (déflagration) produite a libéré dans l'atmosphère des dioxines, dont essentiellement de la 2,3,7,8 TCDD (2,3,7,8 tétrachlorodibenzoparadioxine).
La formation de ces dioxines est assez mal connue ; elle suppose des réactions de cyclisation que l'on rencontre fréquemment dans les réactions pyrolytiques.
La 2,3,7,8 TCDD est considérée comme étant la plus cancérogène dans la série des dioxines. Quelques kilogrammes de cette substance se sont dispersés à l'air libre, en contaminant une surface de près de 2 000 hectares. Les dioxines sont des molécules très stables qui ne se dégradent que très lentement dans la nature, ce qui accroît leur danger. Elles sont à l'origine de chloroacnées et de cancers.
Elles se forment chaque fois que des produits contenant des atomes de chlore, de carbone, d'hydrogène et d'oxygène se trouvent portés à des températures supérieures à 200-250 °C. Ce fut le cas à Seveso.
Les dioxines qui contaminent les sols et les végétaux, se retrouvent dans la chaîne alimentaire des animaux et des hommes (notamment dans le lait des vaches).
Cet accident a donné son nom à la directive européenne relative à la prévention des accidents industriels majeurs qui sera largement étudiée aux chapitres 5 et 6.

© Dunod – La photocopie non autorisée est un délit.

5 • LÉGISLATION, RÉGLEMENTATION, NORMALISATION ET ORGANISATION

Devant l'ampleur de la gravité des conséquences des accidents industriels majeurs, les pouvoirs publics de la plupart des pays industrialisés ont mis en place des mesures législatives obligatoires, en vue d'éviter ces accidents ou tout au moins diminuer l'importance des dégâts causés, tant au niveau des victimes que de l'environnement.
Les instances internationales comme l'Organisation internationale du travail (OIT) de Genève ou encore la Communauté européenne ont publié des documents intéressants et fort utiles en matière de prévention des risques industriels.
Parmi ces documents, les directives du Conseil de l'Union européenne, appelées directives Seveso, font autorité et ont inspiré les législations en matière de sécurité industrielle, dans bon nombre de pays d'Europe et ailleurs. Ces textes seront étudiés en détail ci-après.
Les grands pays industriels, qui ont connu chez eux plusieurs accidents industriels majeurs, disposaient déjà (ou les ont mis en place) de textes officiels réglementant la sécurité industrielle. La France avait depuis longtemps légiféré dans ce domaine, pratiquement depuis 1810, avec la création des établissements classés ; depuis, cette législation a été modifiée à plusieurs reprises et rendue conforme aux directives européennes.

5.1 Les directives Seveso et les autres textes internationaux

5.1.1 Aperçu historique

L'accident de Seveso en 1976 qui s'est produit dans une région industrielle d'Italie du Nord, l'un des pays fondateurs de l'Union européenne, suivi, quelques années après, par les accidents chimiques encore plus graves de Mexico en 1984 et de Bhopal en 1988, ont conduit les autorités de la Communauté européenne à se pencher sur le problème des risques industriels majeurs et à mettre en place des mesures réglementaires, incitant et obligeant les États membres à les inclure dans leurs législations.
Les directives sont des textes législatifs européens, généralement proposés par la Commission, préparés par le Conseil européen et ratifiés par le Parlement européen. Elles s'adressent aux gouvernements des États membres qui sont tenus, avant un certain délai, de transcrire les mesures des directives dans leurs législations, afin que

© Dunod – La photocopie non autorisée est un délit.

ces mesures soient rendues obligatoires et appliquées. Les citoyens ne peuvent respecter les mesures des directives que si elles sont contenues dans les législations nationales.

Il est vraisemblable qu'en cas d'adoption d'une constitution, cette procédure soit quelque peu modifiée, les directives étant probablement remplacées par des textes législatifs et réglementaires européens, sans que les contenus, considérés comme des acquis communautaires, soient sensiblement modifiés. Mais il semble que quel que soit le système et compte tenu de la situation actuelle, l'accord des gouvernements nationaux soit requis avant que les mesures puissent être appliquées dans chacun des pays membres.

Il en résulte que les gouvernements nationaux, après publication d'une directive, doivent modifier les textes existants ou créer de nouveaux textes pour respecter le contenu des directives.

Ainsi, les directives Seveso ont été transcrites dans la législation française en apportant quelques modifications aux textes déjà existants et en en créant de nouveaux pour répondre à leurs différentes mesures. Il en est de même pour la plupart des autres pays européens, qui pratiquement tous (sauf les dix nouveaux pays qui viennent d'entrer dans l'Union européenne) ont modifié leurs lois et règlements, pour les rendre conformes aux directives Seveso.

Directive 82/501/CEE du 24 juin 1982 dite directive Seveso I

C'est la première version de cette directive qui d'ailleurs a été modifiée en 1986 et 1987. Cette version a été abrogée par la directive Seveso II de 1996.

Cette directive distingue deux classes d'établissements :

- les installations dangereuses à risques réels, pour lesquelles des mesures doivent être mises en place ;
- les installations les plus dangereuses, à hauts risques, appelées également installations Seveso, qui non seulement doivent respecter un certain nombre de mesures, mais doivent aussi rester sous surveillance et contrôles permanents, par des personnes compétentes.

Les mesures prescrites tendent à assurer la maîtrise des risques industriels et empêcher les accidents majeurs.

Cette directive a été révisée à plusieurs reprises, à la suite de certains accidents industriels survenus après 1982, avant la parution de la directive Seveso II :

- directive 87/216/CEE du 19 mars 1987 ;
- directive 88/610/CEE du 24 novembre 1988 ;
- directive 91/692/CEE du 23 décembre 1991.

Ces directives ont été abrogées depuis.

Directive 96/82/CE du 9 décembre 1996 dite directive Seveso II

Cette directive de 1996 remplace celle de 1982 et introduit des changements relativement importants et des concepts nouveaux :

- La nouvelle directive remplace le terme *installation* par le terme *établissement* qui est une notion plus large, car elle correspond à une entreprise ou une usine, susceptible de comprendre plusieurs installations où se trouvent des substances dangereuses.
- La protection de l'environnement est rendue plus précise par l'introduction, dans le champ d'application, des substances dangereuses pour l'environnement (écotoxiques et biocides).
- De nouvelles exigences plus sévères sont introduites en matière de gestion de sécurité et de plans d'urgence.
- Un plus grand relief est donné à l'aspect aménagement du territoire.
- Les inspections et contrôles périodiques sont renforcés.
- L'information du public sur les risques existants et les mesures de sécurité mises en application est exigée.

■ Directive 2003/105/CE du 16 décembre 2003

Des modifications ont été apportées à la directive de 1996, notamment par la directive 2003/105/CE du 16 décembre 2003, à la suite de l'accident de Baïa Mare en Roumanie en 2000 (déversement de cyanures dans un affluent du Danube) et de celui d'AZF à Toulouse en 2001, ainsi que d'autres accidents (usine pyrotechnique d'Enschede aux Pays-Bas).
Cette modification a essentiellement inclus dans la directive Seveso II de 1996 les opérations de traitement et de stockage des matières minérales dans les industries extractives et le traitement des déchets dans ces mêmes activités.
L'analyse de la directive Seveso II ci-après tient compte des modifications apportées par la directive de 2003.

5.1.2 La directive Seveso II

■ Présentation de la directive Seveso II

Son titre exact est « Directive 96/82/CE du Conseil du 9 décembre 1996 concernant la maîtrise des dangers liés aux accidents majeurs impliquant des substances dangereuses ». Le texte est paru au *Journal officiel* (européen) n° L 010 du 14 janvier 1997, pp. 0013-0033.
Le tableau 5.1 montre le plan de cette directive, à la base de la législation en matière de prévention des risques industriels majeurs, mais non forcément à l'origine, du moins pour les grands pays européens qui avaient déjà mis en place des textes sur la maîtrise de ces risques.
La directive 96/82/CE du 9 décembre 1996 comporte :
- 24 raisons justifiant un tel texte, dont des rappels d'accidents industriels majeurs ;
- 26 articles traitant des différents aspects intéressant la maîtrise des risques industriels majeurs impliquant des substances dangereuses ;
- 6 annexes qui apportent un certain nombre de précisions pratiques pour la mise en application des mesures dans les différents pays. Ces annexes font partie intégrante de la directive.

© Dunod – La photocopie non autorisée est un délit.

Tableau 5.1 – Plan de la directive 96/82/CE du 9 décembre 1996 dite directive Seveso II.

Article 1 : Objet
Article 2 : Champ d'application
Article 3 : Définitions (voir tableau 5.2)
Article 4 : Exclusions
Article 5 : Obligations générales de l'exploitant
Article 6 : Notification
Article 7 : Politique de prévention des accidents majeurs
Article 8 : Effet domino
Article 9 : Rapport de sécurité
Article 10 : Modifications d'une installation
Article 11 : Plans d'urgence
Article 12 : Maîtrise de l'urbanisation
Article 13 : Informations concernant les mesures de sécurité
Article 14 : Informations à fournir par l'exploitant après un accident majeur
Article 15 : Informations à fournir par les États membres à la Commission
Article 16 : Autorité compétente
Article 17 : Interdiction d'exploitation
Article 18 : Inspection
Article 19 : Échanges et système d'information
Article 20 : Confidentialité
Article 21 : Mandat du comité
Article 22 : Comité
Article 23 : Abrogation de la directive 82/502-1/CEE
Article 24 : Mise en application
Article 25 : Entrée en vigueur
Annexe I : Application de la directive : Introduction
Annexe II : Données et informations minimales à prendre en considération dans le rapport de sécurité prévu à l'article 9
Annexe III : Principes visés à l'article 7 et informations visées à l'article 9 relatifs au système de gestion et à l'organisation de l'établissement en vue de la prévention des accidents majeurs
Annexe IV : Données et informations devant figurer dans les plans d'urgence prévus à l'article 11
Annexe V : Éléments d'information à communiquer au public en application de l'article 13, paragraphe 1
Annexe VI : Critères pour la notification d'un accident à la commission, prévue à l'article 15, paragraphe 1

La directive 2003/105/CE du 16 décembre 2003 ne fait que modifier le libellé de certains articles. Elle définit deux types d'obligations :

- les obligations à caractère général (articles 3 et 4 par exemple), concernant les mesures de sécurité ;
- les obligations spécifiques aux installations visées dans les annexes I, II et III : notifications des informations sur les substances dangereuses, établissement de plans d'urgence, informations des personnes du voisinage.

La date limite de transposition de cette directive dans les législations des États membres était le 3 février 1999. Plusieurs procédures d'infraction ont été instruites pour non-transcription par les États membres ou transcription incomplète.

■ Analyse de la directive Seveso II modifiée

L'article premier donne l'objet de la directive : « La présente directive a pour objet la prévention des accidents majeurs impliquant des substances dangereuses et la limitation de leurs conséquences pour l'homme et l'environnement, afin d'assurer de façon cohérente et efficace dans toute la Communauté des niveaux de protection élevée. »

Les articles 2 et 4 concernent le champ d'application. Cette directive s'applique à tous les établissements où des substances dangereuses sont présentes dans des quantités égales ou supérieures à celles indiquées à l'annexe I. Il s'agit de la présence réelle ou prévue de ces substances ou encore celles susceptibles de se former lors des procédés mis en œuvre dans l'établissement.

Sont exclus du champ d'application :

- les établissements et installations militaires ;
- les dangers liés aux rayonnements ionisants (produits radioactifs) ;
- le transport et le stockage temporaire de substances dangereuses, y compris par canalisations ;
- les exploitations minières, carrières, matières minérales y compris les hydrocarbures (pétrole, gaz) ;
- les décharges de déchets contenant des substances dangereuses.

L'article 3 donne un certain nombre de définitions, indispensables pour éviter toutes contestations ou interprétations erronées. L'intégralité de l'article 3 se trouve dans le tableau 5.2. Sa lecture explicite un certain nombre de notions, souvent utilisées indistinctement.

L'article 5, très général, précise que les États membres doivent veiller à ce que les exploitants prennent toutes les mesures nécessaires pour prévenir les accidents majeurs et pouvoir, à tout moment, notamment pour les contrôles, prouver que toutes les mesures sont effectivement prises.

L'article 6 précise que les exploitants sont tenus d'envoyer aux autorités compétentes une notification contenant une série d'informations sur l'établissement, son activité, les substances dangereuses présentes et l'environnement immédiat.

L'article 7 précise que les États membres doivent exiger des exploitants la rédaction d'un document définissant leur politique de prévention et les moyens mis en place

© Dunod – La photocopie non autorisée est un délit.

Tableau 5.2 – Article 3 de la directive Seveso II.

Article 3 – Définitions
Aux fins de la présente directive, on entend par :
1) « établissement » : l'ensemble de la zone placée sous le contrôle d'un exploitant où des substances dangereuses se trouvent dans une ou plusieurs installations, y compris les infrastructures ou les activités communes ou connexes ;
2) « installation » : une unité technique à l'intérieur d'un établissement où des substances dangereuses sont produites, utilisées, manipulées ou stockées. Elle comprend tous les équipements, structures, canalisations, machines, outils, embranchements ferroviaires particuliers, quais de chargement et de déchargement, appontements desservant l'installation, jetées, dépôts ou structures analogues, flottantes ou non, nécessaires pour le fonctionnement de l'installation ;
3) « exploitant » : toute personne physique ou morale qui exploite ou détient l'établissement ou l'installation, ou, si cela est prévu par la législation nationale, toute personne qui s'est vu déléguer à l'égard de ce fonctionnement technique un pouvoir économique déterminant ;
4) « substances dangereuses » : les substances, mélanges ou préparations énumérés à l'annexe I partie 1, ou répondant aux critères fixés à l'annexe I partie 2, et présents sous forme de matière première, de produits, de sous-produits, de résidus ou de produits intermédiaires, y compris ceux dont il est raisonnable de penser qu'ils sont générés en cas d'accident ;
5) « accident majeur » : un événement tel qu'une émission, un incendie ou une explosion d'importance majeure résultant de développements incontrôlés survenus au cours de l'exploitation d'un établissement couvert par la présente directive, entraînant pour la santé humaine, à l'intérieur ou à l'extérieur de l'établissement, et/ou pour l'environnement, un danger grave, immédiat ou différé, et faisant intervenir une ou plusieurs substances dangereuses ;
6) « danger » : la propriété intrinsèque d'une substance dangereuse ou d'une situation physique de pouvoir provoquer des dommages pour la santé humaine et/ou l'environnement ;
7) « risque » : la probabilité qu'un effet spécifique se produise dans une période donnée ou dans des circonstances déterminées ;
8) « stockage » : la présence d'une certaine quantité de substances dangereuses à des fins d'entreposage, de mise en dépôt sous bonne garde ou d'emmagasinage.

pour un niveau élevé de sécurité, protection de l'homme et de l'environnement, conformément à l'annexe III.

L'article 8 insiste sur l'importance des échanges d'informations entre les établissements ayant des risques similaires ainsi que l'information du public. C'est l'effet domino.

L'article 9 concerne les rapports de sécurité que les exploitants doivent remettre aux autorités compétentes et qui doivent contenir des informations conformes à celles de l'annexe II (tableau 5.3). Cet article précise les objectifs poursuivis par ces rapports.

L'article 10 demande qu'en cas de modifications apportées aux installations et établissements, des révisions soient apportées par l'exploitant à sa politique de prévention et au rapport de sécurité.

Tableau 5.3 – Article 9 de la directive Seveso II.

Article 9 – Rapport de sécurité
1. Les États membres veillent à ce que l'exploitant soit tenu de présenter un rapport de sécurité aux fins suivantes : a) démontrer qu'une politique de prévention des accidents majeurs et un système de gestion de la sécurité pour son application sont mis en œuvre conformément aux éléments figurant à l'annexe III ; b) démontrer que les dangers d'accidents majeurs ont été identifiés et que les mesures nécessaires pour les prévenir et pour limiter les conséquences de tels accidents pour l'homme et l'environnement ont été prises ; c) démontrer que la conception, la construction, l'exploitation et l'entretien de toute installation, aire de stockage, équipement et infrastructure liés à son fonctionnement, ayant un rapport avec les dangers d'accidents majeurs au sein de l'établissement, présentent une sécurité et une fiabilité suffisantes ; d) démontrer que des plans d'urgence internes ont été établis et fournir les éléments permettant l'élaboration du plan externe afin de prendre les mesures nécessaires en cas d'accidents majeurs ; e) assurer une information suffisante des autorités compétentes pour leur permettre de décider de l'implantation de nouvelles activités ou d'aménagements autour d'établissements existants. 2. Le rapport de sécurité contient au moins les éléments d'information énumérés à l'annexe II. Il contient, par ailleurs, l'inventaire à jour des substances dangereuses présentes dans l'établissement. Plusieurs rapports de sécurité, parties de rapports, ou autres rapports équivalents établis conformément à une autre législation peuvent être fusionnés en un rapport de sécurité unique aux fins du présent article, lorsqu'une telle formule permet d'éviter une répétition inutile d'informations et un double emploi des travaux effectués par l'exploitant ou par l'autorité compétente, à condition que toutes les exigences du présent article soient remplies. 3. Le rapport de sécurité prévu au paragraphe 1 est envoyé à l'autorité compétente dans les délais suivants : – dans le cas de nouveaux établissements, dans un délai raisonnable, avant le début de la construction ou de l'exploitation, – dans le cas d'établissements existants non encore soumis aux dispositions de la directive 82/501/CEE, dans un délai de trois ans à compter de la date prévue à l'article 24 paragraphe 1, – pour les autres établissements, dans un délai de deux ans à compter de la date prévue à l'article 24 paragraphe 1, – lors des révisions périodiques prévues au paragraphe 5, sans délai. 4. Avant que l'exploitant n'entreprenne la construction ou l'exploitation ou, dans les cas visés au paragraphe 3 deuxième, troisième et quatrième tirets, l'autorité compétente, dans des délais raisonnables après réception du rapport : – communique à l'exploitant ses conclusions concernant l'examen du rapport de sécurité, le cas échéant après avoir demandé des informations complémentaires ou – interdit la mise en service ou la poursuite de l'exploitation de l'établissement considéré, conformément aux pouvoirs et procédures prévus à l'article 17.

© Dunod – La photocopie non autorisée est un délit.

Tableau 5.3 (suite) – Article 9 de la directive Seveso II.

5. Le rapport de sécurité est périodiquement revu et, si nécessaire, mis à jour :
– au moins tous les cinq ans,
– à n'importe quel autre moment, à l'initiative de l'exploitant ou à la demande de l'autorité compétente, lorsque des faits nouveaux le justifient ou pour tenir compte de nouvelles connaissances techniques relatives à la sécurité, découlant, par exemple, de l'analyse des accidents ou, autant que possible, des « quasi-accidents », ainsi que de l'évolution des connaissances en matière d'évaluation des dangers.

6. a) Lorsqu'il est établi, à la satisfaction de l'autorité compétente, que des substances particulières se trouvant dans l'établissement ou qu'une partie quelconque de l'établissement lui-même ne sauraient créer un danger d'accident majeur, l'État membre peut, conformément aux critères visés au point b), limiter les informations requises dans les rapports de sécurité aux informations relatives à la prévention des dangers résiduels d'accidents majeurs et à la limitation de leurs conséquences pour l'homme et l'environnement.

b) La Commission établit, avant la mise en application de la présente directive, conformément à la procédure visée à l'article 16 de la directive 82/501/CEE, des critères harmonisés pour la décision de l'autorité compétente qu'un établissement ne saurait créer un danger d'accident majeur au sens du point a). Le point a) n'est applicable qu'après l'établissement de ces critères.

c) Les États membres veillent à ce que l'autorité compétente communique à la Commission une liste motivée des établissements concernés. La Commission transmet ces listes annuellement au comité visé à l'article 22.

L'article 11 concerne les plans d'urgence : interne préparé par l'exploitant et externe décidé par les autorités compétentes (tableau 5.4). Les informations contenues dans les plans d'urgence figurent dans l'annexe IV.

Tableau 5.4 – Article 11 de la directive Seveso II.

Article 11 – Plans d'urgence

1. Les États membres veillent à ce que, pour tous les établissements soumis aux dispositions de l'article 9 :
a) l'exploitant élabore un plan d'urgence interne pour ce qui est des mesures à prendre à l'intérieur de l'établissement :
– pour les nouveaux établissements, avant leur mise en exploitation,
– pour les établissements existants, non encore soumis aux dispositions de la directive 82/501/CEE, dans un délai de trois ans à compter de la date prévue à l'article 24 paragraphe 1,
– pour les autres établissements, dans un délai de deux ans à compter de la date prévue à l'article 24 paragraphe 1 ;
b) l'exploitant fournisse aux autorités compétentes, pour leur permettre d'établir le plan d'urgence externe, les informations nécessaires dans les délais suivants :
– pour les nouveaux établissements, avant le début de la mise en exploitation,
– pour les établissements existants, non encore soumis aux dispositions de la directive 82/501/CEE, dans un délai de trois ans à compter de la date prévue à l'article 24 paragraphe 1,
– pour les autres établissements, dans un délai de deux ans à compter de la date prévue à l'article 24 paragraphe 1 ;

Tableau 5.4 (suite) – Article 11 de la directive Seveso II.

c) les autorités désignées à cet effet par l'État membre élaborent un plan d'urgence externe pour les mesures à prendre à l'extérieur de l'établissement. 2. Les plans d'urgence doivent être établis en vue des objectifs suivants : – contenir et maîtriser les incidents de façon à en minimiser les effets et à limiter les dommages causés à l'homme, à l'environnement et aux biens, – mettre en œuvre les mesures nécessaires pour protéger l'homme et l'environnement contre les effets d'accidents majeurs, – communiquer les informations nécessaires au public et aux services ou aux autorités concernés de la région, – prévoir la remise en état et le nettoyage de l'environnement après un accident majeur. Les plans d'urgence contiennent les informations visées à l'annexe IV. 3. Sans préjudice des obligations des autorités compétentes, les États membres veillent à ce que les plans d'urgence internes prévus par la présente directive soient élaborés en consultation avec le personnel employé dans l'établissement, et à ce que le public soit consulté sur les plans d'urgence externes. 4. Les États membres instaurent un système garantissant que les plans d'urgence internes et externes sont réexaminés, testés et, si nécessaire, révisés et mis à jour par les exploitants et les autorités désignées, à des intervalles appropriés qui ne doivent pas excéder trois ans. Ce réexamen tient compte des modifications intervenues dans les établissements concernés, à l'intérieur des services d'urgence considérés, des nouvelles connaissances techniques et des connaissances concernant les mesures à prendre en cas d'accidents majeurs. 5. Les États membres instaurent un système garantissant que les plans d'urgence sont appliqués sans délai par l'exploitant et, le cas échéant, par l'autorité compétente désignée à cet effet : – lors d'un accident majeur ou – lors d'un événement non maîtrisé dont on peut raisonnablement s'attendre, en raison de sa nature, qu'il conduise à un accident majeur. 6. L'autorité compétente peut, en motivant sa décision, décider, au vu des informations contenues dans le rapport de sécurité, que les dispositions du paragraphe 1 concernant l'obligation d'établir un plan d'urgence externe ne s'appliquent pas.

L'article 12 est relatif à la maîtrise de l'urbanisation : implantation des nouveaux établissements, modification des établissements existants, nouveaux aménagements autour des établissements existants (tableau 5.5).

L'article 13 concerne les informations relatives aux mesures de sécurité à transmettre aux exploitants et autres États membres, ainsi que leur mise à la disposition du public qui a à donner son avis.

L'article 14 précise les informations à fournir par l'exploitant après un accident majeur : circonstances de l'accident, les substances dangereuses en cause, les données sur les effets de l'accident, les mesures d'urgence. Les autorités compétentes sont tenues de s'assurer que les mesures d'urgences et les autres mesures sont prises et recueillir les informations relatives à l'analyse de l'accident.

L'article 15 précise les informations que les États membres doivent fournir à la Commission après chaque accident majeur, conformément à l'annexe VI.

© Dunod – La photocopie non autorisée est un délit.

Tableau 5.7 – Extrait de l'annexe I de la directive Seveso II.

Annexe I - Application de la directive

Introduction

1. La présente annexe concerne la présence de substances dangereuses dans tout établissement au sens de l'article 3 de la présente directive et détermine l'application de ses articles.

2. Les mélanges et préparations sont assimilés à des substances pures pour autant qu'ils soient conformes aux limites de concentration fixées en fonction de leurs propriétés dans les directives en la matière indiquées dans la partie 2 note 1 ou leurs dernières adaptations au progrès technique, à moins qu'une composition en pourcentages ou une autre description ne soit spécifiquement donnée.

3. Les quantités seuils indiquées ci-dessous s'entendent par établissement.

4. Les quantités qui doivent être prises en considération pour l'application des articles sont les quantités maximales qui sont présentes ou sont susceptibles d'être présentes à n'importe quel moment. Les substances dangereuses qui ne se trouvent dans un établissement qu'en quantités égales ou inférieures à 2 % de la quantité seuil indiquée ne sont pas prises en compte dans le calcul de la quantité totale présente si leur emplacement à l'intérieur d'un établissement est tel qu'il ne peut déclencher un accident majeur ailleurs sur le site.

5. Les règles données dans la partie 2 note 4 qui régissent l'addition de substances dangereuses ou de catégories de substances dangereuses sont, le cas échéant, applicables.

Partie 1 – Substances désignées

Lorsqu'une substance ou un groupe de substances figurant dans la partie 1 relève(nt) également d'une catégorie de la partie 2, les quantités seuils à prendre en considération sont celles indiquées dans la partie 1 [...].

Notes

1. Nitrate d'ammonium (350/2 500). Cela s'applique au nitrate d'ammonium et aux mélanges de nitrate d'ammonium dans lesquels la teneur en azote due au nitrate d'ammonium est supérieure à 28 % en poids (autres que ceux visés à la note 2) et aux solutions aqueuses de nitrate d'ammonium dans lesquelles la concentration de nitrate d'ammonium est supérieure à 90 % en poids.

2. Nitrate d'ammonium (1 250/5 000). Cela s'applique aux engrais simples à base de nitrate d'ammonium, conformes à la directive 80/876/CEE, et aux engrais composés dans lesquels la teneur en azote due au nitrate d'ammonium est supérieure à 28 % en poids (un engrais composé contient du nitrate d'ammonium avec du phosphate et/ou de la potasse).

3. Polychlorodibenzofuranes et polychlorodibenzodioxines. Les quantités des polychlorodibenzofuranes et polychlorodibenzodioxines se calculent avec des facteurs de pondération suivants [...].

Partie 2 – Catégories de substances et de préparations non spécifiquement désignées dans la partie 1

[...]

Notes

1. Les substances et préparations sont classées conformément aux directives suivantes (telles qu'elles ont été modifiées) et à leur adaptation actuelle au progrès technique :

– directive 67/548/CEE du Conseil, du 27 juin 1967, concernant le rapprochement des dispositions législatives, réglementaires et administratives des États membres relatives à la classification, l'emballage et l'étiquetage des substances dangereuses (1),

Tableau 5.7 (suite) – Extrait de l'annexe I de la directive Seveso II.

– directive 88/379/CEE du Conseil, du 7 juin 1988, concernant le rapprochement des dispositions législatives, réglementaires et administratives des États membres relatives à la classification, à l'emballage et à l'étiquetage des substances dangereuses (2),

– directive 78/631/CEE du Conseil, du 26 juin 1978, concernant le rapprochement des législations des États membres relatives à la classification, l'emballage et l'étiquetage des substances dangereuses (pesticides) (3).

Dans le cas de substances et préparations qui ne sont pas classées comme dangereuses conformément à l'une des directives citées ci-dessus, mais qui, néanmoins, se trouvent ou sont susceptibles de se trouver dans un établissement et qui possèdent ou sont susceptibles de posséder, dans les conditions régnant dans l'établissement, des propriétés équivalentes en termes de potentiel d'accidents majeurs, les procédures de classement provisoire sont suivies conformément à l'article régissant la matière dans la directive appropriée.

Dans le cas de substances et préparations présentant des propriétés qui donnent lieu à plusieurs classifications, on applique, aux fins de la présente directive, les seuils les plus bas.

Aux fins de la présente directive, une liste fournissant des informations sur les substances et les préparations est établie, tenue à jour et approuvée conformément à la procédure prévue à l'article 22.

2. Par « explosif », on entend :

a) i) une substance ou une préparation qui crée des risques d'explosion par le choc, la friction, le feu ou d'autres sources d'ignition (phrase de risque R 2) ;

ii) une substance pyrotechnique qui est une substance (ou un mélange de substances) destinée(s) à produire un effet calorifique, lumineux, sonore, gazeux ou fumigène ou une combinaison de tels effets, grâce à des réactions chimiques exothermiques auto-entretenues non détonantes

ou

iii) une substance ou préparation explosible ou pyrotechnique contenue dans des objets ;

b) une substance ou une préparation qui crée des grands risques d'explosion par le choc, la friction, le feu ou d'autres sources d'ignition (phrase de risque R 3).

3. Par substances « inflammables », « facilement inflammables » et « extrêmement inflammables » (catégories 6, 7 et 8), on entend :

a) des liquides inflammables :

des substances et des préparations dont le point d'éclair est égal ou supérieur à 21 °C et inférieur ou égal à 55 °C (phrase de risque R 10) et qui entretiennent la combustion ;

b) des liquides facilement inflammables :

1) – des substances et des préparations susceptibles de s'échauffer et, finalement, de s'enflammer au contact de l'air à la température ambiante sans apport d'énergie (phrase de risque R 17),

– des substances dont le point d'éclair est inférieur à 55 °C et qui restent liquides sous pression, lorsque des conditions de service particulières, par exemple une forte pression ou une température élevée, peuvent créer des risques d'accidents majeurs ;

2) des substances et des préparations ayant un point d'éclair inférieur à 21 °C et qui ne sont pas extrêmement inflammables (phrase de risque R 11 deuxième tiret) ;

c) des gaz et liquides extrêmement inflammables :

1) des substances et des préparations liquides dont le point d'éclair est inférieur à 0 °C et dont le point d'ébullition (ou, dans le cas d'un domaine d'ébullition, le point d'ébullition initial) est, à la pression normale, inférieur ou égal à 35 °C (phrase de risque R 12 premier tiret)

© Dunod – La photocopie non autorisée est un délit.

Tableau 5.7 (suite) – Extrait de l'annexe I de la directive Seveso II.

et

2) des substances et des préparations gazeuses qui sont inflammables au contact de l'air à la température et à la pression ambiantes (phrase de risque R 12 deuxième tiret), qu'elles soient ou non conservées à l'état gazeux ou liquide sous pression, à l'exclusion des gaz extrêmement inflammables liquéfiés (y compris GPL) et du gaz naturel visés à la partie 1

et

3) des substances et préparations liquides maintenues à une température supérieure à leur point d'ébullition. [...]

L'annexe II (Données et informations minimales à prendre en considération dans le rapport de sécurité prévu à l'article 9) liste en fait, les informations qui doivent figurer dans le rapport de sécurité : organisation de l'établissement, environnement, description des installations dangereuses, analyse et identification des risques d'accident, mesures de protection et de prévention.

L'annexe III (Principes visés à l'article 7 et informations visées à l'article 9 relatifs au système de gestion et à l'organisation de l'établissement en vue de la prévention des accidents majeurs) concerne donc la mise en œuvre de la politique de prévention qui fera l'objet d'un document écrit comportant les points suivants : organisation et personnel, identification et évaluation des risques, contrôle des opérations, gestion des modifications, planification des situations d'urgence, surveillance des performances, évaluation périodique de la situation.

L'annexe IV (Données et informations devant figurer dans les plans d'urgence prévus à l'article 11) précise les informations devant figurer dans les plans d'urgence internes (coordonnées de l'établissement et responsables, mesures visant à limiter les risques, dispositions pour former le personnel) et plans d'urgence externes (les personnes habilitées à déclencher les procédures d'urgence, dispositions diverses).

L'annexe V (Éléments d'information à communiquer au public en application de l'article 13 paragraphe 1) est une liste mise à la disposition du public afin de l'informer sur les mesures de sécurité prises et les conduites à tenir en cas d'accident. Ces informations concernent essentiellement le public se trouvant à proximité des établissements dangereux dits Seveso.

L'annexe VI (Critères pour la notification d'un accident à la commission prévue à l'article 15 paragraphe 1) donne une liste indicative des informations à fournir à la Commission, après un accident majeur. Ces informations sont à fournir par les autorités compétentes.

■ Conclusions

En résumé, cette directive Seveso II préconise les principaux points suivants :

– classement des établissements en fonction des activités utilisant des produits dangereux nommément désignés ;
– obligations pour ces établissements de préparer :
  • une politique de prévention,

• un plan d'urgence,
• un rapport de sécurité ;

– maîtrise de l'urbanisation ;
– informations à fournir aux autorités compétentes par l'exploitant ;
– informations à fournir aux États membres et à la Commission.

5.1.3 Les autres documents européens

Parmi les autres documents et organismes issus de l'Union européenne, il y a lieu de signaler :

Le rapport sur l'application dans les États membres de la directive 82/501/CEE du 24 juin 1982 concernant les risques d'accidents majeurs de certaines activités industrielles pour la période 1997-1999, qui date du 31 janvier 2002, donne notamment les principaux textes officiels des quinze pays européens contenant une transcription de la directive Seveso I. Il signale également l'existence de nombreuses lacunes dans le système actuel des notifications, malgré les progrès enregistrés.

En 1999, la Commission a créé le Bureau des risques d'accidents majeurs (Major Hazards Bureau, MAHB) qui apporte un soutient scientifique et technique en matière de risques majeurs. Ce bureau collecte et saisit les informations sur les accidents survenus et diffuse des informations aux autorités nationales et aux entreprises. Il a également mis en place une procédure de notification des informations reçues sur les accidents majeurs, le Major Accident Reporting System (base de données MARS) exploité par le Centre commun de recherche (CCR) d'Ispra (Italie). Jusqu'en 2002, près de 500 accidents ont été signalés à MARS. Les principales causes premières des accidents industriels signalés sont les réactions d'emballement, les défaillances des composants et les erreurs de manipulations.

On a calculé un taux de risque $T_r = \frac{419}{168}N$, N étant le nombre d'installations type Seveso.

Le MAHB gère également le centre communautaire de documentation sur les risques industriels (Community Documentation Center on Industrial Risk, CDCIR) qui met en place des groupes de travail techniques (GTT) (actuellement une dizaine) et organise des séminaires et des ateliers un peu partout en Europe.

L'Agence européenne pour l'environnement (EEA) est chargée de fournir toutes les informations nécessaires sur l'environnement et la mise en place de politiques industrielles de développement durable.

Plusieurs directives européennes traitent également des produits dangereux et des risques d'accidents majeurs :

– La directive 67/548/CEE du 27 juin 1967 concerne le rapprochement des dispositions législatives, réglementaires et administratives relatives à la classification, l'emballage et l'étiquetage des substances dangereuses (plusieurs autres directives postérieures traitent du même sujet).
– La directive 76/769/CEE du 27 juillet 1976 concerne le rapprochement des dispositions législatives, réglementaires et administratives des États membres, relatives à la limitation de la mise sur le marché et de l'emploi de certaines subs-

tances et préparations dangereuses (plusieurs autres directives postérieures traitent du même sujet).

- Le règlement 793/93 du 23 mars 1993 concerne l'évaluation et le contrôle des risques présentés par les substances existantes.
- La directive 94/55/CE du 21 novembre 1994 relative au rapprochement des législations des États membres concerne le transport des marchandises dangereuses par la route (plusieurs autres directives postérieures traitent du même sujet).

Une série de directives européennes concernent la sécurité des travailleurs manipulant des produits chimiques dangereux. Bien que ces documents ne concernent pas directement les risques industriels, la plupart des mesures de prévention sont de nature à améliorer la sécurité industrielle et empêcher les accidents majeurs.

Les principales directives de cette série, dont les mesures sont intégrées dans le Code du travail et les textes qui en résultent sont :

- la directive 89/391/CE du 12 juin 1989 concernant la mise en œuvre de mesures visant à promouvoir l'amélioration de la sécurité et de la santé des travailleurs au travail ;
- la directive 90/394/CEE du 28 juin 1990 et la directive 99/92 du 16 décembre 1999 concernant la protection des travailleurs contre les risques liés à l'exposition à des agents cancérigènes au travail ;
- la directive 98/24/CE du 7 avril 1998 et la directive 2000/39/CE du 8 juin 2000, concernant la protection de la santé et de la sécurité des travailleurs contre les risques liés à des agents chimiques sur les lieux de travail.

5.1.4 Le recueil « Prévention des accidents industriels majeurs » de l'OIT

À la suite des différents accidents majeurs, le Bureau international du travail (BIT), organe opérationnel de l'Organisation internationale du travail (OIT), a réuni en octobre 1990 plusieurs experts internationaux, désignés par les gouvernements, les employeurs et les syndicats des travailleurs. Ces experts ont examiné et ont mis au point un projet de mesures de prévention des accidents industriels majeurs qui a été publié par le BIT en 1991.

L'OIT est une institution des Nations unies chargée de promouvoir la justice sociale et notamment de faire respecter les droits de l'homme dans le monde du travail. Créée en 1919, elle fournit notamment une assistance technique aux gouvernements et organismes d'employeurs et de travailleurs en matière de formation, de conditions de travail, de normes et de sécurité du travail.

Ce recueil de directives sert de guide pour les différents organismes (autorités compétentes, inspections, syndicats et fédérations d'employeurs, bureaux d'étude et d'ingénierie) et personnes physiques (exploitants et chefs d'entreprises, responsables de sécurité) afin qu'ils puissent mettre au point des règles et des mesures de sécurité adaptées à leurs situations.

Les principaux points développés dans ce recueil sont les suivants :

- **Dispositions générales** : objectif, champs d'application, définitions et principes de base en ce qui concerne la prévention des risques industriels majeurs.

– **Composantes du système de prévention des accidents majeurs** : identification et informations des installations, évaluation et causes des risques d'accidents majeurs, plans d'urgence, plans d'occupation des sols et inspection des installations dangereuses.
– **Obligations des autorités compétentes** : recensement des installations à risques, rapports de sécurité et plans d'urgence, inspection des installations, enquêtes et rapports sur les accidents majeurs.
– **Obligations des exploitants** : détermination des causes possibles des accidents, mesures visant à réduire les conséquences des accidents, informations aux autorités compétentes.
– **Obligations et droits des travailleurs** : c'est l'une des rares fois qu'un document officiel précise aussi clairement les devoirs des travailleurs en matière de sécurité industrielle (tableau 5.8).
– **Obligations des exportateurs et des consultants** de technologies présentant des risques d'accidents industriels majeurs.
– **Besoins** en personnel, en équipements et en sources d'information.
– **Étude des dangers** : étude préliminaire, étude des dangers et conditions de fonctionnement, analyse des conséquences des accidents et méthodes d'évaluation.
– **Prévention des causes d'accidents majeurs** : défaillance de composants, dysfonctionnements erreurs humaines, accidents extérieurs, phénomènes naturels, actes de malveillance et de sabotage.
– **Sûreté de fonctionnement** et défauts d'organisation au niveau de la conception et de la fabrication, du montage des installations, des dispositifs de commande et de régulation, des équipements de sécurité, des inspections, entretiens et réparations, de l'encadrement et de la formation du personnel, des contrôles.
– **Plan d'urgence interne** : objectifs, élaboration, dispositifs d'alarme, commandement, mesures de prévention, etc.
– **Plan d'urgence externe** : objectifs, contenu du plan, les rôles des différents intervenants : coordonnateur, exploitant, autorités locales, services d'inspection, services d'information, expérience et exercices pratiques.
– **Information de la population** au sujet des installations dangereuses avant et après un accident majeur.
– **Politique d'implantation et occupation des sols** : limitation de l'urbanisation, politique d'implantation d'installations à risques, projets de constructions, délimitation des zones autour des installations à risques.
– **Rapport aux autorités compétentes** : objectifs, notifications des installations à risques, rapports de sécurité et ses mises à jour, rapports d'accident.
– **Mise en œuvre du système de prévention des accidents majeurs** : identification des installations dangereuses, plans d'urgence, politique d'implantation, inspection des installations, suivi et évaluation des rapports de sécurité.

Les mesures de prévention proposées sont très comparables à celles des directives Seveso et à la plupart des textes nationaux.

© Dunod – La photocopie non autorisée est un délit.

Tableau 5.8 – Obligations et droits des travailleurs d'après l'OIT.

3.3. Obligations et droits des travailleurs
3.3.1. Obligations des travailleurs 3.3.1.1. Les travailleurs devraient s'acquitter de leur tâche conformément aux exigences de la sécurité et ne pas compromettre leur capacité ou celle d'autrui de travailler selon ces exigences. Les travailleurs et leurs représentants devraient coopérer avec l'exploitant pour promouvoir l'esprit de sécurité et favoriser le dialogue sur les questions de sécurité ; ils devraient également coopérer avec l'exploitant lors des enquêtes effectuées à la suite d'accidents majeurs ou d'incidents qui auraient pu conduire à des accidents majeurs. 3.3.1.2. Les travailleurs devraient être tenus de signaler immédiatement à l'exploitant toute situation dont ils ont des raisons de penser qu'elle pourrait marquer une déviation par rapport aux conditions normales de fonctionnement, en particulier toute situation qui pourrait donner lieu à un accident majeur. 3.3.1.3. Si les travailleurs d'une installation à risques d'accident majeur ont un motif raisonnable de croire qu'il existe un péril grave et imminent pour eux-mêmes, la population ou l'environnement, ils devraient, dans les limites de leurs attributions, interrompre l'activité d'une manière aussi sûre que possible. Immédiatement après, ils devraient en informer l'exploitant ou, selon le cas, déclencher l'alarme. 3.3.1.4. Aucune mesure préjudiciable ne devrait être prise à l'encontre de travailleurs qui auraient agi conformément au paragraphe ci-dessus. **3.3.2. Droits des travailleurs** 3.3.2.1. Les travailleurs et leurs représentants devraient avoir le droit d'être informés en détail des dangers que peut présenter leur lieu de travail. En particulier, ils devraient être informés : *a)* du nom chimique et de la composition des produits dangereux ; *b)* des propriétés dangereuses de ces produits ; *c)* des dangers de l'installation et des précautions à prendre ; *d)* des dispositions du plan d'urgence sur le site en cas d'accident majeur ; *e)* du rôle qui leur incombe dans le cadre du plan d'urgence en cas d'accident majeur. 3.3.2.2. Les travailleurs et leurs représentants devraient être consultés avant toute décision sur des questions intéressant les risques d'accident majeur. Cette consultation devrait porter en particulier sur l'évaluation des dangers, l'évaluation des défaillances et l'examen des déviations majeures par rapport aux conditions normales de fonctionnement.

5.2 Les textes officiels en France

5.2.1 Généralités : le ministère de l'Écologie et du Développement durable

En France, la maîtrise des risques et des accidents industriels majeurs est confiée au ministère de l'Environnement qui s'appelle actuellement ministère de l'Écologie et du Développement durable. C'est le Code de l'environnement qui assure la gestion et la prévention de ce risque, en même temps que l'ensemble des problèmes posés par l'environnement et sa préservation.

Cette modification d'appellation nécessite quelques précisions, car elle peut correspondre éventuellement à un changement de politique.

L'environnement est l'ensemble des milieux dans lesquels vivent les êtres vivants. Il correspond à la biosphère (terre, faune, flore, minéraux et matières) constituée de l'atmosphère (air), l'hydrosphère (milieu aquatique) et la lithosphère (sol et sous-sol). C'est la nature dans laquelle nous vivons.

L'écologie, mot inventé en 1866, est la science qui étudie les relations entre les êtres vivants (la faune et la flore) et leur environnement, le milieu dans lequel ils vivent, naissent et meurent. Elle étudie les écosystèmes, systèmes interactifs qui s'établissent entre l'ensemble des êtres vivants et le milieu dans lequel ils vivent, appelé *biotope*. L'écologie humaine est l'étude des rapports entre les individus d'une espèce, son activité et l'environnement.

Le développement durable est l'expression française de l'anglo-américain « *sustainable development* ». La traduction canadienne « développement soutenable » ou encore « développement viable » semble plus proche de l'expression anglo-saxonne. On peut définir le développement durable comme étant le développement économique global correspondant à la satisfaction de nos besoins présents sans avoir à compromettre les besoins ultérieurs des générations futures. Il s'agit d'une conception économique susceptible de ne pas compromettre le développement de la production des biens dans l'avenir, par une certaine maîtrise des facteurs économiques. Le développement durable repose sur les trois principes suivants : développement social, protection de l'environnement et développement économique. Cette conception s'oppose à celle du développement zéro des années 1970.

Cette nouvelle appellation du ministère semble indiquer une nouvelle orientation, qui correspond à la prise en compte de l'aspect économique de la protection de la nature, ce qui est plus réaliste et loin de l'approche romantique de la sauvegarde de la nature à tout prix. Le problème est de savoir si l'aspect économique pur ne prendra pas le pas sur celui de l'environnement. Il y a lieu de signaler que, dans certains cas, les intérêts du ministère de l'Industrie et même ceux du ministère du Travail peuvent s'opposer à l'action du ministère de l'Écologie et du Développement durable.

Paradoxalement, le ministère du Travail qui gère la prévention des risques professionnels qui sont proches aux risques industriels, n'intervient pas directement dans les risques majeurs ce qui n'est pas sans soulever des problèmes, d'autant plus que le Code du travail définit un certain nombre de mesures de prévention des risques professionnels susceptibles d'aider également à la maîtrise des risques industriels majeurs. L'une des raisons est que les accidents majeurs agissent surtout au niveau de l'environnement et les dégâts sont importants sur un plan écologique, alors que la grande majorité des risques professionnels n'atteint qu'un nombre limité de travailleurs et les dégâts sont souvent circonscrits au poste de travail ou à l'atelier.

Si par leurs caractéristiques, les accidents industriels majeurs se distinguent des accidents du travail et des maladies professionnelles, par contre dans le domaine de la prévention technique et la gestion des risques, les analogies sont nombreuses. Ce qui nous conduit à affirmer que l'on peut difficilement dissocier les risques industriels majeurs des risques professionnels, car, dans les deux cas, ce sont des risques industriels. Ceci nous conduit à parler également de la prévention des risques professionnels.

© Dunod – La photocopie non autorisée est un délit.

Les différents services et organismes dépendant du ministère de l'Écologie et du Développement durable, intervenant au niveau des risques industriels majeurs et de la pollution en général, sont les suivants.

■ Direction de la prévention des pollutions et des risques

La DPPR du ministère de l'Écologie et du Développement durable est chargée de la gestion des risques environnementaux naturels ou technologiques et prépare les différents textes législatifs, dont le Code de l'environnement.

■ Bureau des risques technologiques et des industries chimiques et pétrolières

Rattaché à la DPPR, le BRTICP est chargé plus particulièrement des risques technologiques majeurs et notamment des risques industriels qui sont pour la plupart d'origine chimique ou pétrochimique.
Le BRTICP élabore toute la réglementation technique relative aux installations classées. Il est composé d'ingénieurs, de techniciens et d'universitaires qui travaillent au sein de services spécialisés en fonction de la nature des risques (incendies, explosions, intoxications). Le bureau travaille en collaboration avec d'autres services ministériels nationaux et internationaux pour la mise en place des règles de sécurité communes à plusieurs pays, dont essentiellement ceux de l'Union européenne.
Il est également chargé :

- du contrôle de l'application de la réglementation technique au niveau des usines (inspection des installations classées) ;
- de l'encadrement et de l'animation des services chargés des installations classées ;
- de la formation et de l'aide juridique et technique aux agents des installations classées ;
- des relations avec l'INERIS.

■ Conseil supérieur des installations classées

Le Conseil supérieur des installations classées a été créé par le décret 76-1323 du 29 décembre 1976 modifié. Il est chargé d'assister le ministre de l'environnement et donne son avis chaque fois que des problèmes touchant à la protection de l'environnement se posent et notamment pour l'étude des projets de textes officiels.
Il est composé :

- de membres de droit : directeur de la prévention, directeur général de la santé, directeur de la sécurité civile, directeur des mines du ministère de l'Industrie, directeur des relations du travail, chef du service de l'environnement industriel ;
- de membres experts nommés pour leurs compétences pour une durée de tois ans par le ministre de l'environnement : 7 experts, 7 exploitants d'installations classées, 7 inspecteurs d'installations classées, 2 membres du conseil supérieur d'hygiène publique, 2 membres d'associations de défense de l'environnement.

Le conseil peut demander à tout autre expert non membre de siéger ponctuellement.

■ Institut national de l'environnement industriel et des risques

L'INERIS est un établissement public à caractère industriel, placé sous la tutelle du ministère de l'Environnement et chargé d'évaluer et de maîtriser les risques accidentels ou chroniques (maladies suite à des intoxications) pour les populations et la nature.

Le centre de recherches pluridisciplinaire situé dans l'Oise emploie plus de 500 chercheurs (ingénieurs, techniciens, médecins), effectue des travaux de recherche et d'expertise pour le compte des pouvoirs publics et des industriels, dans les domaines suivants :

- les risques chroniques à caractère sanitaire (accidents ou pollutions par des produits toxiques ou nocifs) ;
- les risques accidentels (explosions, incendies, intoxications) ;
- les risques du sol et du sous-sol (pollution, tremblements de terre, volcanisme) ;
- la certification des équipements de prévention ;
- la formation en matière de pollutions et de risques majeurs.

L'INERIS travaille, tant en France qu'à l'étranger, en collaboration avec des ministères et des organismes publics ou privés traitant des risques et des pollutions.

■ Bureau d'analyse des risques et pollutions industrielles

Le Bureau d'analyse des risques et pollutions industrielles est implanté à Lyon et regroupe l'ensemble des informations sur les accidents majeurs, sous la forme d'une base de données et diffuse largement ces informations. Il est composé d'ingénieurs, de techniciens et d'experts divers.

Les informations sur les accidents majeurs sont diffusées aux commissions européennes.

5.2.2 Les textes issus du ministère de l'Environnement

Le tableau 5.9 donne une liste des principaux textes officiels (lois, décrets, arrêtés, circulaires récents) relatifs à la transcription de la directive Seveso II en France.

Tableau 5.9 – Principaux textes officiels traitant des risques industriels majeurs.

Codes
Code de l'environnement (partie législative seule parue), Livre V Code de la construction et de l'habitation : article L 112-16 Code de l'urbanisme : articles L 110, L 121-10, L 122-1, L 126-1, L 421-8, R 111-2 à R 111-13, R 421-3-2, R 421-52 Code minier : articles 1 à 5, 109, 109-1, 130 Code des douanes : articles 266 sexies, 266 nonies Code général des collectivités locales : articles L 1424-1 à L 1424-68 Code du travail : articles L 236-2 à L 236-9

© Dunod – La photocopie non autorisée est un délit.

Tableau 5.9 (suite) – Principaux textes officiels traitant des risques industriels majeurs.

Lois et décrets
Loi 2003-699 du 30 juillet 2003 relative à la prévention des risques technologiques et naturels et à la réparation des dommages
Loi 76-663 relative aux installations classées pour la pollution de l'environnement
Décret 77-1133 du 21 septembre 1977 relatif aux installations classées
Décret 88-622 du 6 mai 1988 relatif aux plans d'urgence pris en application de la loi du 22 juillet 1976
Décret 2000-1349 du 26 décembre 2000 relatif à la taxe générale sur les activités polluantes due par les exploitants des établissements dont certaines installations sont soumises à autorisation et dont les activités font courir par leur nature ou par leur volume, des risques particuliers à l'environnement
Décret 76-1323 du 29 décembre 1976 relatif au Conseil supérieur des installations classées
Décret 88-573 du 5 mai 1988 relatif aux conseils départementaux d'hygiène (CDH)
Textes d'applications (décrets, arrêtés, circulaires)
Arrêté du 10 mai 2000 relatif à la prévention des accidents majeurs impliquant des substances ou des préparations dangereuses présentes dans certaines catégories d'installations classées pour la protection de l'environnement. Ainsi que la circulaire correspondante
Circulaire du 11 mars 1987 relative à l'inspection des installations classées pour la protection de l'environnement
Circulaire du 9 juin 1994 relative aux installations classées
Circulaire du 10 juillet 1997 relative aux sanctions pénales suite à des infractions concernant les installations classées
Circulaire du 28 juillet 1992 relative à la refonte de la nomenclature des installations classées pour la protection de l'environnement
NB : les circulaires s'adressent en principe aux fonctionnaires et non au public ; elles donnent cependant des précisions fort utiles pour l'application des textes parus au *Journal officiel* et peuvent être consultées avec grand intérêt.

L'essentiel des mesures relatives aux risques industriels est groupé dans le Livre V : Prévention des pollutions, des risques et des nuisances du Code de l'environnement. Le tableau 5.10 donne le plan général du Code de l'environnement.

Le Titre I du chapitre I du Livre I énonce les principes généraux de la protection de la nature. Les deux articles L 110-1 et L 110-2 figurent dans le tableau 5.11. Les différents principes sont :

- la protection de la nature dans le cadre du développement durable ;
- les principes de précaution et de prévention : obligation des pollueurs de mettre en œuvre des mesures de prévention ;
- le principe du pollueur payeur : les pollueurs doivent supporter les frais de la lutte contre la pollution ;
- le principe de la participation de chacun se traduisant par l'accès à l'information.

Tableau 5.10 – Code de l'environnement (partie législative) : plan général.

Livre Premier : Dispositions communes
Titre I : Principes généraux Titre II : Information et participation des citoyens Titre III : Institutions Titre IV : Associations de protection de l'environnement Titre V : Dispositions financières
Livre II : Milieux physiques
Titre I : Eau et milieux aquatiques Titre II : Air et atmosphère
Livre III : Espaces naturels
Titre I : Inventaire et mise en valeur du patrimoine naturel Titre II : Littoral Titre III : Parcs et réserves Titre IV : Sites Titre V : Paysages Titre VI : Accès à la nature
Livre IV : Faune et flore
Titre I : Protection de la faune et de la flore Titre II : Chasse
Livre V : Prévention des pollutions, des risques et des nuisances
Titre I : Installations classées pour la protection de l'environnement Titre II : Produits chimiques et biocides Titre III : Organismes génétiquement modifiés Titre IV : Déchets Titre V : Dispositions particulières à certains ouvrages ou installations Titre VI : Prévention des risques naturels Titre VII : Prévention des nuisances acoustiques et visuelles Titre VIII : Protection du cadre de vie
Livre VI : Dispositions applicables en Nouvelle-Calédonie, en Polynésie française, à Wallis et Futuna, dans les terres australes et antarctiques françaises et à Mayotte
Titre I : Dispositions applicables en Nouvelle-Calédonie Titre II : Dispositions applicables en Polynésie française Titre III : Dispositions applicables à Wallis et Futuna Titre IV : Dispositions applicables dans les terres australes et antarctiques françaises

© Dunod – La photocopie non autorisée est un délit.

Tableau 5.11 – Articles L 110-1 et L 110-2 du Code de l'environnement.

Livre Ier : Dispositions communes
Titre Ier : Principes généraux
Article L 110-1 I. - Les espaces, ressources et milieux naturels, les sites et paysages, la qualité de l'air, les espèces animales et végétales, la diversité et les équilibres biologiques auxquels ils participent font partie du patrimoine commun de la nation. II. - Leur protection, leur mise en valeur, leur restauration, leur remise en état et leur gestion sont d'intérêt général et concourent à l'objectif de développement durable qui vise à satisfaire les besoins de développement et la santé des générations présentes sans compromettre la capacité des générations futures à répondre aux leurs. Elles s'inspirent, dans le cadre des lois qui en définissent la portée, des principes suivants : 1° Le principe de précaution, selon lequel l'absence de certitudes, compte tenu des connaissances scientifiques et techniques du moment, ne doit pas retarder l'adoption de mesures effectives et proportionnées visant à prévenir un risque de dommages graves et irréversibles à l'environnement à un coût économiquement acceptable ; 2° Le principe d'action préventive et de correction, par priorité à la source, des atteintes à l'environnement, en utilisant les meilleures techniques disponibles à un coût économiquement acceptable ; 3° Le principe pollueur payeur, selon lequel les frais résultant des mesures de prévention, de réduction de la pollution et de lutte contre celle-ci doivent être supportés par le pollueur ; 4° (Loi 2002-276 du 27 février 2002, art. 132, *Journal officiel* du 28 février 2002) « Le principe de participation, selon lequel chacun a accès aux informations relatives à l'environnement, y compris celles relatives aux substances et activités dangereuses, et le public est associé au processus d'élaboration des projets ayant une incidence importante sur l'environnement ou l'aménagement du territoire. » **Article L 110-2** Les lois et règlements organisent le droit de chacun à un environnement sain et contribuent à assurer un équilibre harmonieux entre les zones urbaines et les zones rurales. Il est du devoir de chacun de veiller à la sauvegarde et de contribuer à la protection de l'environnement. Les personnes publiques et privées doivent, dans toutes leurs activités, se conformer aux mêmes exigences.

Les accidents industriels majeurs étant préjudiciables à l'environnement, ces principes généraux s'appliquent pleinement.

Ce sont les titres I (Installations classées pour la protection de l'environnement) et II (Produits chimiques et biocides) du Livre V qui concernent plus particulièrement l'ensemble des mesures relatives à la prévention des risques technologiques majeurs, tous à caractère chimique. Les sommaires de ces deux titres figurent au tableau 5.12.

Les autres sections, chapitres, titres et livres traitent des autres aspects de l'environnement. Le titre VI du Livre V concerne les mesures relatives à la prévention des risques naturels.

Actuellement, seule la partie législative du Code de l'environnement existe (articles L), ce qui limite l'applicabilité des mesures sur le terrain. Les décrets et arrêtés d'appli-

Tableau 5.12 – Code de l'environnement : Livre V – Plan des titres I et II.

Titre I : Installations classées pour la protection de l'environnement	
Chapitre I : Dispositions générales	**L 511-1 et 2**
Chapitre II : Installations soumises à autorisation ou à déclaration	**L 512**
Section 1 : Installations soumises à autorisation	L 512-1 à L 512-7
Section 2 : Installations soumises à déclaration.	L 512-8 à L 512-13
Section 3 : Dispositions communes à l'autorisation et à la déclaration	L 512-14 à L 512-16
Chapitre III : Installations fonctionnant au bénéfice des droits acquis	**L 513-1**
Chapitre IV : Contrôle et contentieux des installations classées	**L 514**
Section 1 : Contrôle et sanctions administratifs	L 514-1 à L 514-8
Section 2 : Dispositions pénales	L 514-9 à L 514-18
Section 3 : Protection des tiers	L 514-19 et L 514-20
Chapitre V : Dispositions particulières à certaines installations	**L 515**
Section 1 : Carrières	L 515-1 à L 515-6
Section 2 : Stockage souterrain de produits dangereux	L 515-7
Section 3 : Installations susceptibles de donner lieu à des servitudes d'utilité publique	L 515-8 à L 515-12
Section 4 : Installations où s'effectuent des opérations soumises à agrément	L 515-13
Section 5 : Installations d'élimination des déchets	L 515-14
Section 6 : Installations soumises à un plan de prévention des risques technologiques	L 515-15 à L 515-26
Chapitre VI : Dispositions financières	**L 516-1 et 2**
Chapitre VII : Dispositions diverses	**L 517-1 et 2**
Titre II : Produits chimiques et biocides	
Chapitre I : Contrôle des produits chimiques	**L 521-1 et 2**
Section 1 : Déclaration des matières nouvelles	L 521-3 à L 521-5
Section 2 : Dispositions communes aux substances et préparations	L 521-6 à L 521- 11
Section 3 : Contrôle et constatation des infractions	L 521-12 à L 521-16
Section 4 : Sanctions administratives	L 521-17 à L 521-20
Section 5 : Sanctions administratives	L 521-21 à L 521-24
Chapitre II : Contrôle de la mise sur le marché des substances actives biocides et autorisations de mise sur le marché des produits biocides	**L 522-1**
Section 1 : Contrôle des substances actives.	L 522-2 et L 522-3
Section 2 : Contrôle de la mise sur le marché des produits biocides	L 522-4 à L 522-7
Section 3 : Dispositions diverses	L 522-8 à L 522-14
Section 4 : Contrôles et sanctions	L 522-15 à L 522-18

© Dunod – La photocopie non autorisée est un délit.

cations, éventuellement codifiés (articles réglementaires R et D) n'y figurent pas encore. Cependant certains décrets et des arrêtés ministériels apportent des précisions sur les modalités pratiques d'application, mais ils sont loin d'être complets.

Enfin, rappelons que la version actuelle du Code de l'environnement (version de juillet 2005) tient compte pour l'essentiel des dernières directives européennes et notamment celle du 16 décembre 2003. Les mesures énoncées par les différentes lois nationales parues depuis 2002 ont été intégrées dans le Code version 2005.

On peut estimer qu'à l'heure actuelle, l'essentiel des mesures de prévention, tant au niveau européen que français, fait l'objet de textes officiels et les modifications ultérieures éventuelles seront de faible amplitude et ne bouleverseront pas la situation législative actuelle.

Signalons enfin que quelques textes émanant d'autres ministères, tels que les Codes des collectivités territoriales, de l'urbanisme, des transports, apportent des compléments en matière de prévention des risques industriels majeurs, sans oublier le Code du travail. Ces aspects seront étudiés plus loin.

Ce sont donc les titres I et II du Livre V qui seront présentés ci-après.

5.2.3 Le Code de l'environnement – Titre I : Installations classées pour la protection de l'environnement

Les installations classées sont des établissements ou parties d'établissements (ateliers, postes de travail, locaux quelconques) ayant ou comportant des activités industrielles ou commerciales, artisanales ou agricoles et présentant des risques pour l'environnement. Les différentes activités dangereuses sont classées et répertoriées dans la nomenclature des installations classées.

Des décrets au Conseil d'État ou décrets RAP apportent les précisions nécessaires pour la mise en application sur le terrain des mesures énoncées par le Code.

Comme l'intitulé du titre le précise, c'est l'environnement qui est protégé, autrement dit non seulement les hommes et la nature (la faune et la flore), mais aussi tous les ouvrages bâtis (immeubles, ouvrages génie civil, constructions diverses).

■ Champ d'application

Le champ d'application est donné par la section 1, article L 511-1 qui précise : « Sont soumis aux dispositions du présent titre les usines, ateliers, dépôts, chantiers et, d'une manière générale, les installations exploitées ou détenues par toute personne physique ou morale, publique ou privée, qui peuvent présenter des dangers ou des inconvénients soit pour la commodité du voisinage, soit pour la santé, la sécurité, la salubrité publique, soit pour l'agriculture, soit pour la protection de la nature et de l'environnement, soit pour la conservation des sites et des monuments (loi 2001-44 du 17 janvier 2001), ainsi que des éléments du patrimoine archéologique. Les dispositions du présent article sont également applicables aux exploitations de carrières au sens des articles 1er et 4 du Code minier. »

Le champ d'application des installations classées est donc très large et concerne pratiquement toutes les activités industrielles. De même, les risques majeurs ne sont pas seuls visés ; c'est l'ensemble des nuisances qui sont concernées, même celles qui peuvent être considérées comme mineures, dès lors qu'il existe un impact sur l'environnement. Mais c'est dans le classement proprement dit qu'il faut chercher la hiérarchisation des risques, les installations à risques élevés étant soumises à des contraintes plus sévères.

Les installations classées sont définies par la nomenclature établie par décret au Conseil d'État, avis pris du Conseil supérieur des installations classées.

On distingue trois catégories d'installations classées.

■ Installations classées soumises à autorisation préfectorale A

Les installations classées soumises à autorisation préfectorale A (section 2, articles L 512-1 à 7) présentent de graves dangers pour l'environnement ; ce sont des établissements présentant des risques d'incendie-explosion et d'intoxications.

L'autorisation n'est accordée par le préfet (qui est l'autorité compétente de la directive Seveso II) que si les dangers ou inconvénients éventuels sont supprimés par les mesures précisées par l'arrêté d'autorisation préfectoral ou encore par les arrêtés complémentaires éventuels. Cette autorisation est accordée après enquête publique et après avis des conseils municipaux et des conseils départementaux d'hygiène. Les autorisations sont accordées sous réserve des droits des tiers.

La demande d'autorisation doit être adressée à l'autorité compétente, en même temps que le permis de construire.

Si la durée de l'exploitation est illimitée, l'arrêté préfectoral doit fixer la durée maximale autorisée si l'établissement crée des nuisances pour l'environnement. Le préfet peut prescrire des évaluations d'accidents et la mise en œuvre de mesures préventives.

Des arrêtés prescriront des règles techniques à mettre en œuvre pour l'exploitation de ces installations, sans risques pour l'environnement.

En cas d'une nouvelle installation dans l'établissement ou une modification d'une installation existante, une nouvelle demande d'autorisation est obligatoire.

■ Installations classées soumises à déclaration D

Les installations classées soumises à déclaration D (chapitre II, section 3, articles L 512-8 à 13) présentent moins de risques que les précédentes et n'entrent pas dans le cadre de la directive Seveso. C'est une particularité de la législation française qui est plus ancienne et qui a été conservée, car il s'agit d'un renforcement des mesures de prévention.

Ces installations ne présentent pas de risques graves pour l'environnement, notamment elles ne donnent pas lieu à des accidents industriels majeurs, elles peuvent cependant être à l'origine de pollutions de l'environnement et par conséquent doivent respecter un certain nombre de mesures fixées par arrêté préfectoral. Des arrêtés ministériels précisent les prescriptions qu'elles doivent respecter.

Ces installations doivent être déclarées à la préfecture ; les demandes de déclaration sont à adresser en même temps que les permis de construire. Certaines de ces installations peuvent être soumises à des contrôles périodiques, effectués aux frais de l'exploitant.

Si l'entreprise a reçu des dérogations dans le passé, ces dernières sont conservées sauf avis contraire de la commission consultative compétente.

© Dunod – La photocopie non autorisée est un délit.

Installations soumises à autorisation susceptibles de donner lieu à des servitudes d'utilité publique AS ou S

Les installations soumises à autorisation susceptibles de donner lieu à des servitudes d'utilité publique AS ou S (chapitre V, section 3, articles L 515-8 à 12) sont à proprement parler les établissements type Seveso (installations à hauts risques de la directive Seveso II), donc ceux présentant le plus de risques graves pour l'environnement, et notamment ceux susceptibles de conduire à des accidents industriels majeurs. Toutes les entreprises ayant eu des accidents majeurs relèvent de ce type.

Ces installations sont soumises à autorisation avec en plus, l'obligation de respecter certaines servitudes supplémentaires suite à l'existence de hauts risques.

L'une de ces servitudes d'utilité publique est le respect des plans de prévention proposés par les autorités compétentes, délimitant des zones de sécurité, ou plus exactement des zones de risques, avec interdiction de certaines activités ou encore limitation des nouvelles constructions et aménagements rendus nécessaires par l'activité des entreprises (chapitre V, section 6, articles L 515-15 à 24). Le respect de ces servitudes est obligatoire.

Actuellement, il existe en France, 427 installations AS qui restent sous surveillance étroite des autorités compétentes ; ce sont essentiellement les raffineries, les usines pétrochimiques, les usines d'explosifs et pyrotechniques.

Installations particulières

Des dispositions particulières (chapitre V, sections 1 à 6, articles L 515-1 à 26) sont imposées pour certains types d'installations présentant des risques spécifiques, pour lesquels des mesures supplémentaires doivent être prises :

- Section 1 : carrières (articles L 515-1 à 14) ; ces articles concernent essentiellement la protection des sites en empêchant leur défiguration ; les conditions d'implantation et d'exploitation doivent être conformes aux schémas départementaux des carrières.
- Section 2 : installations de stockage souterrain de produits dangereux (article L 515-7) qui sont classées à autorisation ; les risques d'accidents majeurs sont importants et les autorisations administratives sont limitées à 25 ans pour la première tranche.
- Section 3 : installations susceptibles de donner lieu à des servitudes d'utilité publique, appelée également installations classées AS (voir plus haut) ou installations Seveso (articles L 515-8 à 12).
- Section 4 : installations où s'effectuent des opérations soumises à agrément (article L 515-13) ; la délivrance de l'agrément à certaines installations, produits manipulés et procédés de fabrication est conforme aux décrets en Conseil d'État.
- Section 5 : installations d'élimination de déchets (article L 515-14) ; cet article renvoie aux mesures prévues par les articles L 241-25 et 26.
- Section 6 : installations soumises à un plan de prévention des risques technologiques, concernant les installations type AS à hauts risques (articles L 515-15 à 26).

Le tableau 5.13 résume les trois catégories d'installations industrielles jugées dangereuses et polluantes qui doivent informer les pouvoirs publics des risques générés par leurs activités et des mesures prises afin de les supprimer. Les dossiers doivent être déposés à la préfecture. À la réception des dossiers, les services préfectoraux peuvent demander des compléments d'information et des rectifications à apporter.

Tableau 5.13 – Les différentes catégories d'installations classées.

Installations classées à autorisation avec servitudes S ou AS
Installations les plus dangereuses appelées installations Seveso Demande d'autorisation habituelle avec en plus délimitation d'un périmètre de sécurité proposée par les services publics, d'après les informations fournies par l'exploitant Dossier comprenant une étude d'impact, une étude de dangers et un plan d'urgence interne, en plus des renseignements habituels
Installations classées à autorisation simple A
Installations dangereuses et polluantes, mais à effets limités Pas de périmètre de sécurité Dossier comprenant une étude d'impact, une étude de dangers et un plan d'urgence interne, en plus des renseignements habituels
Installations classées à déclaration D
Installations seulement polluantes, sans réels dangers d'explosion, avec risques limités Simple déclaration avec dossier ; récépissé de déclaration

5.2.4 La nomenclature des installations classées

C'est l'exploitant d'une installation classée qui doit définir la catégorie ou le régime de son établissement et ce, à l'aide de la nomenclature qui précise, en fonction des caractéristiques de l'installation, sa classe et par conséquent le dossier à produire dans le cadre de la demande adressée à la préfecture.

Cette nomenclature a été mise en place par le décret du 20 mai 1953 puis modifiée en profondeur par le décret du 7 juillet 1992, suivi de plusieurs autres décrets (29 décembre 1993, 9 juin 1994, 11 mars 1996, 27 novembre 1997 et 28 décembre 1999), correspondant à des transcriptions de directives européennes et qui ont apporté des modifications ou introduit de nouvelles rubriques.

Le plan de cette nomenclature figure sur le tableau 5.14. À chaque rubrique correspondant à un produit ou une activité, est attachée un numéro.

Ainsi, la rubrique groupant les explosifs et substances explosibles a pour numéro le 13. Tous les produits et activités mettant en œuvre des produits explosifs commencent par ce numéro.

Cette rubrique 13 comporte les sous-rubriques suivantes :

- 131 : explosifs :
  - 1310 : fabrication... de poudres et explosifs...

© Dunod – La photocopie non autorisée est un délit.

Tableau 5.14 – Plan de la nomenclature des installations classées.

1 : Rubriques relatives à des substances
11 : Substances toxiques
111 : Très toxiques
113 : Toxiques
12 : Substances comburantes
13 : Explosifs et substances explosives
131 : Explosifs
132 : Autres substances explosives
133 : Nitrate d'ammonium
14 : Substances inflammables
141 : Gaz inflammables
143 : Liquides inflammables
145 : Solides facilement inflammables
15 : Produits combustibles
16 : Produits corrosifs
17 : Substances radioactives
2 : Rubriques relatives à des activités
21 : Activités agricoles, animaux
22 : Agroalimentaire
23 : Textiles, cuirs et peaux
24 : Bois, papier, carton, imprimerie
25 : Matériaux, minerais et métaux
26 : Chimie, parachimie, caoutchouc
27 : Déchets
29 : Divers

  • 1311 : stockage de poudres et explosifs…
  • 1312 : mise en œuvre de poudres et explosifs…
  • 1313 : tri ou destruction… de poudres et explosifs…
- 132 : autres substances explosives :
  • 1320 : fabrication des substances et préparations explosives,
  • 1321 : emploi et stockage de substances et préparations explosibles ;
- 133 : nitrate d'ammonium :
  • 1330 : dépôts de nitrate d'ammonium,
  • 1331 : engrais solides à base de nitrates.

Actuellement, la nomenclature comprend deux listes :

- la liste mise en place par le décret du 20 mai 1953, liste non encore réactualisée, mais qui reste toujours valable ;

– la liste des rubriques créées ou modifiées par les décrets du 7 juillet 1992 et les décrets postérieurs, toujours valable.

Cette liste évolue dans le temps et il est conseillé de consulter l'édition la plus récente avec ses mises à jour.
En cas de consultation dans le cas d'une demande, il y a lieu donc de consulter les deux listes. Une liste des rubriques par ordre alphabétique et une autre donnant les rubriques supprimées ainsi que les correspondances entre les anciennes et les nouvelles qui sont annexées aux décrets précités.
Ces deux listes comportent chacune 4 colonnes :

– colonne de gauche : numéro de la rubrique ;
– 2e colonne en partant de la gauche : désignation des produits et des activités ;
– 3e colonne en partant de la gauche : catégorie ou régime (A, D ou S) ;
– colonne de droite : rayon d'affichage (en km).

À partir de ces listes, l'exploitant peut trouver la rubrique correspondant aux produits présents et aux activités de l'entreprise et par conséquent connaître la catégorie (le régime) de son installation (autorisation A, déclaration D ou autorisation avec servitudes S) et le rayon d'affichage correspondant.
Ainsi, une installation utilisant de l'acétylène avec réservoir de stockage, avec par exemple, une quantité totale de 10 tonnes correspond à la rubrique 1418-2, donc au régime d'installation classée à autorisation simple A, avec un rayon d'affichage de 2 km. L'exploitant déposera donc une demande dans ce sens.
En cas de difficultés, l'exploitant peut s'adresser aux autorités compétentes et notamment aux inspecteurs des installations classées ou aux DRIRE qui peuvent l'aider dans la préparation des dossiers de demande.

5.2.5 Constitution du dossier des demandes

■ Demande d'autorisation d'une installation classée A

Le décret 77-1133 du 21 septembre 1977 modifié par décret du 9 juin 1994 définit les informations à fournir en vue d'une demande d'autorisation adressée à la préfecture du département où se trouve l'installation en question (Titre I, articles 2 à 24).
Cette demande, remise en 7 exemplaires, comporte les informations suivantes :

– l'identification de l'exploitant, personne physique (nom, prénom, domicile) ou morale (dénomination ou raison sociale, sa forme juridique, l'adresse de son siège et la qualité du signataire) ;
– l'emplacement de l'installation ;
– la nature et le volume des activités, les rubriques de la nomenclature correspondant à l'installation ainsi que le périmètre de l'installation ou de l'usine ;
– les procédés de fabrication, les matières premières utilisées, les produits fabriqués ;
– les capacités techniques et financières de l'exploitant ;
– si l'installation est destinée à l'élimination des déchets, l'origine géographique de ces derniers.

© Dunod – La photocopie non autorisée est un délit.

Tableau 5.15 – Extrait de la liste de la nomenclature des installations classées.

Numéro de la nomenclature	Désignation des activités par produit ou famille de produits	Catégorie	Rayon d'affichage (km)
1177	Mercuriels (emploi de catalyseurs) dans des procédés industriels	A	1
1180	Polychlorobiphéniles, polychloroterphéniles :		
	1. Utilisation de composants, appareils et matériels imprégnés contenant plus de 30 litres de produits.	D	
	2. Dépôt de composants, d'appareils et de matériels imprégnés usagés ou de produits neufs ou usagés. La quantité totale de produits susceptible d'être présente dans l'installation étant :		
	a) supérieure ou égale à 1 000 litres	A	2
	b) supérieure ou égale à 100 litres, mais inférieure à 1 000 litres	D	
	3. Réparation, récupération, maintenance, décontamination, démontage de composants, appareils et matériels imprégnés, hors du lieu de service lorsque la quantité de produits est supérieure à 50 litres	A	2
1190	Emploi ou stockage dans un laboratoire de substances ou préparations très toxiques ou toxiques visées par les rubriques 1100 à 1189.		
	1. La quantité totale de substances ou préparations très toxiques ou toxiques, y compris des substances toxiques particulières visées par la rubrique 1150, susceptible d'être présente dans l'installation étant supérieure à 100 kg	D	
	2. La quantité totale de substances ou préparations toxiques particulières visées à la rubrique 1150-1 et 1150-11 susceptibles d'être présentes dans l'installation étant supérieure à 1 kg	D	
	3. La quantité totale des substances et préparations toxiques particulières visées à la rubrique 1150-2 susceptible d'être présente dans l'installation étant supérieure à 10 kg	D	
1200	Comburants (fabrication, emploi ou stockage de substances ou préparations) telles que définies à la rubrique 1000 à l'exclusion des substances visées nominativement ou par famille par d'autres rubriques :		
	1. Fabrication. La quantité totale susceptible d'être présente dans l'installation étant :		
	a) supérieure ou égale à 200 t	A, S	6
	b) inférieure à 200 t	A	3
	2. Emploi ou stockage. La quantité totale susceptible d'être présente dans l'installation étant :		
	a) supérieure ou égale à 200 t	A, S	6
	b) supérieure ou égale à 50 t, mais inférieure à 200 t	A	3
	c) supérieure ou égale à 2 t, mais inférieure à 50 t	D	
	Nota : pour les solutions de peroxyde d'hydrogène, on considère les quantités d'eau oxygénée contenues.		

Chaque exemplaire de la demande est accompagné des pièces suivantes :

- une carte au 1/25 000 ou à défaut au 1/50 000 avec l'emplacement de l'installation classée ;
- un plan au 1/2 500 au minimum, avec indication des différents bâtiments et leurs affectations, les voies de circulation, les points d'eau, canaux et cours d'eau ;
- un plan d'ensemble au 1/200 au minimum de l'installation et jusqu'à 35 m autour, avec l'affectation des constructions et terrains, le tracé des égouts ;
- l'étude d'impact interne conforme aux prescriptions des différents décrets d'application ;
- une étude de dangers précisant les dangers présentés par l'installation et les mesures de secours qui seront mises en place ;
- pour les carrières et stockage des déchets, l'attestation de propriété du terrain ou son droit d'exploitation ;
- dans le cas des installations soumises aux servitudes d'utilité publique (installations S), précisions à donner sur le périmètre de sécurité au-delà duquel les risques sont pratiquement inexistants en cas d'accident.

Le préfet qui reçoit le dossier de demande remet un exemplaire à l'inspection des installations classées, informe le maire de la commune qui, s'il juge utile, peut demander des servitudes d'utilité publique, remet un exemplaire de la demande aux services départementaux de l'équipement, de l'agriculture, de l'action sanitaire et sociale, de la sécurité civile, de l'environnement, de l'inspection du travail, etc. et recueille leur avis, informe le président du tribunal administratif des dates d'ouverture et de clôture de l'enquête. Le président désigne les membres d'une commission d'enquête. Le commissaire enquêteur décide par arrêté de l'ouverture de l'enquête ainsi que le périmètre dans lequel sera procédé l'affichage de l'avis. L'avis au public est affiché dans les communes concernées (à l'intérieur du périmètre) et annoncé par la presse locale.

Après la clôture de l'enquête, le commissaire enquêteur communique au demandeur le déroulement de l'enquête consigné dans un procès-verbal et, en cas d'accord par l'exploitant, envoie le dossier au préfet qui à son tour informe le tribunal administratif et le maire qui doit donner l'avis du conseil municipal.

L'inspection des installations classées établit un rapport qui sera présenté au conseil départemental d'hygiène qui entend également l'exploitant.

Le projet d'arrêté est alors proposé au demandeur qui a quinze jours pour présenter ses observations au préfet. L'exploitation de l'installation avant l'arrêté entraîne automatiquement le rejet de l'autorisation.

En cas d'autorisation par arrêté préfectoral, l'exploitation doit satisfaire à l'ensemble des prescriptions fixées. Des arrêtés complémentaires peuvent être pris si nécessaire, notamment en cas de modifications apportées à l'installation et non précisées dans le dossier de demande.

Tous les frais relatifs à la constitution du dossier et de l'enquête sont supportés par le demandeur.

© Dunod – La photocopie non autorisée est un délit.

Demande d'autorisation avec servitudes d'une installation AS

C'est le Titre I bis, articles 24-1 à 8 qui traite de cet aspect.
Les dossiers de demande d'autorisation avec servitudes comprennent les mêmes renseignements et documents que ceux des installations à autorisation simple, mais, en plus, il est exigé un projet de périmètre délimité à l'intérieur duquel toutes les mesures seront prises pour éviter :

- les surpressions, projections ou rayonnements thermique et radioactif dus à une explosion, un incendie ou toute autre cause accidentelle ;
- la présence de gaz, fumées ou aérosols toxiques ou nocifs dus à une émanation, une explosion, un incendie ou toute autre cause accidentelle ;
- les retombées de substances toxiques ou radioactives ou risques de nuisances susceptibles de contaminer le milieu environnant, dus à une émanation, une explosion, un incendie ou toute autre cause accidentelle.

Autrement dit, pour ces installations à haut risque, l'incendie, l'explosion et l'émanation de substances toxiques sur une grande échelle étant possibles, il y a lieu de pouvoir éviter les dégâts à l'extérieur du périmètre de sécurité.
Le dossier de l'enquête publique est complété par les documents suivants :

- une notice de présentation ;
- un plan avec indication du périmètre et des zones correspondant aux différentes servitudes ;
- un plan parcellaire des terrains et bâtiments avec leurs affectations ;
- les règles envisagées à l'intérieur du périmètre ou dans certaines de ses parties.

Le (ou les) maire(s) et les différents services techniques sont consultés. L'acte instituant les servitudes est notifié par le préfet aux maires et au demandeur exploitant ou propriétaire.
Comme précédemment, tous les frais sont à la charge du demandeur, notamment ceux occasionnés par les enquêtes et le projet de périmètre.

Déclaration d'une installation classée D

Les règles sont données au Titre II, articles 25 à 32.
La déclaration est adressée au préfet en triple exemplaire. Elle mentionne :

- l'identité de l'exploitant déclarant,
- l'emplacement de l'installation,
- la nature et le volume des activités ainsi que les rubriques de la nomenclature concernées,
- un plan de situation du cadastre au 1/200 minimum.

En cas d'erreur (par exemple installation à autorisation et non à déclaration), le préfet avise le déclarant et l'invite à rectifier ou compléter le dossier.
Le préfet donne un récépissé de la déclaration et lui communique les prescriptions générales à respecter et remet au maire de la commune, un exemplaire du dossier.
Le récépissé est affiché à la mairie pendant un mois.

Les prescriptions générales font l'objet d'arrêtés préfectoraux, avis pris du conseil départemental d'hygiène qui peut éventuellement entendre l'exploitant.
Toute modification de l'installation doit être signalée au préfet qui prend les mesures correspondantes.

■ Les différents documents accompagnant les demandes d'autorisation

En plus des renseignements exigés, l'exploitant doit joindre à sa demande d'autorisation A ou S, un certain nombre de documents concernant directement la sécurité et qui nécessitent de sa part des études et la recherche d'informations auprès de divers organismes. L'exploitant peut également s'adresser à des organismes spécialisés (bureaux d'études, bureaux d'ingénierie, etc.) qui pourront lui préparer ces documents.
Ces documents sont :

- l'étude d'impact interne,
- l'étude des dangers,
- le plan d'urgence interne,
- le plan d'urgence externe,
- le périmètre délimité ou périmètre de sécurité.

Des textes réglementaires précisent les informations qui doivent figurer sur ces différents documents. Le contenu de ces documents sera détaillé au chapitre 6 (§ 6.8).
L'intérêt de ces documents est double :

- permettre aux autorités publiques compétentes de bien connaître les situations des risques afin de rendre plus faciles et efficaces les interventions éventuelles et les préparer d'avance ;
- permettre aux exploitants qui les rédigent d'être sensibilisés aux problèmes des risques, de mieux les cerner et éventuellement de mettre en place automatiquement les mesures de prévention qui s'imposent. Cet aspect est très important, car de nombreux accidents industriels ont pour origine des négligences apparemment sans grandes conséquences lors du fonctionnement normal, mais qui s'avèrent particulièrement redoutables en cas d'accidents.

5.2.6 Le contrôle des installations classées

L'application sur le terrain de toute mesure rendue obligatoire par un texte législatif ou réglementaire doit faire l'objet de contrôles par des personnes qualifiées. Ce principe s'applique également aux installations présentant des dangers et cette fonction est confiée à l'inspection des installations classées, corps de fonctionnaires compétents dans le domaine de la pollution.
En effet, toute mesure concernant la sécurité est vécue souvent comme une contrainte car elle demande un certain effort à la fois intellectuel et financier, les équipements de sécurité ayant un certain coût, souvent non négligeable. Comme ces investissements ne sont pas considérés comme étant directement productifs et ne sont pas intégrés aux processus de production, les exploitants ont tendance à négliger ces

© Dunod – La photocopie non autorisée est un délit.

mesures et ne pas les mettre en œuvre intégralement et conformément aux exigences officielles. Ces négligences sont souvent à l'origine des accidents industriels.

D'où les contrôles obligatoires instaurés par les pouvoirs publics suivis de pénalités et de sanctions en cas de non-respect par les exploitants des règles officielles. Les règles proposées par l'OIT et la directive Seveso insistent bien sur l'importance de ces contrôles périodiques.

En ce qui concerne le Code de l'environnement, le contrôle est confié aux inspecteurs des installations classées.

■ Inspection des installations classées

Les articles L 514-1 à 8 de la section 2 du chapitre IV traitent de ce contrôle.

L'inspection des installations classées est une vieille institution dont l'origine remonte à 1806 ; une ordonnance du préfet de Paris prévoyant la mise en place de « gens de l'art » assistés par un commissaire de police qui inspecterait les manufactures afin de s'assurer qu'elles ne nuisent pas à la salubrité ou ne présentent pas de risques d'incendie, risque le plus important à l'époque.

L'inspection des installations classées est créée par la loi du 19 décembre 1917 ; à ses débuts, elle est placée sous l'autorité du préfet et les agents contrôleurs sont le plus souvent des inspecteurs du travail déjà en place.

Après l'accident de Feyzin en 1966, l'inspection des installations classées est confiée aux services des mines du ministère de l'Industrie, avant d'être rattachée au ministère de l'Environnement créé en 1971.

La loi du 19 juillet 1976 regroupe l'ensemble des services chargés de l'environnement industriel sous l'autorité du ministre de l'environnement qui devient la seule autorité compétente en matière de la protection de l'environnement et par conséquent de la législation des installations classées. Les inspections sont alors confiées aux directions régionales de l'industrie, de la recherche et de l'environnement (DRIRE) du ministère de l'Industrie.

Les installations classées relèvent bien du ministère de l'Écologie et du Développement durable mais leur contrôle relève des DRIRE qui, elles, dépendent du ministère de l'Industrie ou encore des inspections des services vétérinaires ou des inspections des douanes, sans oublier de signaler les domaines particuliers du régime agricole (explosions de silos), des carrières ou des installations nucléaires (accidents de centrales nucléaires). Ce système complexe s'explique par des considérations d'ordre historique, mais également par le fait que les problèmes de l'environnement et notamment les pollutions et les accidents technologiques majeurs intéressent plusieurs ministères. Il en résulte des disparités d'organisation constatées suivant les régions, mais les règles de contrôle restent les mêmes dans l'ensemble. Dans tous les cas, le contrôle des installations classées est placé sous l'autorité du préfet du département dans lesquels se trouvent les entreprises dangereuses.

■ Rôle et missions de l'inspection des installations classées

Le décret 77-1133 du 21 septembre 1977 définit le rôle et les missions de l'inspection des installations classées.

L'article 33 précise : « Les inspecteurs des installations classées sont des cadres techniques désignés par le préfet sur proposition du directeur régional de l'industrie, de la recherche et de l'environnement et relèvent : (a) de la direction régionale de l'industrie, de la recherche et de l'environnement (DRIRE), (b) des services vétérinaires de la direction départementale de l'agriculture et de la forêt, (c) de la direction départementale des affaires sanitaires et sociales (DDASS). »

Par la circulaire du 11 mars 1987, la prévention des risques industriels majeurs devient une priorité de cette inspection et les installations visées sont celles à haut risque, installations classées à autorisation avec servitudes S dites installations Seveso.

Les inspecteurs des installations classées sont chargés :

– de visiter les installations existantes et de vérifier leur conformité avec les règles de sécurité et les dossiers de demande ;
– de demander si nécessaire, sous l'autorité du préfet, des enquêtes, des expertises et des analyses ;
– d'étudier les dossiers de demandes d'autorisation ou de déclaration de nouvelles installations classées ;
– de rédiger des rapports à l'attention du préfet ;
– de participer aux travaux d'un certain nombre de réunions, dont celles des conseils départementaux d'hygiène (CDH).

Les inspecteurs des installations classées, bien que dépendant de différents ministères, ne rendent compte de leurs actions qu'au préfet.

Les inspecteurs des installations classées sont des techniciens assermentés tenus au secret professionnel. Ils peuvent visiter à tout moment les installations et l'exploitant ne peut pas refuser leur accès ; en cas de refus, les inspecteurs peuvent faire appel au commissaire de police et peuvent dresser procès-verbal de refus d'entrer.

D'autres inspecteurs dépendant d'autres ministères peuvent également intervenir dans le cadre de leurs missions et informer les inspecteurs des installations classées de leurs observations ou constatations.

Les inspecteurs des douanes peuvent intervenir et majorer les taxes en cas d'installations classées présentant des risques particuliers pour l'environnement.

Les inspecteurs du travail qui visitent les entreprises dans le cadre de la prévention des risques professionnels peuvent informer les installations classées de l'existence de risques dans les entreprises susceptibles de conduire à des accidents industriels et à des pollutions. Améliorer la sécurité du travail dans les usines revient à réduire dans de larges proportions, les risques industriels.

Les ingénieurs-conseils et les contrôleurs de sécurité des services prévention des caisses régionales d'assurance maladie chargés de promouvoir la sécurité dans les entreprises, dans le cadre de la prévention des risques professionnels, peuvent également informer les inspecteurs des situations dangereuses constatées lors de leurs visites.

C'est dans ce cadre que l'inspection du travail et le service de prévention des caisses sont invités aux réunions des conseils départementaux d'hygiène.

© Dunod – La photocopie non autorisée est un délit.

Conseils départementaux d'hygiène

Les CDH ont été créés dès 1970 mais c'est le décret 88-573 du 5 mai 1988 qui définit leur composition et leur fonctionnement. Ils sont présidés par le préfet et leur secrétariat est assuré par la direction départementale des affaires sanitaires et sociales (DDASS). Ils comprennent des personnalités locales (directions départementales, installations classées, services de protection civile, associations professionnelles, maires ainsi que des experts). Les membres sont nommés pour trois ans, par arrêté préfectoral.

Les missions des CDH sont :

- étudier et donner leur avis sur les demandes d'autorisation des installations classées nouvelles ;
- étudier et donner leur avis sur la situation des installations classées existantes et éventuellement sur les mesures complémentaires à imposer ;
- étudier tout autre problème de pollution ou de risques dans le département ;
- étudier les problèmes sanitaires posés par l'habitat insalubre.

Les rapports présentés par les inspecteurs des installations classées servent de base aux discussions et se traduisent par un avis donné au préfet qui, en principe, en tient compte dans sa décision donnée par arrêté préfectoral. Souvent, les exploitants peuvent venir pour présenter et défendre leur dossier et fournir les éclaircissements demandés par les membres du conseil.

Sanctions

Le non-respect des règles issues du Code de l'environnement et des textes d'application se traduit par des sanctions administratives, civiles ou pénales.

Les articles L 514-9 à 20 du Livre V, Titre I, traitent des sanctions infligées aux exploitants en infraction avec le Code de l'environnement. Il s'agit essentiellement de sanctions pénales.

L'article L 514-9 précise :

« I. – Le fait d'exploiter une installation sans l'autorisation requise est puni d'un an d'emprisonnement et de 75 000 € d'amende.

II. – En cas de condamnation, le tribunal peut interdire l'utilisation de l'installation. L'interdiction cesse de produire effet si une autorisation est délivrée ultérieurement dans les conditions prévues par le présent titre. L'exécution provisoire de l'interdiction peut être ordonnée.

III. – Le tribunal peut également exiger la remise en état des lieux dans un délai qu'il détermine.

IV. – Dans ce dernier cas, le tribunal peut :

1° Soit ajourner le prononcé de la peine et assortir l'injonction de remise en état des lieux d'une astreinte dont il fixe le taux et la durée maximum ; les dispositions de l'article L 514-10 concernant l'ajournement du prononcé de la peine sont alors applicables.

2° Soit ordonner que les travaux de remise en état des lieux soient exécutés d'office aux frais du condamné. »

L'interdiction d'utiliser les installations est levée lorsque les dispositions demandées sont exécutées. En cas d'exploitation d'une installation en infraction ou interdite d'exploitation, les sanctions sont doublées (deux ans d'emprisonnement et 150 000 € d'amende). Tout obstacle à l'exercice des fonctions des inspecteurs des installations classées, constaté par procès-verbal est puni d'un an d'emprisonnement et de 75 000 € d'amende. Pendant la durée de l'interdiction d'exploitation par décision du tribunal, l'exploitant est tenu d'assurer à son personnel le paiement des salaires et indemnités diverses. D'autres sanctions et peines de police sont prévues pour les autres situations rencontrées.

Dans tous les cas, les exploitants peuvent contester les décisions prises qui sont déférées à la juridiction administrative. Les frais d'analyses et d'expertises sont alors à leur charge.

Des tiers, personnes physiques ou morales (communes, groupements de communes, personnes et groupements de personnes habitant le voisinage) peuvent également contester les décisions prises par le préfet (autorisation d'exploiter par exemple). Par contre, les tiers qui ont construit ou pris des baux à proximité de l'installation, postérieurement à l'affichage ou à la publication, ne peuvent pas déférer les décisions devant la juridiction administrative car ils sont censés avoir été informés avant la décision.

Si, au cours de l'exploitation, des risques non décelés ou non connus lors de l'autorisation ou de déclaration apparaissent, des mesures supplémentaires peuvent être demandées ; l'exploitation est alors suspendue pendant la durée des travaux. Si les dangers découverts sont graves et persistants, le Conseil d'État peut demander par décret l'arrêt de l'exploitation.

5.2.7 Le Code de l'environnement – Titre II : Produits chimiques et biocides

Les accidents industriels majeurs ayant pour origine les produits chimiques, il était normal qu'une partie du Code traite de cet aspect important.

Les articles L 521-1 à 18 du Titre II concernent les produits chimiques (chapitre I) et biocides (chapitre II) dangereux. Les produits biocides sont des produits actifs destinés à détruire ou à rendre inoffensifs les organismes nuisibles (insectes, champignons, etc.) mais ils ne présentent pas de risques d'accidents majeurs, sauf en cas de déversements en quantités très importantes.

Par conséquent, seuls les articles L 521-1 à 24 du chapitre I seront traités ci-après.

Les articles L 521-1 et 2 concernent le champ d'application. Toutes les substances chimiques, correspondant aux éléments ainsi que les préparations, constituées de mélanges de deux ou plus de substances, naturelles ou manufacturées sont concernées à l'exception des médicaments, cosmétiques et denrées alimentaires.

Les articles L 521-3 à 5 (section 1) traitent de la mesure principale qui est la déclaration des substances nouvelles avant toute commercialisation sur le marché. Tout producteur et importateur d'un produit qui ne figure pas dans l'inventaire européen (EINECS) doit le déclarer à l'autorité administrative et signaler les précautions à prendre au moment de son utilisation. Un dossier technique doit accompagner cette déclaration et comporter des renseignements sur les dangers présentés.

© Dunod – La photocopie non autorisée est un délit.

Toute évolution des connaissances concernant ces produits doit être signalée à l'autorité administrative.
Les articles L 521-6 à 11 précisent les informations que le producteur, l'importateur et l'utilisateur doivent fournir à l'autorité sur la composition et les quantités de produits dangereux vendus ou utilisés ainsi que les risques présentés pour les hommes et l'environnement. Les informations données ne relèvent pas du secret industriel ou commercial.
Les règles relatives au classement, à l'emballage et à l'étiquetage sont définies par des décrets d'application.
Les articles L 521-12 à 16 traitent des contrôles et des infractions constatés par les agents de police judiciaire (police et gendarmerie) et des agents assermentés comme les inspecteurs des installations classées, les inspecteurs et contrôleurs du travail, les agents des douanes, les vétérinaires inspecteurs, les inspecteurs des affaires maritimes, etc. Tous ces agents ont accès aux locaux professionnels de production et d'utilisation de ces produits et peuvent éventuellement prélever des échantillons et dresser des procès-verbaux.
Les articles L 521-17 à 20 traitent des sanctions civiles appliquées en cas d'infractions. Une amende de 1 500 € et une astreinte journalière de 150 € sont requises.
Les articles L 521-21 à 24 concernent les sanctions pénales à la suite de faux renseignements donnés ou du non-respect des mesures d'interdictions. Les sanctions sont de six mois d'emprisonnement et 7 500 € d'amende.
Certaines de ces mesures sont à rapprocher à celles imposées par le Code du travail et les textes qui en sont issus, relatifs aux risques présentés aux travailleurs par les produits chimiques et les mesures de prévention (articles R 231-46 à R 231-58-2 du Code du travail), concernant le classement des substances et préparations dangereuses, la déclaration des produits chimiques dangereux, les informations à donner sur les produits chimiques sous la forme de fiches de données de sécurité.

5.3 Les textes émanant d'autres ministères

À côté des textes de base issus du ministère de l'Environnement, d'autres ministères ont élaboré également des lois et règlements concernant les risques technologiques majeurs.

5.3.1 Le Code de l'urbanisme

La maîtrise de l'urbanisation autour des établissements industriels présentant des risques d'accidents majeurs est l'un des grands axes de la politique de prévention, rappelé par ailleurs par la directive Seveso et les règles de l'OIT. La loi du 30 juillet 2003 renforce la réglementation existante pour l'urbanisation autour des sites industriels.
L'étude de dangers rédigée par l'exploitant prend en compte la probabilité d'occurrence de l'accident ainsi que la gravité des accidents potentiels.
Les plans de prévention des risques établis par les pouvoirs publics compétents délimitent un périmètre d'exposition aux risques avec, à l'intérieur de ce périmètre, une délimitation des zones dans lesquelles les nouvelles constructions ou les exten-

sions des constructions existantes sont interdites ou soumises à des servitudes ; les communes et les établissements publics peuvent user de leur droit de préemption pour ces zones, voire même exproprier les constructions existant dans ces zones à risque.

L'article L 122-1 précise que les orientations générales de l'organisation de l'espace et de la restructuration des espaces urbanisées doivent tenir compte des risques.

L'article L 421-8 indique que le préfet peut fixer la délimitation d'un périmètre autour des installations classées, à l'intérieur duquel les travaux de construction et d'extension sont soumis à des règles particulières.

L'article R 111-2 signale que le permis de construire peut être refusé ou n'être accordé que sous réserve si les constructions peuvent porter atteinte à la sécurité publique.

L'article R 421-3-2 précise que si une installation classée est projetée, la demande de permis de construire doit être accompagnée de la justification du dépôt de la demande d'autorisation ou de déclaration.

Plusieurs autres articles concernent les pollutions industrielles, mais non les risques d'accidents majeurs, sans pour autant oublier que certaines pollutions durables peuvent avoir pour origine un accident majeur, comme Seveso.

5.3.2 Le Code des douanes

Plusieurs articles intéressent la prévention des risques industriels majeurs :

- L'article 266 sexies précise qu'une taxe générale est instituée pour les activités qui font courir, par leur nature ou par leur volume, des risques de pollution. Cette taxe est fixée après avis du Conseil supérieur des installations classées.
- L'article 266 nonies indique que la taxe peut être multipliée jusqu'à 10 fois selon l'importance des risques présentés par les installations classées.

Le tableau 5.16 donne un extrait de la liste des produits soumis à ces articles et par conséquent taxés jusqu'à 10 fois.

5.3.3 Les textes relatifs aux plans d'urgence

■ Loi 87-565 du 22 juillet 1987

Cette loi est relative à l'organisation de la sécurité civile, à la protection de la forêt contre l'incendie et à la prévention des risques majeurs.

Les articles 3 et 4 traitent des plans d'urgence qui comprennent :

- les plans particuliers d'intervention préparés par les autorités compétentes départementales, après avis des maires et des exploitants concernés ;
- les plans destinés à porter secours à de nombreuses victimes ;
- les plans de secours spécialisés liés à un risque défini.

La mise en œuvre d'un plan d'urgence n'exclut pas le déclenchement d'un plan ORSEC s'il est justifié.

© Dunod – La photocopie non autorisée est un délit.

Tableau 5.16 – Exemple de liste des produits dangereux taxés selon le Code des douanes.

Numéro de la rubrique	Nature de l'activité	Capacité de l'activité	Coefficient multiplicateur
1158	Di-isocyanate de diphénylméthane (MDI) (fabrication industrielle, emploi ou stockage de)	La quantité totale susceptible d'être présente dans l'installation étant : – supérieure ou égale à 200 t – supérieure à 20 t, mais inférieure à 200 t	 6 2
1160	Amiante (utilisation de l') pour la fabrication d'amiante-ciment, de garnitures de friction, de filtres, de textiles, de papiers, de carton, de joints, de garnitures d'étanchéité ou autres, de matériaux de renforcement, de revêtements de sols et de mastic, etc.	La quantité d'amiante brute utilisée étant supérieure à 100 kg/an	4
1171	Dangereux pour l'environnement (A et/ou B), très toxiques et/ou toxiques pour les organismes aquatiques (fabrication industrielle de substances) telles que définies à la rubrique 1000 à l'exclusion de celles visées nominativement ou par famille par d'autres rubriques. 1. Cas des substances très toxiques pour les organismes aquatiques (A). 2. Cas des substances toxiques pour les organismes aquatiques (B).	1. La quantité totale susceptible d'être présente dans l'installation étant : – supérieure ou égale à 500 t – inférieure à 500 t 2. La quantité totale susceptible d'être présente dans l'installation étant : – supérieure ou égale à 2 000 t – inférieure à 2 000 t	 10 6 10 6
1172	Dangereux pour l'environnement (A), très toxiques pour les organismes aquatiques (stockage et emploi de substances) telles que définies à la rubrique 1000 à l'exclusion de celles visées nominativement ou par famille par d'autres rubriques.	La quantité totale susceptible d'être présente dans l'installation étant : – supérieure ou égale à 500 t – supérieure ou égale à 200 t, mais inférieure à 500 t	 6 3
1173	Dangereux pour l'environnement (B), toxiques pour les organismes aquatiques (stockage et emploi de substances) telles que définies à la rubrique 1000 à l'exclusion de celles visées nominativement ou par famille par d'autres rubriques.	La quantité totale susceptible d'être présente dans l'installation étant : – supérieure ou égale à 2 000 t – supérieure ou égale à 500 t, mais inférieure à 2 000 t	 6 3

■ **Décret 88-622 du 6 mai 1988**

Ce décret est relatif aux plans d'urgence pris en application de la loi du 22 juillet 1987. Les plans d'urgence sont préparés par le préfet en liaison avec les autorités, les services et les organismes compétents ainsi que l'exploitant. Ils définissent pour chaque risque ou groupe de risques, les mesures à prendre et les moyens à mettre en œuvre, les missions des différents services publics et les interventions des organismes privés.

Chaque plan d'urgence est réactualisé tous les cinq ans.

Des arrêtés ministériels fixent la nature des mesures à mettre en œuvre par l'exploitant ainsi que la définition du périmètre dans lequel l'alerte d'urgence doit être diffusée.

Le plan particulier comporte la description de l'installation et des lieux, la liste des communes concernées, les mesures d'information du public et les schémas d'évacuation, la diffusion de l'alerte par l'exploitant, les mesures d'urgence à prendre par l'exploitant avant l'intervention des autorités de police (circulation, alerte aux populations). Les plans particuliers doivent être largement diffusés auprès des populations.

Les plans de secours spécialisés sont établis en l'absence de plans particuliers d'intervention. Ces plans sont préparés par le préfet en liaison avec les services compétents.

5.3.4 Les textes issus du ministère du Travail

Comme il a été signalé plus haut, les textes issus du ministère du Travail (Direction des relations du travail), dont pour l'essentiel le Code du travail, concernent exclusivement la protection des salariés. Mais les nombreuses mesures préventives proposées, notamment sous forme de règlements, sont de nature à maîtriser les risques industriels majeurs, étant entendu que, lors des accidents majeurs, ce sont d'abord les salariés travaillant à proximité des sources d'accidents qui sont les premières victimes, généralement les plus gravement touchées.

Dans de larges proportions, et notamment plusieurs des mesures collectives concernant les risques chimiques s'appliquent pour la prévention des accidents industriels majeurs. Un rappel des principaux textes issus du ministère du Travail est de nature à compléter les mesures proposées par le ministère de l'environnement et le Conseil supérieur des installations classées.

C'est le Livre II, Titre III « Hygiène, sécurité et conditions du travail » du Code du travail qui traite de la prévention des risques professionnels en général et dans une certaine mesure, les risques industriels. À la différence du Code de l'environnement qui ne comporte actuellement que des articles législatifs L, le Code du travail comporte des articles législatifs L ainsi que des articles réglementaires R et D.

Le tableau 5.17 donne le plan de cette partie du Code du travail susceptible d'intéresser les risques industriels majeurs.

Ce sont essentiellement les chapitres préliminaires et la section V du chapitre I qui peuvent concerner les risques chimiques industriels auxquels appartiennent les risques industriels majeurs.

Le **chapitre préliminaire**, issu directement de la directive européenne de base n° 89/391 du 12 juin 1989 énonce les neuf principes généraux de prévention. Quelques-uns peuvent intéresser la prévention des accidents industriels majeurs :

– Évaluer les risques qui ne peuvent pas être évités.

© Dunod – La photocopie non autorisée est un délit.

Tableau 5.17 – Code du travail, Livre II, Titre III « Hygiène, sécurité et conditions de travail ».

Chapitre préliminaire : Principes généraux de prévention	L 230-1 à 5
Chapitre I : Dispositions générales	L 231-1 à 12 R 231-1 à 72
Section I : Comité d'Hygiène et de Sécurité	-
Section II : Pouvoirs de l'Inspection du Travail	R 231-12 à 13-1
Section III : Organes consultatifs centraux	R 231-14 à 31
Section IV : Formation à la sécurité	R 231-32 à 45
Section V : Prévention du risque chimique	R 231-46 à 58-2
Sous-Section 1 : Principes de classement des substances et des préparations dangereuses	R 231-51
Sous-Section 2 : Déclarations des substances et préparations	R 231-52 à 52-18
Sous-Section 3 : Information sur les risques présentés par les produits chimiques	R 231-53 et 53-1
Sous-Section 4 : Règles générales de prévention du risque chimique	R 231-54 à 54-9
Sous-Section 5 : Contrôle du risque chimique sur les lieux de travail	R 231-55 à 55-3
Sous-Section 6 : Règles particulières de prévention du risque cancérogène	R 231-56 à 56-11
Sous-Section 7 : Dispositions d'urgence	R 231-57
Sous-Section 8 : Mesures d'application	R 231-58 à 58-2
Section VI : Prévention du risque biologique	R 231-60 à 65-3
Section VII : Manutention des charges	R 231-66 à 72
Chapitre II : Hygiène-aménagement des lieux de travail-prévention des incendies	L 232-1 à 3 R 232-1 à 14-1
Section IV : Prévention des incendies-évacuation	R 232-12 à 12-22
Chapitre III : Sécurité	L 233-1 à 7 R 233-1 à 157 D 233-1 à 9
Chapitre IV : Dispositions particulières aux femmes et aux jeunes travailleurs	L 234-1 à 6 R 234-1 à 23
Chapitre V : Dispositions particulières applicables aux opérations de bâtiment et de génie civil	L 235-1 à 19 R 235-1 à 5
Chapitre VI : Comités d'hygiène, de sécurité et des conditions de travail	L 236-1 à 13 R 236-1 à 42
Chapitre VII : Prescriptions particulières d'hygiène et de sécurité applicables aux travaux effectués dans un établissement par une entreprise extérieure	R 237-1 à 28
Chapitre VIII : Dispositions particulières relatives à la coordination pour certaines opérations de bâtiment et de génie civil	R 238-1 à 56

Tableau 5.17 (suite) – Code du travail, Livre II, Titre III « Hygiène, sécurité et conditions de travail ».

Titre IV : Médecine du travail	L 241-1 à 11 R 241-1 à R 243-15
Titre VI : Pénalités	L 260-1 à L 265-1 R 260-1 à R 265-1

– Combattre les risques à la source.

– Tenir compte de l'état d'évolution de la technique.

– Planifier la prévention en y intégrant, dans un ensemble cohérent, la technique, l'organisation du travail, les conditions du travail, les relations sociales et l'influence des facteurs ambiants.

– Prendre des mesures de protection collectives en leur donnant la priorité sur les mesures de protection individuelle.

– Donner des instructions appropriées aux travailleurs.

Ces principes seront développés dans le chapitre 6 consacré à la prévention des accidents industriels majeurs.

La **section V du chapitre I** (Prévention des risques chimiques) est subdivisée en plusieurs sous-sections, toutes susceptibles de réduire les risques industriels majeurs, dès lors que les principes généraux énoncés sont respectés (tableau 5.17) :

– La sous-section 1 traite du classement des produits chimiques dangereux en 15 familles, en fonction des risques présentés. Ce classement est assez proche de celui proposé par la nomenclature des installations classées.

– La sous-section 2 concerne la déclaration que tout fabricant ou vendeur de produits chimiques dangereux doit faire auprès des organismes compétents.

– La sous-section 3 précise que les fabricants et vendeurs doivent impérativement informer les utilisateurs (exploitants et chefs d'entreprises) sur les caractéristiques et notamment sur les risques présentés par les produits.

– La sous-section 4 énonce les règles générales de prévention du risque chimique.

– La sous-section 5 traite du contrôle du risque chimique sur les lieux de travail, par les organismes agréés par le ministère du Travail (essentiellement les inspecteurs et contrôleurs du travail et les ingénieurs-conseils et contrôleurs de sécurité des caisses régionales d'assurance maladie).

– La sous-section 6 énonce les règles particulières de prévention du risque cancérogène, lorsque des produits cancérogènes sont manipulés.

– La sous-section 7 traite des dispositions d'urgence en cas de danger grave présenté par un produit.

– La sous-section 8 concerne les interventions de l'inspection du travail dans le domaine de la prévention du risque chimique.

© Dunod – La photocopie non autorisée est un délit.

Certains articles du très important chapitre III qui traite de la sécurité dans l'emploi des équipements de travail, peuvent également intéresser la prévention des risques industriels majeurs :

- section II, sous-section 2, sur les vérifications et la maintenance des équipements de travail ;
- section VI sur les procédures de certification de conformité des équipements de travail ;
- section VIII sur les règles de conception et de construction des équipements de travail et leurs composants de sécurité.

Toutes les mesures techniques de prévention proposées au chapitre 6 tiennent compte de ces règles.

Le **Code de la Sécurité sociale** n'énonce pas de règles de sécurité, mais certaines mesures permettent indirectement de maîtriser les risques, notamment en rendant obligatoire le contrôle de la mise en place des mesures de sécurité et des conditions du travail par les agents techniques des services prévention des caisses régionales d'assurance maladie, ingénieurs-conseils et contrôleurs de sécurité, tous professionnels compétents dans les différentes branches des activités industrielles. Les majorations des cotisations dues par les exploitants incitent ces derniers à améliorer les conditions de sécurité et par là, à réduire les risques industriels.

Le Code de la Sécurité sociale est rédigé par la direction de la Sécurité sociale du ministère du Travail et des Affaires sociales qui est l'organisme de tutelle de l'ensemble des organismes de l'assurance maladie (Sécurité sociale), chargés chacun, suivant ses compétences, d'assurer son concours dans le domaine des risques professionnels comme la prévention (caisse nationale de l'assurance maladie des travailleurs salariés [CNAMTS], services prévention des caisses régionales d'assurance maladie [CRAM]), la réparation des accidents du travail et des maladies professionnelles (caisses primaires d'assurance maladie [CPAM]).

L'Institut national de recherches et de sécurité (INRS) est un organisme de Sécurité sociale, chargé de recherches et d'informations dans le domaine des risques professionnels. Il édite de nombreuses publications (brochures, affiches, revues techniques, médicales et juridiques) ainsi que des films sur les risques professionnels, mais très souvent les mesures proposées s'appliquent également à la prévention des accidents industriels.

5.3.5 Les textes relatifs au transport de matières dangereuses

De nombreux accidents industriels, suivis d'une pollution importante de l'environnement, dont certains peuvent être considérés comme majeurs par l'importance des dégâts causés, sont dus au transport de produits chimiques dangereux. De simples accidents de la route ou ferroviaires ou encore maritimes ou fluviaux de véhicules ou wagons ou de navires transportant de grandes quantités de produits chimiques dangereux peuvent prendre une ampleur catastrophique. L'exemple le plus médiatisé est le transport maritime de produits pétroliers ; les nombreux accidents et déversements de centaines de milliers de tonnes de pétroles conduisent à d'importantes pollutions des côtes maritimes et des fonds sous-marins, causant des dégâts à la faune et à la flore et indirectement aux populations des régions côtières. Le transport routier de produits chimiques comme l'ammoniac, le chlore et des acides recense également plusieurs accidents ayant conduit à une pollution importante, nécessitant le déplacement temporaire des habitants du secteur.

Le transport des matières dangereuses est en expansion constante, le tonnage transporté ne cesse d'augmenter des lieux de production aux lieux d'utilisation.

Le transport des matières dangereuses s'effectue par :

- la voie terrestre ou routière, au moyen de véhicules spécialisés (poids lourds, citernes, etc.), couramment utilisée pour des transports sur des distances relativement courtes et pour des quantités limitées à quelques tonnes, et qui représente près du 70 % du tonnage total avec des risques d'accidents non négligeables ;
- la voie ferrée, qui ne représente que 17 % du tonnage total, mais concerne des distances plus longues et des quantités plus importantes de l'ordre de centaines de tonnes. Les risques d'accidents sont relativement faibles, mais ils peuvent être graves par suite des quantités mises en œuvre ;
- le transport par canalisations souterraines ou aériennes sur des longues ou courtes distances, qui est de plus en plus utilisé pour les produits dangereux et notamment pour les produits pétroliers, les solvants, le gaz naturel ; les accidents sont dus essentiellement à des ruptures de canalisations et déversement ou émission dans l'environnement, avec éventuellement incendies et explosions, comme ce fut le cas à Ghislenghien en Belgique ; il existe une réglementation spéciale pour ce genre de transport ;
- la voie fluviale, qui est peu utilisée et ne représente que 3 % du tonnage total ; les risques de pollution du milieu aquatique peuvent être importants en cas de déversements ;
- la voie maritime, qui ne concerne que le transport international des matières dangereuses, dont principalement des produits pétroliers (hydrocarbures, pétroles, gaz comprimés) ; les risques de pollution sont importants ;
- la voie aérienne, qui est en principe interdite pour le transport des matières dangereuses, sauf pour des très petites quantités.

Une réglementation spéciale, tant nationale qu'internationale a été élaborée et des règles de prévention sévères ont été mises en place pour circonscrire les accidents souvent graves. Les textes nationaux sont conformes aux règles internationales, notamment européennes.

Le tableau 5.18 groupe les principaux textes relatifs au transport des matières dangereuses.

Les différents règlements sont les suivants :

- **ADR** : règles relatives au transport par la route des marchandises dangereuses. L'arrêté du 1er juin 2001 (ayant modifié l'arrêté du 17 décembre 1998) précise les nombreuses règles relatives aux différents aspects du transport routier : emballages, étiquetage de signalisation des dangers, déclarations aux autorités concernées, chargement et déchargement, stationnements, consignes de sécurité et cas particuliers (transport de substances explosives) ;

© Dunod – La photocopie non autorisée est un délit.

Tableau 5.18 – Réglementation des transports des matières dangereuses.

Textes internationaux
Directive européenne 96/35/CE du 3 juin 1996 relative au transport des marchandises dangereuses par route (modifiée le 1er juin 2001)
Directive européenne 94/55/CE relative au rapprochement des législations des États membres concernant le transport des marchandises dangereuses par la route
Directive européenne 96/49/CE relative au rapprochement des législations des États membres concernant le transport des marchandises dangereuses par chemin de fer
Textes nationaux
Code général des collectivités territoriales (article 2213-5)
Décret 59-998 du 14 août 1959 réglementant le transport d'hydrocarbures par canalisations
Loi 65-498 du 29 juin 1965 relative au transport de produits chimiques par canalisations
Décret 77-1331 du 30 novembre 1977 relatif aux infractions à la réglementation sur le transport des matières dangereuses
Décret 85-1108 du 15 octobre 1985 relatif au transport des combustibles par canalisations
Loi 87-585 du 22 juillet 1987 relative à l'organisation de la sécurité civile, à la protection de la forêt contre l'incendie et à la prévention des risques majeurs
Arrêté du 3 juin 1994 relatif au règlement pour le transport des matières dangereuses par route
Arrêté du 12 décembre 1994 relatif au règlement pour le transport des matières dangereuses par chemin de fer
Arrêté du 17 décembre 1998 (modifié le 1er juin 2001) relatif au transport des marchandises dangereuses par route (arrêté ADR)

- **RID** : règles relatives au transport par chemin de fer des marchandises dangereuses. L'arrêté du 6 décembre 1996 (modifié par des arrêtés en 1998, 2000 et 2001) précise les mesures à respecter sur le plan international, conformément au COTIF, convention de Berne du 9 mai 1980. Les mêmes aspects que précédemment sont traités ;
- Plusieurs textes concernant le transport par canalisations de produits chimiques dangereux dont les hydrocarbures, émanant essentiellement du BRTICP et du ministère de l'Industrie ;
- **IMDG** : règles relatives au transport maritime des matières dangereuses. L'arrêté du 18 juillet 2000 (modifié par celui du 10 juillet 2001) est en vigueur actuellement ;
- **ADNR** : concernant le transport fluvial à vocation européenne des matières dangereuses. La réglementation est internationale ;
- **OACI** et **IATA** : règles internationales relatives au transport aérien des produits dangereux, dont essentiellement les substances radioactives ;
- **USA** : le « diamant », la règle de base du transport des matières dangereuses aux États-Unis.

5.4 La normalisation

D'après le décret du 26 janvier 1984, « la normalisation a pour objet de fournir des documents comportant des solutions à des problèmes techniques et commerciaux concernant les produits, biens et services qui se posent de façon répétée dans des relations économiques, scientifiques, techniques et sociaux ».

Une norme est une règle ou un ensemble de règles fixant les caractéristiques d'un objet et les conditions de son obtention. La définition donnée par l'AFNOR (Association française de normalisation) est la suivante : « C'est un référentiel accepté par tous. Utilisées par des industriels comme références incontestables, les normes simplifient et clarifient les relations contractuelles. Elles proposent des solutions à des questions techniques et commerciales. Le champ d'application de la normalisation est très vaste. Il concerne tous les produits, les biens d'équipements et les services. »

Les normes sont des règles techniques non obligatoires (pour une grande majorité d'entre elles) et qui diffèrent des mesures législatives et réglementaires. Elles sont conformes aux textes officiels et, bien que non obligatoires, doivent être respectées. Elles s'adressent en priorité aux constructeurs et fabricants d'appareils et produits divers. En respectant les normes, les producteurs et les vendeurs sont garantis de fournir aux consommateurs des produits de qualité respectant la réglementation en vigueur.

Il n'existe pas de normes concernant directement les risques industriels majeurs ; par contre, il existe un grand nombre de normes relatives à des équipements et des appareils de mesures et de contrôle qui, en assurant leur bon fonctionnement et leur fiabilité, jouent en faveur de la prévention ; de nombreux accidents industriels sont dus à des dysfonctionnements de ces équipements. Cet aspect sera étudié en détail dans le chapitre 6 traitant de la prévention.

Il existe plusieurs milliers de normes tant nationales qu'européennes et internationales :

– les normes nationales NF relèvent du domaine de l'AFNOR, qui confie à des bureaux de normalisation, composés d'experts et de représentants d'organismes employeurs et salariés, la tâche de mettre au point des normes suivant des processus bien définis ;
– les normes européennes EN sont fournies par le Comité européen de normalisation (CEN) ;
– les normes internationales ISO sont élaborées avec le concours d'organismes nationaux et internationaux.

Au chapitre suivant, le tableau 6.1 propose quelques-unes des normes susceptibles d'intéresser la prévention des risques industriels majeurs.

© Dunod – La photocopie non autorisée est un délit.

6 • LA PRÉVENTION DES RISQUES INDUSTRIELS MAJEURS AVANT L'ACCIDENT

La prévention est l'ensemble des moyens mis en place pour supprimer ou du moins atténuer les risques et ainsi réduire, dans de larges proportions, la probabilité de survenance d'un accident.

La prévention des accidents industriels majeurs est l'ensemble des mesures administratives, organisationnelles et techniques susceptibles d'éviter ces accidents majeurs ou du moins réduire leur impact sur les populations et l'environnement naturel.

Prévenir les accidents, c'est intervenir avant que ces accidents ne se produisent. Mais c'est également l'ensemble des mesures prises pour diminuer les conséquences de ces sinistres ; par conséquent, les mesures de secours et d'interventions post-accident peuvent être considérées comme étant une partie de la prévention.

Les enquêtes policières, juridiques et la recherche des responsabilités pour la réparation des dégâts causés postérieurement à l'accident ne sont pas considérées comme des mesures de prévention, même si elles peuvent avoir un effet indirect favorable sur la sécurité, ne serait-ce que par leur impact psychologique sur les populations, les travailleurs et les exploitants en les incitant à prendre des mesures de sécurité.

Tout accident, quel qu'il soit, s'explique, et il est possible de déterminer les causes qui l'ont produit. C'est le nombre élevé de paramètres des processus réactionnels et leur détermination qui rendent difficile la définition du pourquoi et du comment de l'accident.

Mais, force est de reconnaître qu'il existe souvent une défaillance humaine à l'origine des accidents. Ces défaillances sont de deux ordres :

- des défaillances humaines directes : erreurs de manipulations, négligences, manque d'entretiens, etc. ;
- des défaillances humaines indirectes : mauvaise conception et construction des équipements (réacteurs, canalisations, réservoirs, vannes, appareils de contrôle et de commandes, dispositifs de sécurité, etc.) et des différents locaux (ateliers, magasins de stockage, etc.), entretiens insuffisants, mauvaise organisation (notamment au niveau du transport et des opérations annexes comme les chargements et déchargements).

Tous les accidents technologiques majeurs s'expliquent parfaitement par une ou plusieurs des défaillances citées.

Dans les activités industrielles, il faut toujours avoir à l'esprit l'omniprésence de ces défaillances humaines et la véritable prévention, surtout celle intégrée à la production,

© Dunod – La photocopie non autorisée est un délit.

donc mûrement étudiée, doit être telle que même une défaillance humaine ne puisse pas conduire à un accident. La mesure de prévention mise en place doit prendre le pas sur la défaillance humaine et, en quelque sorte, la neutraliser. C'est la seule voie d'une prévention efficace, la seule voie de la sécurité.

C'est ce qui sera développé dans ce chapitre.

La prévention des accidents industriels procède par étapes successives, chacune d'entre elles introduisant la suivante.

Lorsque l'exploitant ou le décideur (conseil d'administration, président-directeur général, propriétaire, ou directeur d'usine) a pris la décision de mettre en place une activité quelconque, une fabrication, un stockage ou un transport de matières dangereuses, il y a lieu de procéder de la façon suivante :

– Acquisition de l'ensemble des connaissances sur les différentes composantes de l'activité de production, de stockage ou de transport.
– Analyse des différents modes de défaillances ou encore des points faibles ou dangereux mis à jour par l'étape précédente.
– Mise en évidence des différents risques et dangers et de leurs effets, dont notamment les accidents majeurs.
– Choix des techniques, installations et modes opératoires jugés les moins dangereux et les plus fiables.
– Mise en place des installations et équipements.
– Fonctionnement des opérations.
– Entretien et maintenance des installations
– Contrôles et vérifications périodiques.

6.1 L'acquisition des connaissances

6.1.1 Les caractéristiques et les objectifs

C'est la première étape suivant la décision prise par l'autorité suprême pour l'objectif et le choix de l'activité et avant toute réalisation concrète.

C'est aussi l'une des phases les plus importantes du processus de la mise en place de l'objectif à atteindre. On peut même dire qu'elle détermine la qualité des autres phases en mettant en relief la sécurité de l'ensemble des opérations et des installations ; autrement dit, cette étape est la colonne vertébrale de la prévention des risques industriels, qu'ils soient majeurs ou non.

Cette acquisition des connaissances porte sur les différentes composantes suivantes :

– connaissance de tous les produits chimiques et matières diverses qui entrent dans le processus de production, quelle que soit leur importance ;
– connaissance des mécanismes et processus réactionnels, des différents paramètres qui régissent les réactions ;
– connaissance des installations et de l'ensemble des équipements nécessaires pour la production envisagée ;

– connaissance de l'ensemble des équipements de régulation et de contrôle, ainsi que des alarmes éventuelles et des dispositifs de sécurité ;
– synthèse de l'ensemble de ces connaissances.

Cette phase d'acquisition des connaissances correspond essentiellement à une recherche bibliographique menée par des personnes ayant une formation scientifique et technique. La bibliographie dans le domaine des produits chimiques est bien fournie ; de nombreux ouvrages scientifiques et techniques donnent des informations utiles sur les propriétés physico-chimiques des substances chimiques, y compris les risques et dangers présentés par ces substances.

On distingue deux catégories d'informations.

D'abord les **informations générales** sur l'ensemble des propriétés physiques et chimiques des substances, sur leur réactivité, leur stabilité, etc.

Voici quelques-uns des principaux ouvrages à consulter :

– *Chemical Abstracts*, ouvrages très complets, régulièrement remis à jour, avec de nombreuses références ;
– Beilstein *Handbuch des Organischen Chemie* en plusieurs volumes,
– Gmelin *Handbuch des Anorganischen Chemie* en plusieurs volumes,
– *Traité de chimie minérale* en plusieurs volumes,
– *Traité de chimie organique* de Grignard en plusieurs volumes,

ainsi que de nombreuses revues de chimie dans lesquelles on trouve des informations notamment sur certains accidents et incidents qui se sont produits et qui peuvent s'avérer d'un grand intérêt pour la prévention.

Ensuite les **informations plus en rapport avec la sécurité**, à savoir les renseignements sur les propriétés dangereuses de ces substances, comme la toxicité, la combustibilité, la stabilité, l'incompatibilité avec les autres substances, etc.

Voici quelques-uns des principaux ouvrages qui font autorité en la matière :

– *Industrial Hygiene and Toxicology* de Patty,
– *Dangerous Properties of Materials* de Sax,
– *Handbook of Reactive Chemical Hazards* de Bretherick,
– *Réactions chimiques dangereuses* de l'INRS,
– *Conception des lieux de travail* de l'INRS,

ainsi que les nombreuses collections sur les propriétés dangereuses des produits publiées par l'INERIS, l'INRS, l'ACMS, l'AFNOR, l'APAVE, etc., et les normes ISO, EN et NF, les installations devant être conformes aux normes pour plus de sécurité.

Il est important que ces recherches bibliographiques soient confiées à des personnes techniquement et scientifiquement compétentes, chimistes, physiciens, mécaniciens, médecins, toxicologues, spécialistes en sécurité, ainsi que des spécialistes en génie chimique, incendies et explosions, etc. À ce niveau, l'essentiel réside dans la compétence technique ; la hiérarchie administrative doit être la moins présente possible, afin de donner toute liberté dans la recherche des informations sur les différentes composantes des installations de production. Le rôle de la hiérarchie sera prépon-

© Dunod – La photocopie non autorisée est un délit.

dérant dans les étapes ultérieures et notamment dans le choix des procédés retenus à partir des avis exprimés par les scientifiques et les techniciens.

6.1.2 La connaissance des produits mis en œuvre ou présents

Il faut tout d'abord recueillir un maximum d'informations sur les produits, substances et préparations, qui interviennent en cours des opérations, même épisodiquement ou à l'état de traces.

Ce recueil d'informations concerne l'ensemble des produits, qu'ils soient considérés comme dangereux ou non, car il s'avère quelquefois que certains produits considérés comme inoffensifs peuvent induire des phénomènes dangereux. C'est notamment le cas de l'eau qui réagit sur un grand nombre de substances suivant des réactions exothermiques, avec pour conséquence des incendies et des explosions ; la présence d'humidité est souvent à l'origine d'accidents industriels comme ce fut le cas à Bhopal.

C'est cette acquisition des connaissances qui déterminera la nature et l'importance des risques présentés par les produits et par conséquent les mesures de prévention à mettre en place. Bien évidemment, l'accent sera mis sur les propriétés dangereuses des produits, sans pour autant négliger le reste. Dès qu'une information, même secondaire, concernant un éventuel comportement dangereux est signalée, il y a lieu d'approfondir cet aspect et d'affiner les recherches afin de déterminer l'importance du risque décrit.

Il est souvent utile de compléter les informations bibliographiques par des expérimentations au laboratoire qui peuvent apporter des informations plus précises correspondant aux conditions réelles qui existent lors de la production. Ces expérimentations sont différentes des manipulations de mise au point et des productions pilotes ou semi-grandes qui doivent les précéder. Dans tous les cas, elles entrent dans le cadre de l'acquisition des connaissances propres des produits en complément de la recherche bibliographique.

Parmi les informations à recueillir pour la connaissance des produits mis en œuvre, on peut citer la liste indicative (non exhaustive) suivante.

■ Propriétés physiques

Par propriétés physiques, on entend l'état physique, les formes cristallines pour les solides, la volatilité (tension de vapeur, températures de fusion et d'évaporation), la tension superficielle, la solubilité dans l'eau et les solvants, l'aptitude à la dispersion dans un milieu déterminé, etc.

La volatilité est un paramètre très important, car elle est intimement liée à la dangerosité des produits ; plus un produit est volatil, plus il émet facilement des vapeurs et plus les risques d'explosibilité et d'intoxication sont élevés. C'est le cas de nombreux liquides industriels comme les solvants, les hydrocarbures, les acides, etc.

Il en est de même pour les solides friables qui peuvent se transformer facilement à l'état pulvérulent et accroître ainsi les risques car les poussières fines se dispersent facilement dans l'air.

Certaines variétés ou formes cristallines d'une même substance sont moins stables ou ont des propriétés particulières, susceptibles de présenter des risques supplémentaires.

Certaines formes cristallines de silice ou d'amiante présentent des toxicités importantes et leur dispersion dans l'atmosphère peut présenter un risque d'intoxication non négligeable ; le phosphore blanc s'enflamme dans l'air dès 30 °C alors que le phosphore rouge ne réagit que vers 260 °C. D'autres formes cristallines peuvent catalyser certaines réactions indésirables.
La solubilité dans différents solvants est intéressante et utile, notamment en cas de nécessité de dilution des milieux réactionnels pour stopper rapidement un emballement éventuel de la réaction.

■ Propriétés chimiques

Les nombreuses propriétés chimiques doivent faire l'objet d'une recherche bibliographique la plus exhaustive et approfondie possible, car la plupart des accidents industriels majeurs trouvent leur origine dans les réactions chimiques mal contrôlées. Elles méritent d'être détaillées, compte tenu de leur importance au niveau des risques. En effet, certaines réactions considérées comme ne présentant pas de risques sont susceptibles, dans certaines conditions (température, pression, présence de catalyseurs), de s'emballer et de conduire à des explosions et dégagements de substances toxiques non contrôlables.
Par propriétés chimiques, on entend la réactivité, l'aptitude de la substance à réagir avec ou sans autres substances, autrement dit l'aptitude à conduire à des réactions, des combinaisons chimiques.
Dans l'étude bibliographique des réactions possibles de la substance étudiée, il y a lieu d'insister plus particulièrement sur les aspects suivants.

□ Réactivité du produit avec l'eau

L'eau est le solvant polaire universel le plus utilisé mais aussi une substance qui réagit avec un grand nombre de produits. Trois situations sont à envisager :

– simple dissolution du produit dans l'eau, sans réaction chimique ; cette dissolution peut être exothermique ou endothermique (avec absorption de la chaleur), mais les quantités de chaleur mises en jeu restent peu importantes et les risques sont faibles ;
– réactions d'hydrolyse avec combinaison et obtention de nouvelles molécules ; ces réactions sont presque toujours exothermiques et les dégagements de chaleurs peuvent initier des incendies et des explosions ;
– réactions de fermentation avec les produits fermentescibles, notamment d'origine agricole (foin, fourrages, céréales, farines) et dégagement de chaleur souvent important ; ce sont de telles réactions qui expliquent les feux constatés dans les granges abritant des fourrages ou encore dans des silos de céréales.

Compte tenu de la présence fréquente de l'eau, souvent à l'état de traces comme humidité, il y a lieu de bien connaître le comportement du produit vis-à-vis de l'eau.

□ Réactivité du produit vis-à-vis de l'oxygène

L'oxygène, molécule très active, réagit avec de nombreuses substances, dès la température ambiante. La connaissance de la réactivité du produit avec l'oxygène est

© Dunod – La photocopie non autorisée est un délit.

d'autant plus importante que la plupart des réactions d'oxydation sont exothermiques et les formes oxydées finales ou intermédiaires sont quelquefois peu stables. Enfin, l'oxygène, composant gazeux de l'air, est presque toujours présent dans les processus industriels et sa suppression, quelquefois obligatoire, se heurte à des procédures d'inertage complexes et coûteuses.
Les réactions de combustion très exothermiques sont parmi les plus dangereuses. Il est donc indispensable de connaître la combustibilité des produits et les caractéristiques de ces réactions comme les vitesses et les chaleurs de réaction.
Comme pour l'oxygène, les mêmes précautions sont à prendre avec les peroxydes et autres perdérivés qui réagissent vivement avec de nombreuses substances chimiques, suivant des réactions explosives.

□ Réactivité du produit vis-à-vis des acides

Les acides sont en général des produits très réactifs qui agissent sur un grand nombre de substances simples ou complexes. Les attaques par les acides sont généralement exothermiques et les quantités de chaleur dégagées suffisent pour donner naissance à des incendies voire même à des explosions.
Certains acides ont un rôle catalytique et leur présence, à l'état de traces, accélèrent les réactions, d'où la nécessité de bien connaître cette action catalytique, fréquemment utilisée dans l'industrie chimique.
La plupart des acides attaquent les métaux avec dégagement d'hydrogène et dégagement de chaleur. Comme l'hydrogène est un gaz très inflammable, les risques d'incendie et d'explosion ne sont pas à écarter.
D'autres acides ont un pouvoir oxydant élevé (acides nitrique, sulfurique) et ces réactions d'oxydation sont la plupart du temps, exothermiques. Comme les formes oxydées sont souvent peu stables, l'élévation de température favorise la décomposition explosive des produits oxydés.
Les acides étant des produits industriels très utilisés, il est indispensable de bien connaître le comportement du produit avec les différents acides.

□ Réactivité du produit vis-à-vis des solvants

De nombreuses fabrications, notamment dans les industries pharmaceutiques et des peintures et vernis, utilisent des solvants organiques dont certains peuvent réagir avec le produit, sous certaines conditions. Il est donc indispensable de bien connaître les réactions possibles et leurs caractéristiques. D'autre part, beaucoup de solvants sont volatils et combustibles, ce qui accroît les risques d'incendie et d'explosion.

□ Stabilité thermique du produit

La connaissance du comportement à la chaleur des produits a une grande importance ; la décomposition d'une substance avant sa réaction avec une autre molécule peut donner naissance à des situations imprévues, d'autant plus fâcheuses que ces décompositions sont de nature explosives et les chaleurs dégagées peuvent induire des réactions secondaires non souhaitables.
De nombreux produits diminuent la stabilité thermique des produits organiques comme certains métaux et leurs oxydes et facilitent leur décomposition.

☐ Incompatibilité du produit avec d'autres substances

L'incompatibilité du produit avec d'autres substances est source de réactions dangereuses. Les mélanges accidentels ou non de produits incompatibles sont toujours à l'origine de risques plus ou moins graves. La bonne connaissance de la nature de ces incompatibilités et des réactions qui en sont issues, est indispensable pour la sécurité. Ces incompatibilités sont à étudier non seulement au niveau des produits présents volontairement, mais également au niveau des produits susceptibles de se former en cours de réactions ou lors des réactions secondaires.
Cette liste est simplement indicative et nullement complète ; elle est donnée pour sensibiliser au mieux le lecteur sur la complexité du problème, la diversité des paramètres qui interviennent dans les processus chimiques et la nécessité de bien conduire cette phase préliminaire de la prévention des risques industriels qu'est l'acquisition des connaissances sur les produits qui rentrent dans les fabrications.

6.1.3 La connaissance des mécanismes réactionnels

La connaissance des propriétés des produits ne suffit pas ; celle des mécanismes réactionnels est tout aussi importante, car des produits apparemment peu dangereux, peuvent induire des réactions chimiques dangereuses, lorsqu'ils se trouvent en présence l'un de l'autre. Or la fabrication de produits chimiques est basée sur les combinaisons entre substances, dans des conditions bien définies. Compte tenu que de nombreux accidents industriels majeurs s'expliquent par un emballement incontrôlé, la bonne maîtrise de ces réactions suppose la connaissance de tous les paramètres qui interviennent.
Parmi ces paramètres, il y a tout d'abord les différents produits qui entrent dans les processus réactionnels et qui ont fait l'objet du paragraphe 6.1.2.
Viennent ensuite les autres paramètres dont les principaux sont les suivants.

■ Température

Certaines réactions ne peuvent avoir lieu qu'à des températures bien définies, généralement supérieures aux températures ambiantes, ceci pour des raisons énergétiques puisque, pour que deux molécules se combinent ensemble, il est nécessaire non seulement qu'elles se rencontrent avec une certaine vitesse, mais aussi qu'elles possèdent des énergies suffisantes appelées *énergies d'activation*, qui sont fournies par l'élévation de la température du milieu réactionnel.
Souvent et notamment dans le cas des réactions exothermiques, un chauffage initial suffit pour déclencher la réaction, la chaleur dégagée étant suffisante pour maintenir l'ensemble à la température nécessaire pour la réaction. Par contre, dans le cas des réactions endothermiques, il est nécessaire de maintenir l'apport de calories.

■ Pression

Ce paramètre prend toute son importance dans le cas de produits gazeux ou volatils, soit présents dès le départ, soit formés en cours de réaction. L'avancement de la réaction se fait alors avec l'évacuation du produit volatil, au fur et à mesure de sa formation. Ceci est surtout vrai dans le cas des réactions équilibrées, pour lesquelles le milieu réactionnel contient à la fois les produits de départ et les produits formés

© Dunod – La photocopie non autorisée est un délit.

et la réaction n'avance que si l'un au moins des produits formés est évacué. Pour effectuer une telle évacuation, la solution la plus couramment employée consiste à travailler sous dépression, en faisant un certain vide au moyen de pompes et ainsi d'enlever le produit volatil. C'est le cas de la plupart des processus qui s'accompagnent de formation d'eau qu'il faut enlever pour que la réaction soit totale.

■ Quantités de chaleur dégagées

C'est l'une des principales caractéristiques des réactions chimiques à l'origine d'accidents industriels. Les chaleurs de réaction et leur diffusion dans la masse réactionnelle sont des paramètres d'une grande importance dans le domaine de la prévention. En effet, le plus souvent, c'est l'échauffement produit par les chaleurs de réactions qui augmentent les vitesses de réaction, entraînant une réaction en chaîne difficilement contrôlable qui déclenche un incendie ou une explosion.

Il existe de nombreux ouvrages qui donnent des chaleurs de réaction ; il est également possible de les calculer à partir des chaleurs de formation des molécules.

Rappelons que les chaleurs de réaction sont différentes et indépendantes des températures de réaction.

■ Vitesses de réaction et catalyse

Ces deux notions sont également très importantes tant pour les fabrications que pour la sécurité. Les explosions s'expliquent en grande partie par les vitesses de réaction élevées, d'où la nécessité d'avoir un maximum de renseignements.

Les catalyseurs sont des produits qui, présents à l'état de traces, augmentent les vitesses. Un très grand nombre de produits ont une action catalytique. Ces catalyseurs ne doivent pas être incompatibles avec les produits et ne pas favoriser des réactions secondaires dangereuses. Une étude soignée des différentes possibilités est nécessaire pour la sécurité des processus. Il est à signaler que certains métaux (cuivre, nickel) et des oxydes métalliques (oxydes de fer, oxyde d'aluminium) jouent un rôle catalytique et leur présence dans les installations et les équipements en contact avec le milieu réactionnel peut s'avérer préjudiciable pour la sécurité. C'est le cas notamment de certains réacteurs et accessoires ou encore des réservoirs de stockage en acier rouillé qui à la longue ou à chaud, peuvent favoriser la formation de réactions non souhaitées ou dangereuses.

Avec l'acquisition des connaissances relatives aux produits et aux réactions, on peut estimer avoir une vision globale suffisante de l'aspect purement chimique du processus de production.

Reste maintenant l'installation et les équipements indispensables pour effectuer ces réactions et dont les caractéristiques tiennent compte de celles des produits et réactions déjà connues.

6.1.4 La connaissance des installations et des équipements

Pour mener à bien les opérations liées à la production et notamment les réactions chimiques et tout ce qui les accompagne, il faut disposer d'installations adaptées et d'équipements divers.

Ces installations sont conçues et réalisées à partir des connaissances acquises sur les produits et les réactions chimiques. Mais avant de les concevoir et réaliser, il est indispensable de bien connaître leurs caractéristiques et leurs particularités de façon à éviter les problèmes de dysfonctionnement et d'insécurité en cours d'opération. D'une façon générale, une installation de fabrication de produits chimiques comprend (figure 6.1) :

- une cuve métallique appelée *réacteur*, conçue pour résister aux conditions exigées par les réactions (température, pression), résistant aux produits présents ou formés, et équipée, suivant les besoins, d'une série d'accessoires qui sont :
  - les trémies, canalisations et autres systèmes de chargement,
  - une double enveloppe ou un serpentin pour le chauffage ou le refroidissement ou les deux à la fois,
  - un système d'agitation,
  - un système de condensation ou un système d'évacuation des vapeurs formées,
  - un goulot ou tout autre système d'évacuation et de récupération des produits formés,
  - un système pour nettoyer la cuve après chaque opération ;
- des accessoires pour effectuer les opérations annexes éventuelles aux réactions sont nécessaires pour l'obtention du produit final :
  - des mélangeurs, cuves munies d'agitateurs,
  - des cuves de dissolution,
  - des cuves de cristallisation,
  - des systèmes de filtration de différents types,
  - des systèmes de distillation de différents types ;
- des équipements pour le contrôle et la régulation des différents paramètres : températures, pressions, pH, opacité, viscosité, niveaux ;
- des dispositifs de sécurité pour éviter les dépassements des différents paramètres, avec alarme et déclenchement des mesures de sécurité, par exemple l'extinction des incendies, etc.

Il y a lieu d'étudier les interactions possibles des produits des réactions avec :

- les différents matériaux constituant les installations : aciers inoxydables, aciers émaillés, matières plastiques, verre, céramiques, etc. ;
- en cas de parties métalliques, la nature des métaux et alliages, certains d'entre eux comme le cuivre catalysant des réactions indésirables ;
- la nature des soudures éventuelles ;
- les caractéristiques des sondes de mesure et de régulation.

Toutes ces installations doivent être conformes aux normes en vigueur et pour certaines comporter le marquage CE ; il y a lieu de consulter les différentes normes internationales et nationales qui traitent de ces installations et équipements. Le tableau 6.1 donne une liste indicative de quelques normes parmi les centaines existant actuellement.

© Dunod – La photocopie non autorisée est un délit.

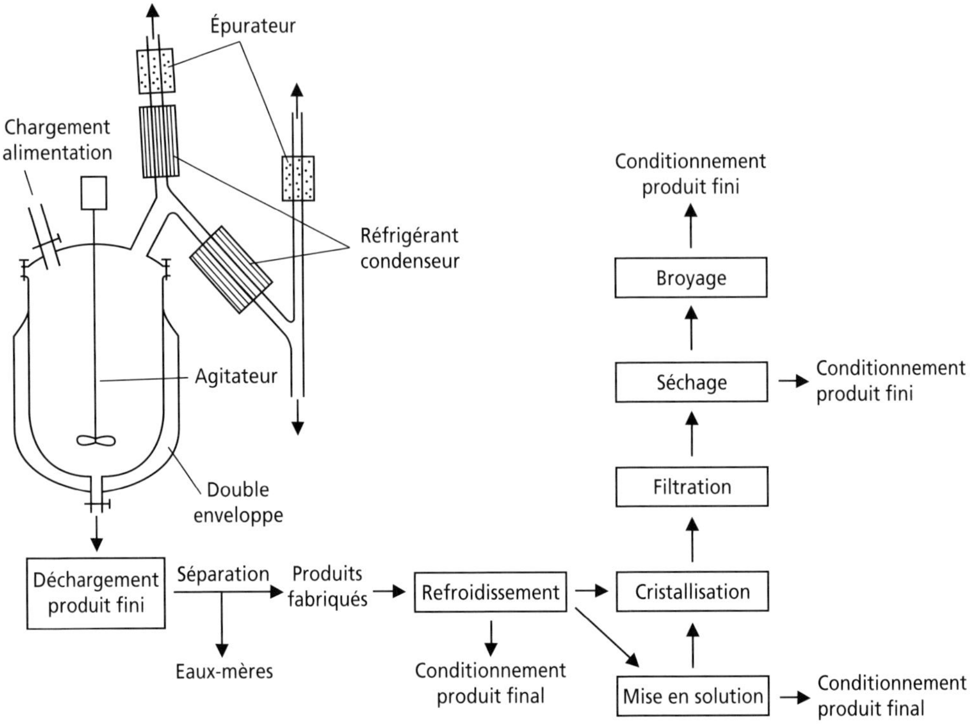

Figure 6.1 – Schéma d'une installation de fabrication.

Tableau 6.1 – Liste indicative de quelques normes susceptibles d'intéresser la prévention des risques industriels.

Normes d'organisation
NF EN ISO 14001 : Systèmes de management environnemental : spécifications et lignes directrices pour son utilisation. NF EN ISO 14004 : Systèmes de management environnemental : lignes directrices générales concernant les principes, les systèmes et les techniques de mise au point. NF EN ISO 14015 : Management environnemental des sites et d'organisation (EESO). NF EN ISO 14031 : Management environnemental : évaluation de la performance environnementale – Lignes directrices. NF EN ISO 14050 : Management environnemental : vocabulaire. NF EN ISO 19011 : Management environnemental : outils d'auto-diagnostic.
Normes de produits
NF EN ISO 14020 : Étiquettes et déclarations environnementales – Principes généraux. NF EN ISO 14021 : Marquage et déclaration environnementale (étiquetage de type II). NF EN ISO 14024 : Marquage et déclaration environnementale de type I – Principes et méthodes.

Tableau 6.1 (suite) – Liste indicative de quelques normes susceptibles d'intéresser la prévention des risques industriels.

XP ISO/TR 14025 : Marquage et déclaration environnementale de type III.
NF EN ISO 14040 : Management environnemental : analyse du cycle de vie : principes et cadre de vie (autres normes faisant la suite : NF EN ISO 14041, 14042 et 14043).
NF ISO 11014-1 : Fiches de données de sécurité pour les produits chimiques.
XP ISO/TR 14062 : Prise en compte de l'environnement dans la conception des produits.
Normes pour installations et équipements industriels
NF EN 90204-1 à 32 : Équipement électrique des machines.
NF EN 982 et 983 : Prescriptions de sécurité relatives aux systèmes et leurs composants de transmissions hydrauliques et pneumatiques.
NF EN 12502-1 à 5 : Protection des matériaux métalliques contre la corrosion.
NF EN ISO 11844-2 : Corrosion des métaux et alliages – Classification de la faible corrosivité des atmosphères d'intérieur (projet de norme).
NF EN 13480-1 à 6 : Tuyauteries industrielles métalliques.
NF EN 12285-1 et 2 : Réservoirs en acier fabriqués en atelier.
NF EN 1983-1 à 4 : Robinetterie industrielle.
NF EN 14343 : Pompes volumétriques – Essais et performances.
NF EN E 44-052 : Pompes et groupes motopompes pour liquides – Marquage.
NF EN 14620-1 à 5 : Conception et fabrication de réservoirs en acier à fond plat, verticaux, cylindriques, construits sur site, destinés au stockage des gaz réfrigérés liquéfiés.
NF EN 14015-1 : Normes pour la conception et la fabrication de réservoirs métalliques soudés, aériens, à fond plat, cylindriques, verticaux, construits sur site, destinés au stockage des liquides à la température ambiante ou supérieure.

Les connaissances à acquérir par la consultation des différents documents concernent l'ensemble des installations, de tous les types et modèles, de façon à pouvoir faire un choix dans une phase ultérieure.

Pour chaque type d'installation ou d'équipement, il faut bien mettre en évidence les points faibles (par exemple au niveau des soudures, des tuyaux, des vannes, des sondes de mesures, des systèmes de régulation, etc.) et les défaillances possibles en s'informant sur les modes et processus de leur construction et les conseils de maintenance.

6.1.5 Conclusions : liste des risques

L'ensemble des connaissances acquises par la consultation de documents sur les produits, les réactions et les installations met en évidence :

- les différents risques comme les intoxications, les incendies et les explosions ;
- les risques présentés par les réactions dangereuses ;
- les risques dus aux faiblesses présentées par les installations et les équipements.

Ces risques sont à souligner tout au long du recueil des informations et à noter au fur et à mesure des lectures des documents.

© Dunod – La photocopie non autorisée est un délit.

Une fois les risques soulignés, il reste alors à dresser une liste des dangers potentiels présentés par l'ensemble de l'opération. Cette check-list permettra dans la phase ultérieure d'effectuer l'analyse des risques en fonction des défaillances possibles.
Une telle liste rend également possible le choix des différents paramètres de l'opération et notamment celui du type d'installations et d'équipements.
Une méthode pour dresser une telle liste des risques consiste à traiter à part chaque catégorie de paramètres :

- Liste des risques présentés par les produits ajoutés volontairement dans le processus réactionnel.
- Liste des risques présentés par les produits susceptibles de se former en cours de réaction ou présents involontairement à l'état de traces comme impuretés.
- Liste des risques présentés par les réactions.
- Liste des défaillances et risques présentés par les installations.
- Liste des défaillances humaines possibles et leurs conséquences.

Pour chacune des listes, il faut prévoir des sous-rubriques correspondant aux trois types principaux :

- risques de toxicité ;
- risques d'incendie-explosion ;
- risques d'incendie-explosion et d'intoxication.

Il est possible de présenter ces listes de risques sous forme de tableaux à double entrée, plus ou moins détaillés suivant nécessité.

6.2 L'analyse des risques

Après avoir identifié les dangers inhérents aux opérations à mettre en place, la deuxième étape consiste à analyser les risques qui existent, car il est bien évident que les impératifs de fabrication ne permettent pas toujours d'éliminer les produits ou les réactions dangereuses ou encore d'éviter les installations complexes plus ou moins défaillantes.
L'analyse des risques consiste à déterminer, à partir des propriétés et caractéristiques dangereuses des composantes des opérations, les modes de défaillance du système et les conséquences en matière de sécurité, autrement dit l'éventualité et l'importance des accidents qui peuvent survenir.
C'est à partir de l'analyse des risques d'un système que les choix seront définis, les installations mises en place et les opérations en fonctionnement.
Il existe actuellement plusieurs méthodes d'analyse des risques industriels, presque toutes ayant donné des résultats satisfaisants. Des bureaux d'étude et d'ingénierie, spécialisés dans les techniques d'analyse des risques industriels proposent aux exploitants, plusieurs méthodes et produits dont certaines répondent à des normes.
Ces différentes techniques d'analyse se fondent sur :

- la méthode dite de l'arbre des causes qui cherche des combinaisons logiques entre des événements ou situations et un événement final qui en l'occurrence est ici l'accident ;

– la méthode de l'arbre des enchaînements qui, à partir d'un événement initial (réaction chimique, manipulation d'un produit dangereux), étudie les situations intermédiaires pour arriver à la situation finale, l'accident.

Parmi ces techniques, deux bien connues sont couramment mises en œuvre lors de la conception des usines et des installations industrielles.
Voici ces deux méthodes, mises en place depuis quelques décennies.

6.2.1 La méthode HAZOP

Mise au point par l'industrie chimique au Royaume-Uni dans les années 1970, la méthode HAZOP (Hazards and Operability) a été connue surtout depuis l'accident de Flixborough en 1974 et largement utilisée depuis dans l'industrie pétrochimique et les industries polluantes.
Le principe de cette méthode repose sur une description complète des paramètres et la définition des différentes défaillances possibles, puis sur le recensement des conséquences et la mise en place des mesures de prévention. Il s'agit d'une méthode globale prenant en compte toutes les défaillances possibles, mises en évidence par l'acquisition des connaissances telles que décrites au paragraphe 6.1.
Cette méthode s'appuie sur un travail d'équipe pluridisciplinaire, comprenant des personnes appartenant à des disciplines et spécialités différentes, en rapport avec les techniques opératoires. Elle commence par le recensement de mots et expressions clés tels que température, pression, débit, corrosion, produits, etc.
La méthode HAZOP comprend quatre étapes successives :

– identification des risques et défaillances possibles ;
– identification des causes de ces risques ;
– identification des conséquences des risques ;
– détermination des mesures de prévention.

6.2.2 La méthode AMDEC

Mise en place par l'industrie aéronautique, elle est utilisée depuis dans d'autres activités industrielles (nucléaire, chimie).
La méthode AMDEC (Analyse des modes de défaillance, de leurs effets et de leur criticité) permet d'identifier les risques et les défaillances possibles dès la conception des opérations.
La méthode comprend quatre étapes successives :

– analyse et identification des défaillances et risques ;
– évaluation de la criticité et comparaison avec un seuil de criticité ;
– proposition de solutions de prévention ;
– mise en place des solutions décidées.

Il existe différentes méthodes AMDEC spécifiques aux composantes du système (produit, processus, machine) qui répondent toutes à la même conception en quatre phases.

© Dunod – La photocopie non autorisée est un délit.

6.3 Le choix des paramètres de l'opération

Après avoir dressé la liste de l'ensemble des risques présents par l'acquisition des connaissances et effectué l'analyse des risques, les décideurs sont alors à même de choisir les paramètres et les composantes de la production.

6.3.1 Choisir les produits utilisés

Dans la mesure du possible, le choix des produits utilisés portera sur les moins dangereux, les moins toxiques et explosibles, mais également ceux qui sont dans l'ensemble compatibles entre eux et dont les caractéristiques sont bien connues. Il en sera de même pour les processus réactionnels et les modes opératoires.

Souvent, les impératifs de fabrication nécessitent l'emploi de produits et de réactions dangereux. Il y a alors lieu de mettre en place toutes les précautions et mesures de sécurité dès le départ, de limiter les quantités utilisées et pour certains d'entre eux, de choisir la variété la moins dangereuse. De tels choix nécessitent des études approfondies, la concertation de plusieurs spécialistes et éventuellement des études expérimentales.

Il faut bien préciser qu'il existe pratiquement toujours des possibilités de choisir la solution présentant le risque le plus faible.

6.3.2 Choisir les processus réactionnels et le mode opératoire

Le processus réactionnel retenu devra être celui qui présente le moins de risque parmi les différentes solutions possibles ; le choix ne doit pas être déterminé exclusivement sur les critères économiques et financiers.

Au cas où la solution s'avère quelque peu dangereuse, il y a lieu alors de décider la mise en place des mesures de sécurité qui s'imposent, notamment au niveau du mode opératoire et des installations et équipements.

Le mode opératoire devra compenser les risques présentés par les processus réactionnels et offrir un maximum de sécurité. Le choix des catalyseurs, des températures et des pressions, des vitesses de refroidissement des réactions exothermiques, etc. est déterminant pour la réduction des risques inhérents aux réactions.

6.3.3 Choisir les installations et les équipements

Ce choix sera effectué également en fonction des caractéristiques des réactions et sera guidé suivant les principes suivants :

– bonne compatibilité des matériaux des installations avec les produits entrant dans les réactions ;

– bonne résistance de ces mêmes matériaux aux conditions opératoires ;

– organes et parties des installations adaptés aux conditions opératoires ;

– installations et parties d'installations et d'équipements conformes aux normes existantes et si possible avec marquage de conformité CE.

6.4 La mise en fonctionnement de l'installation

Une fois l'installation et les équipements mis en place, les opérations de fabrication peuvent commencer, après avoir effectué les opérations suivantes :

- formation et information des opérateurs ;
- derniers contrôles et vérifications avant le fonctionnement normal ;
- contrôle et vérifications des modes opératoires et des consignes ;
- contrôle et vérification des mesures et des dispositifs de sécurité mis en place.

6.4.1 Les formations et informations des opérateurs

La conduite des opérations devra être confiée à des personnes compétentes et dûment formées et si possible, en ce qui concerne les responsables, ayant participé aux différentes phases précédant les opérations.

La formation des agents, tant avant que pendant les opérations, est d'une grande importance. Il est indispensable que les opérateurs à tous les niveaux soient formés et informés sur les différents paramètres du système de production et non seulement en matière de sécurité. La connaissance des produits manipulés, celle des processus réactionnels et des installations et équipements divers et enfin des règles de sécurité doit faire l'objet de séances de formation périodiques. Le facteur humain étant à l'origine de nombreuses défaillances, la formation des opérateurs est susceptible, dans de larges proportions, de favoriser la sécurité des manipulations.

Cette formation est à compléter par des informations régulières, acquises par la lecture de revues techniques ou professionnelles et par des stages et séminaires.

De nombreux organismes publics et privés dispensent des formations adaptées aux différents problèmes posés, comme l'analyse des risques ou la prévention des accidents. Parmi les organismes publics ou privés, il faut citer l'INERIS, l'INRS, l'AFNOR, l'APAVE, certaines compagnies d'assurance, etc., des organismes relevant des ministères de l'Écologie et du Développement durable, de l'Industrie, du Travail, etc.

Les nouveaux opérateurs, même formés, doivent être instruits et informés sur place, par des formateurs connaissant les installations ou encore par la hiérarchie technique et les responsables des installations, et ce avant le début de la première prise de fonction.

Il est indispensable que tous ceux qui interviennent dans les opérations connaissent bien les caractéristiques et les problèmes posés par les installations et les processus opératoires ainsi que les risques et mesures de prévention qui s'imposent.

6.4.2 Les derniers contrôles et vérifications de l'installation

Avant le début des opérations de production, il est indispensable d'effectuer une dernière série de contrôles et de vérifications des différents organes et parties de l'installation. Il s'agit notamment de détecter :

- les fuites et suintements au niveau des soudures, joints, clapets, vannes, etc. ;
- les parties fragilisées par des chocs, heurts ou déformations ;

© Dunod – La photocopie non autorisée est un délit.

– les parties oxydées ou corrodées ;
– la résistance aux surpressions éventuelles des différents organes ;
– la résistance à la chaleur des différents organes.

Certes, les différents organes de l'installation ont subi des contrôles après leur construction, mais une dernière série de vérifications après mise en place de l'ensemble et juste avant le fonctionnement normal s'avère souhaitable, compte tenu des aléas éventuels lors des transports.

Ces contrôles seront effectués sur des enceintes vides ou en remplaçant les produits réactifs par des produits inertes comme l'eau ou les huiles minérales.

Après ces contrôles, toutes les anomalies seront corrigées, les fuites et les parties fragilisées réparées avant une nouvelle série de vérifications.

Il est indispensable pour la sécurité que l'ensemble de l'installation soit en parfait état pour supporter sans défaillances, les conditions opératoires souvent sévères pour le matériel.

6.4.3 Les contrôles et vérifications du mode opératoire et des consignes

Un dernier contrôle des différents processus opératoires et des consignes qui les accompagnent s'avère nécessaire, afin d'apporter éventuellement les dernières corrections et modifications jugées opportunes.

À ce niveau, la vision globale existante sur l'ensemble des installations et réactions permet souvent d'apporter des corrections qui doivent faire l'objet d'analyses et d'études sérieuses. Dans tous les cas, il s'agit de corrections et de modifications mineures qui ne mettent pas en cause l'essentiel des mesures.

En cas de modifications importantes, il faut reprendre l'étude depuis son début, car une telle situation sous-entend une prise en compte insuffisante de l'ensemble des paramètres et par conséquent, la possibilité de risques et de défaillances à différents niveaux.

En cas de modifications du mode opératoire, il y a lieu également de corriger le contenu des consignes afin de les adapter à la nouvelle situation et surtout d'informer les opérateurs de la nouvelle version et des changements intervenus, en les explicitant.

6.4.4 Les contrôles et vérifications des mesures et dispositifs de sécurité

Les équipements et dispositifs de sécurité tels que les sondes thermométriques pour la régulation des températures, les sondes de pression pour éviter les surpressions, les systèmes de refroidissement et de coupure du chauffage, les sondes de suivis des réactions, les indicateurs de niveaux, etc. doivent être fiables et conformes aux normes si l'on veut vraiment une sécurité efficace.

Il faut donc contrôler leur fiabilité et ce, avant le commencement des opérations. La sensibilité et la complexité de ces équipements sont telles que leur fonctionnement reste quelquefois aléatoire avec des dérèglements fréquents, d'autant plus qu'un certain nombre d'entre eux doivent être au préalable étalonnés.

Si à la suite de ces contrôles, des dysfonctionnements sont constatés, il y a lieu d'apporter les réparations et les régulations requises pour une véritable sécurité.

Indépendamment de la fiabilité des équipements de sécurité, toutes les autres mesures de prévention, comme les consignes de sécurité, les extincteurs, les alarmes, doivent faire l'objet de vérifications par les responsables des opérations.
L'ensemble des contrôles et vérifications peut être confié à des organismes extérieurs spécialisés ou aux services compétents internes, s'ils existent vraiment et s'ils sont habilités pour ce genre d'opérations.

6.5 Les mesures techniques de prévention

En plus des mesures et règles énoncées ci-dessus, il faut mettre en place également des mesures de prévention techniques en fonction des risques et des opérations.
Ces solutions dérivent des principes généraux de prévention déjà énoncés et doivent être étudiées cas par cas.
On peut cependant énoncer quelques mesures générales, valables pratiquement dans tous les cas et qui viennent s'ajouter aux différentes mesures énoncées ci-dessus.
Ces mesures sont :

- le respect absolu des règles et consignes élaborées ; toute déviation est susceptible d'induire des dysfonctionnements ou des défaillances et par conséquent, conduire à des accidents ;
- l'identification des produits et réactions mis en œuvre et l'identification des parties d'installations (cuves, canalisations, etc.) par marquage et par utilisation de peintures de couleurs différentes ;
- la mise à la terre et l'équipotentialité des différents organes de l'installation afin de supprimer toute source d'étincelle électrostatique, fatale dans les locaux mettant en œuvre des substances inflammables ;
- une autre série de mesures concerne la prévention des incendies et des explosions. Beaucoup d'activités industrielles mettent en œuvre des produits combustibles comme les carburants, les solvants, les produits pulvérulents et les risques d'incendie et d'explosion existent pratiquement partout. Compte tenu de la difficulté à remplacer ces produits par d'autres non combustibles et comme la plupart de ces opérations se font à l'air, le seul moyen de combattre les feux et explosions reste encore la suppression de la source d'énergie, autrement dit l'apport de chaleur.

Différentes solutions sont alors proposées comme mesures de prévention :

- l'interdiction de toute flamme ou source de chaleur à proximité des postes et ateliers comportant des produits inflammables ;
- l'interdiction de fumer dans ces locaux ;
- l'absence d'appareils et d'équipements fonctionnant à l'électricité susceptibles de créer des étincelles (interrupteurs, moteurs, etc.) ou emploi d'appareils et équipements électriques protégés, susceptibles d'être utilisés en atmosphère explosible ou du type antidéflagrant.

Les mesures techniques de prévention des risques professionnels, rendues obligatoires par le Code du travail concourent également à la sécurité industrielle. Toutes ne sont pas cependant efficaces pour la suppression des risques industriels majeurs, dans

© Dunod – La photocopie non autorisée est un délit.

la mesure où il existe des différences entre les deux catégories, la principale étant l'ampleur du risque industriel alors que les risques professionnels sont limités dans l'espace.

Pour la suppression des incendies et des explosions, les mesures sont à peu de chose près identiques (suppression des sources de chaleurs et d'étincelles, inertage), mais en ce qui concerne les risques d'intoxication, les mesures sont différentes. Ainsi, les risques d'intoxications sont combattus en faisant appel à la ventilation et l'aération des ateliers, de façon à empêcher les salariés y travaillant de respirer un air pollué. Cette mesure n'a qu'un impact très faible au niveau des risques industriels majeurs, la pollution dangereuse existant à l'extérieur des locaux, à l'air libre ; d'ailleurs, le fait de rejeter l'air vicié sans épuration à l'extérieur des ateliers ne fait qu'augmenter la pollution extérieure. De même, la mesure préventive qui consiste à piéger les polluants et empêcher leur dilution dans l'air est de nature à créer des volumes fortement pollués avec des risques éventuels d'explosions, si les concentrations en produits combustibles sont comprises entre les limites supérieures et inférieures.

À part ces quelques exceptions, on peut affirmer que la prévention des risques professionnels permet d'améliorer partiellement la sécurité industrielle.

6.6 Le stockage des matières dangereuses

Le stockage des produits dangereux présente également des risques, souvent plus importants que les fabrications elles-mêmes, à cause des grandes quantités présentes, souvent de l'ordre de centaines de tonnes. Si l'ensemble des mesures signalées ci-dessus reste valable, la sécurité des stockages nécessite des mesures supplémentaires, ou du moins spécifiques, à cause des particularités de cette activité que sont :

- les grandes quantités groupées en un seul endroit ;
- le stockage sans grand soin car considéré à tort comme secondaire ;
- l'aire de stockage accessible à tous ;
- les produits soumis souvent aux intempéries ;
- l'absence fréquente des équipements de sécurité.

Pour toutes ces raisons, le stockage des matières dangereuses présente des risques d'accidents majeurs (figure 6.2). Les accidents d'AZF, de Feyzin et de Bhopal en sont les exemples les plus typiques.

6.6.1 Les principales mesures de prévention à mettre en place

- Les zones de stockage seront conçues après acquisition complète des connaissances sur les produits et doivent faire l'objet de soins lors de la réalisation des infrastructures.
- L'implantation sera conçue de façon que la zone de stockage soit suffisamment éloignée des ateliers de fabrication et soit facilement accessible aux véhicules transportant les matières et aux sapeurs-pompiers.

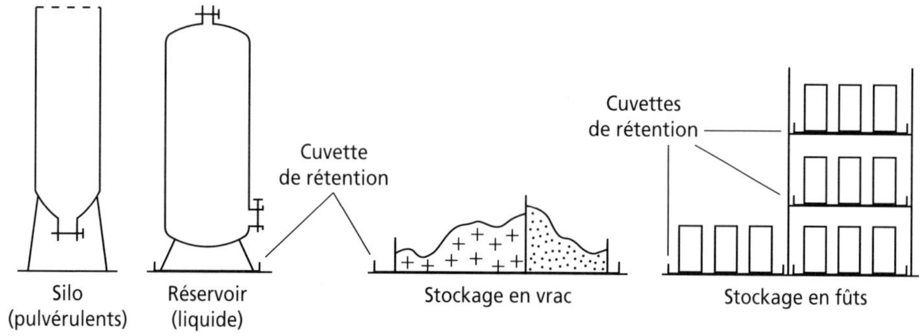

Figure 6.2 – Différents types d'installations de stockage.

– Tous les emballages et réservoirs seront identifiés par des marquages conformes aux textes officiels et d'une façon visible et indélébile. Le nom du produit contenu et le pictogramme du risque figureront clairement.
– Les quantités de produits dangereux stockés seront limitées au maximum. En cas de nécessité d'avoir des stocks importants, il y a lieu de prévoir un fractionnement du stockage, avec plusieurs zones, suffisamment éloignées les unes des autres.
– Les stocks de produits incompatibles seront séparés matériellement. Ces séparations peuvent être obtenues soit par éloignement, soit par des obstacles matériels (murs, murets) ou encore en intercalant des stocks de matières neutres comme certaines charges minérales.
– Il sera interdit de stocker, même provisoirement ou en très petites quantités, des produits dont les propriétés sont peu ou pas connues à côté ou avec des matières dangereuses.
– L'accès de la zone de stockage sera interdit au moyen d'obstacles matériels (murets, grillages, portes fermées, etc.). L'accès doit être réservé à des personnes compétentes ayant l'autorisation de la hiérarchie.
– Les produits sensibles aux intempéries ou susceptibles de se dégrader par la chaleur, seront stockés dans un hangar ou un bâtiment couvert et à l'abri des rayons solaires directs, en absence de toute source potentielle de chaleur. En été, il y a lieu de prévoir un arrosage des emballages pour les refroidir.
– La zone de stockage sera équipée de dispositifs de sécurité : alarmes, extincteurs adaptés aux produits, arrivée d'eau, systèmes de vidéo-surveillance, etc.
– Une ou plusieurs cuvettes de rétention spécifiques équiperont le stockage ; elles doivent être étanches et non attaquables par les produits. En cas de fuites ou de déversements, les cuvettes de rétention seront vidées de leur contenu et nettoyées rapidement.
– La zone de stockage doit toujours être maintenue propre. Les emballages abîmés ou qui fuient doivent être évacués rapidement et les fuites nettoyées.
– Les installations électriques seront réduites au minimum nécessaire, notamment lorsque les produits stockés sont combustibles.

© Dunod – La photocopie non autorisée est un délit.

– La zone de stockage doit faire l'objet de plusieurs visites d'inspections par jour et les anomalies signalées rapidement.
– Pour le stockage en réservoirs fixes, il y a lieu de prévoir les mesures supplémentaires suivantes :
  • prévoir des cuvettes de rétention d'une capacité au moins égale à celle du réservoir ;
  • prévoir la mise à la terre des réservoirs, notamment dans le cas des produits combustibles ;
  • installer sur les réservoirs un indicateur de niveau de remplissage et d'évents.
– Pour le stockage en containers mobiles (fûts, emballages souples ou rigides, etc.), il y a lieu de prévoir des voies de circulation entre les rangées et éviter le gerbage en hauteur.

6.6.2 Les transvasements : chargements et déchargements

Les opérations de transvasement d'un récipient à un autre de produits dangereux présentent des risques à l'origine d'accidents. Les principaux points sensibles sont (figure 6.3) :
– les risques d'étincelles ou de points chauds par frottements lors des mouvements des organes utilisés pour les transvasements (tapis roulants, vis sans fin, trémies, etc.) ;
– les risques d'étincelles par suite de la formation d'électricité statique lors de l'écoulement et les frottements de matières non conductrices de courant électrique (céréales, solvants, hydrocarbures, etc.) ;
– les risques d'erreurs dans les transvasements de produits, surtout s'ils sont incompatibles entre eux.

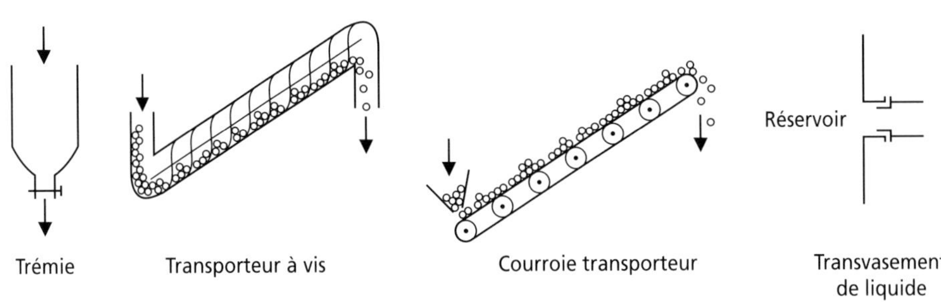

Figure 6.3 – Transvasements de produits.

Pour remédier à ces risques, les mesures suivantes s'imposent :
– toutes les mesures seront prises pour écouler les charges électrostatiques et empêcher les étincelles de se produire, au moyen de fils, tresses et parois métalliques, reliés à la terre ;
– les différents organes de l'installation seront reliés par des fils conducteurs pour obtenir leur équipotentialité ;

– les dispositifs utilisés pour les transvasements seront conçus de façon à supprimer les frottements et chocs entre parties métalliques dont certaines doivent être en matières plastiques ou matériaux malléables (cuivre) ;

– les ouvertures utilisées pour les transvasements seront de modèles et de diamètres différents afin d'éviter toute erreur ou confusion entre les produits, surtout s'ils sont incompatibles. Cette mesure prend toute son importance dans le cas de chargements et de déchargements de liquides.

6.6.3 Les silos

Les silos sont des accumulateurs de matières pour le stockage en vrac de solides pulvérulents d'origine agricole comme les céréales, la farine, les légumes secs, les oléagineux, le sucre, le bois, le coton, etc.

Il existe également des silos industriels pour le stockage des matériaux de construction (ciment, plâtre, argiles, etc.), du charbon, des engrais, des minerais, des produits minéraux en poudre, des produits pharmaceutiques, etc.

Plusieurs de ces produits sont combustibles et les poussières donnent avec l'air des mélanges explosibles ; c'est le cas pratiquement de tous les produits d'origine agricole ainsi que des produits industriels comme le charbon, et chimiques comme le soufre et des engrais (ammonitrate). De nombreuses explosions de silos sont répertoriées un peu partout dans le monde, notamment dans les régions céréalières. Nombre de ces explosions peuvent être considérées comme des accidents majeurs.

Il existe plusieurs types de silos, de capacités de stockage et de conceptions différentes. Le décret du 21 septembre 1977 les considère comme des installations classées.

Le principal risque d'accident majeur est lié au vidage du silo qui, en créant une dépression, introduit de l'air à l'intérieur ; l'atmosphère oxygénée forme avec les poussières organiques des mélanges explosibles susceptibles d'exploser dès qu'un point chaud ou une étincelle d'origine électrostatique apparaît. Les points chauds ont pour origine les frottements et chocs mécaniques lors des mouvements des différents organes des installations.

Les principales mesures de prévention, en plus de toutes celles qui ont été signalées ci-dessus, sont :

– une conception des silos pour éviter au maximum la formation de poussières et leur propagation ;

– l'inertage de l'atmosphère à l'intérieur du silo au moyen d'un gaz inerte, généralement de l'azote ;

– la suppression de toute source de chaleur ou, en cas de nécessité pour certaines opérations, la limitation des températures atteintes ;

– la suppression de toute source d'électricité statique susceptible de se traduire par des étincelles de décharge. Les mises à la terre, la présence de parties ou de fils métalliques continus, l'ionisation des parois sont des techniques courantes pour la lutte contre la formation d'étincelles électrostatiques. La conception et la construction des équipements annexes comme les transporteurs, les systèmes d'alimentation et de vidage, les ventilateurs ainsi que leur entretien régulier concourent également à améliorer la sécurité incendie-explosion.

© Dunod – La photocopie non autorisée est un délit.

6.6.4 Les dépôts d'hydrocarbures et le stockage dans l'industrie pétrochimique

Les raffineries, les usines pétrochimiques et les dépôts de carburants situés dans les agglomérations ou le long des axes routiers stockent de grandes quantités de produits combustibles volatils. Les réservoirs et dépôts de stockage présentent donc des dangers susceptibles de donner naissance à des accidents majeurs.

Le risque principal reste l'incendie qui souvent dégénère en explosion, type détonation à fort pouvoir destructeur, des mesures de prévention sévères sont à mettre en place. D'ailleurs il existe une réglementation très sévère dans ce domaine et plusieurs décrets et arrêtés ministériels concernent ces installations classées A ou AS.

On distingue généralement :

– les grands réservoirs aériens de plusieurs centaines de m^3, installés à l'air libre et groupés dans des zones isolées, dont l'accès reste interdit à toute personne non autorisée. Pour ces réservoirs, il y a lieu de prévoir des cuvettes de rétention et des systèmes de refroidissement par écoulement d'eau le long des parois. Toute source de chaleur est prohibée ; dans certains cas, les installations sont du type antidéflagrant ;

– les citernes de faibles capacités, de quelques dizaines de m^3 au plus et souvent enterrées ; c'est le cas des stations services et dépôts urbains d'hydrocarbures. Les mesures de sécurité sont moins sévères ; les installations à déclaration doivent être conçues conformément aux textes réglementaires avec interdiction de fumer sur le site ;

– les dépôts de gaz comprimés combustibles (butane, propane, acétylène, hydrogène, oxyde d'éthylène, etc.) ou non (chlore, ammoniac, etc.), généralement en bouteilles, qui sont des installations classées à autorisation, avec un certain nombre de contraintes au niveau des quantités et des distances de sécurité à respecter.

6.6.5 Les dépôts de solvants

De nombreuses industries utilisent, en quantités importantes, des solvants et diluants qui sont, dans leur grande majorité, des liquides volatils combustibles présentant des risques d'incendie et d'explosion comme les hydrocarbures. Les usines de fabrication de peintures, vernis et encres (certaines peintures contiennent jusqu'à 40 % de solvants inflammables), les laboratoires pharmaceutiques sont parmi les plus grands consommateurs de solvants.

La nécessité de stocker des quantités élevées de solvants fait partie des obligations de fabrication, avec des risques d'accidents majeurs.

Pratiquement, dans ces ateliers et usines (fabrications, stockages), le risque d'incendie-explosion étant omniprésent, des mesures de prévention sévères sont prises, notamment la chasse aux sources de chaleur et l'électricité statique au moyen de mesures déjà évoquées.

6.6.6 Les dépôts d'explosifs et de produits pyrotechniques

La sensibilité et l'aptitude à la décomposition explosive de ces produits font que de nombreuses mesures de sécurité et précautions doivent être prises dans les usines de fabrication, d'utilisation et de stockage d'explosifs et de produits pyrotechniques.

Plusieurs textes réglementaires précisent les conditions d'installations et de fonctionnement de ces unités qui sont des installations classées de catégorie AS, donc particulièrement dangereuses.
Les mesures de prévention sont assez similaires à celles existant dans les raffineries, avec quelques mesures supplémentaires :

- limitation au strict minimum nécessaire des quantités de produits explosifs fabriqués, manipulés et stockés ;
- division en plusieurs lots et emballages divisionnaires des produits ;
- suppression de toute source de chauffage et d'étincelles et notamment les chocs mécaniques (emploi de matériels et d'outils en cuivre ou en alliages malléables, absence de chaussures cloutées, organes d'équipements en mouvement ou frottements à base d'alliages malléables, etc.) ;
- séparation par des merlons ou murs épais et solides des postes de fabrication, d'utilisation et de stockage.

6.7 Le transport des matières dangereuses

Le transport des matières dangereuses, quelle que soit la voie empruntée, présente des risques non négligeables, illustrés par les nombreux accidents majeurs. Une réglementation internationale relativement sévère accompagne cette activité tant en ce qui concerne le matériel utilisé que les conditions de transport.
Les mesures de prévention de base sont les suivantes :

- le respect absolu des règles et mesures émanant des textes officiels, tant pour la construction des véhicules et citernes et autres réservoirs que pour les règles de transport et de transvasements, quelle que soit la voie utilisée ;
- la formation et l'information de tous ceux qui interviennent, chauffeurs et conducteurs, manutentionnaires et autres travailleurs sur les risques présentés par les produits transportés ; ils doivent tous posséder les permis et autorisations requises ;
- l'adaptation des véhicules et réservoirs aux produits et aux quantités transportés. Le choix des conteneurs à double enveloppe est conseillé, voire obligatoire dans certains cas (transport de produits pétroliers) ;
- le marquage des réservoirs et autres containers identifiant les produits transportés et les risques au moyen de pictogrammes ;
- le bon état et la révision des véhicules et réservoirs conformément aux règlements ;
- des charges et marchandises correctement arrimées et bâchées ;
- dans la mesure du possible, éviter la traversée ou la proximité des agglomérations.

Chaque mode de transport nécessite des mesures de prévention spécifiques, adaptées à ses propres risques.

6.7.1 Les mesures spécifiques au transport routier

La législation internationale impose un marquage des véhicules, remorques, conteneurs et caisses mobiles :

© Dunod – La photocopie non autorisée est un délit.

– un panneau rectangulaire orange comportant des codes chiffrés indiquant les dangers et le code produit donné par l'ONU ;

– l'étiquette de danger avec pictogrammes en forme de losange carré (figure 6.4).

Un produit chimique dangereux doit comporter sur l'emballage extérieur l'étiquette de danger du transport et sur le récipient contenant le produit, l'étiquette correspondant au Code du travail, dont les symboles sont voisins.

La figure 6.4 montre les principales étiquettes apposées sur les conteneurs, les caisses mobiles, les semi-remorques et les véhicules routiers.

1. Substances explosives
2. Gaz
3. Liquides ou gaz inflammables
4. Soldes inflammables
5. Substances comburantes
6. Substances toxiques
7. Matières radioactives
8. Substances corrosives
9. Autres marchandises dangereuses

Marchandises transportées à chaud

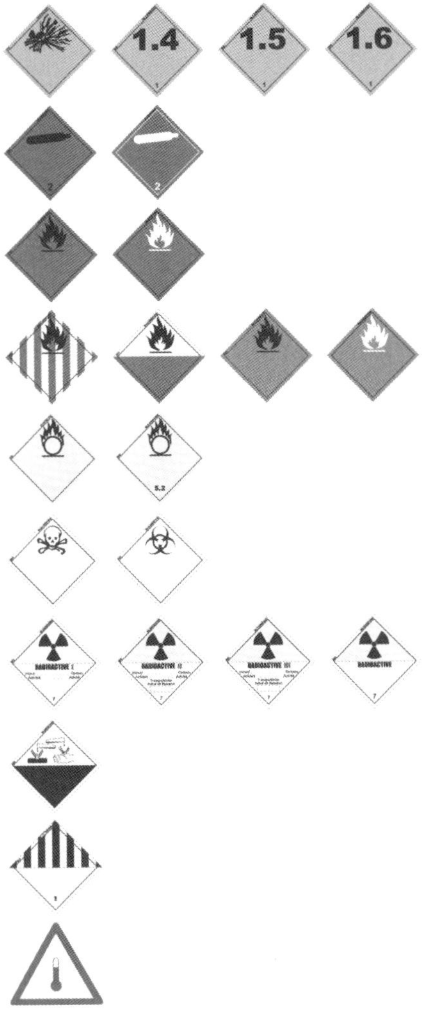

Figure 6.4 – Symboles et pictogrammes utilisés pour le transport des matières dangereuses.

Le tableau 6.2 montre les 13 codes dangers et classes et le tableau 6.3. donne les critères d'identification des matières dangereuses dans le transport routier.

Tableau 6.2 – Les 13 classes et codes dangers dans le transport routier.

Code	Danger principal	Danger secondaire
X	Eaux mousses interdites	
1	Matières et objets explosibles	
2	Gaz comprimés liquéfiés ou dissous sous pression Émanations de gaz résultant de pression ou d'une réaction chimique	
3	Matières liquides inflammables	Inflammabilité des matières liquides (vapeurs) et gaz ou matières liquides auto-échauffantes
4.1	Matières solides inflammables	Inflammabilité de matières solides ou matières solides auto-échauffantes
4.2	Matières sujettes à l'inflammation spontanée	
4.3	Matières qui, au contact de l'eau, dégagent des gaz inflammables	
5.1	Matières comburantes	Favorise l'incendie
5.2	Peroxydes organiques	
6.1	Matières toxiques	Toxicité ou danger d'infection
6.2	Matières répugnantes ou susceptibles de produire une infection	
7	Matières radioactives	Radioactivité
8	Matières, liquides corrosifs	Corrosivité
9	Matières et objets dangereux divers	Danger de réaction violente spontanée

© Dunod – La photocopie non autorisée est un délit.

Tableau 6.3 – Les critères de classement des matières dangereuses : exemple des liquides inflammables.

Classement des emballages en trois groupes
Groupe I : pour les liquides très dangereux à point d'ébullition PE inférieur à 23 °C, très toxiques ou très corrosifs avec PE inférieur à 39 °C Groupe II : pour les liquides moyennement dangereux à PE inférieur à 23 °C non classés dans le groupe I Groupe III : pour les liquides faiblement dangereux à PE compris entre 23 et 61 °C ainsi que certaines matières visqueuses
Classement des liquides inflammables de la classe 3
Chaque classe est subdivisée en plusieurs rubriques, groupant des familles de produits ayant des propriétés dangereuses voisines. Sont considérés comme liquides inflammables de la classe 3 : – Les liquides ayant une température de fusion inférieure à 20 °C à 101,3 kPa (pression), une tension de vapeur inférieure à 300 kPa à 50 °C et un PE inférieur ou égal à 61 °C et qui ne sont pas complètement gazeux à 101,3 kPa – Les liquides ou solides à l'état fondu de PE supérieur à 61 °C et qui sont transportés à chaud à une température inférieure au PE – Le carburant diesel, le gazole et l'huile de chauffe de PE supérieur à 61 °C – Les matières explosibles désensibilisées liquides Ces liquides sont subdivisés en sous-groupes : – Subdivision F : liquides inflammables sans risque subsidiaire • Classe F1 : liquides inflammables de PE inférieur ou égal à 61 °C • Classe F2 : liquides inflammables de PE supérieur à 61 °C, transportés ou remis au transport à une température supérieure ou égale au PE – Subdivision FT : liquides inflammables toxiques • Classe T1 : liquides inflammables toxiques • Classe T2 : pesticides – Subdivision FC : liquides inflammables corrosifs – Subdivision FTC : liquides inflammables toxiques et corrosifs – Subdivision D : liquides explosibles désensibilisés

Toute matière dangereuse transportée par la route doit comporter les indications suivantes :

– numéro d'identification ONU ;
– dénomination (nom du produit) ;
– classe de la matière ;
– code de classification ;
– groupe d'emballage ;
– étiquette de danger (pictogramme dans un losange).

Exemples

1203	Essence	3	F1	II	ADR
1350	Soufre	4.1	F3	III	ADR
3108	Peroxyde de dibenzoyle	5.2	P	I	ADR

6.7.2 Les mesures spécifiques au transport par canalisations souterraines

Ce type de transport, réservé essentiellement au gaz naturel et aux carburants, présente des risques spécifiques qui supposent la mise en place de mesures particulières :

- la conception et la construction correcte de la canalisation, notamment au niveau des soudures qui nécessitent des contrôles soignés avant utilisation ;
- l'identification des canalisations enterrées tout au long du parcours par marquage au sol ou par tout autre moyen visible ;
- l'interdiction de travaux de bâtiment et travaux publics dont les creusements à proximité des canalisations, sans avoir consulté son responsable qui doit détenir le plan du site.

6.8 Les mesures administratives

Des mesures à caractère administratif font l'objet de textes législatifs et réglementaires qui ont été étudiés au chapitre 5.

Ces mesures préventives concernent essentiellement :

- les études préalables à mener pour préparer les dossiers de demande d'autorisation. Il s'agit essentiellement de l'étude d'impact, l'étude des dangers, le plan d'urgence interne, le plan d'urgence du site ;
- le périmètre délimité de sécurité dans le cas d'autorisation avec servitudes d'utilité publique.

Tous ces documents dérivent de l'acquisition des connaissances et de l'analyse des risques et permettent aux autorités compétentes et à l'inspection des installations classées de mieux connaître les risques présents, de proposer des mesures préventives et de prévoir l'organisation des interventions en cas d'accident majeur. La préparation de ces documents favorise également la réflexion que l'exploitant doit mener pour supprimer les risques inhérents à ses opérations de production.

6.8.1 L'étude d'impact

L'étude d'impact est décrite avec son contenu par le décret d'application du 21 septembre 1977, article 3 (tableau 6.4). Elle relève de la responsabilité de l'exploitant qui doit la rédiger, avec l'aide éventuelle des services publics (installations classées, sécurité civile, sapeurs-pompiers, services médicaux d'urgence) ou d'organismes privés extérieurs (bureaux d'études).

Elle comprend :

- l'analyse de l'état initial du site et de son environnement ;
- l'analyse des effets directs et indirects de l'installation et du fonctionnement ;

© Dunod – La photocopie non autorisée est un délit.

Tableau 6.4 – Étude d'impact : article 3 du décret du 21 septembre 1977.

4° (*Décret 94-484 du 9 juin 1994, article 6*) « L'étude d'impact prévue à l'article 2 de la loi du 10 juillet 1976 susvisée dont le contenu, par dérogation aux dispositions de l'article 2 du décret 77-1141 du 12 octobre 1977 pris pour l'application de l'article 2 de la loi du 10 juillet 1976 susvisée, est défini par les dispositions qui suivent.

« Le contenu de l'étude d'impact doit être en relation avec l'importance de l'installation projetée et avec ses incidences prévisibles sur l'environnement, au regard des intérêts visés par l'article 1er de la loi du 19 juillet 1976 susvisée et l'article 2 de la loi 92-3 du 3 janvier 1992 sur l'eau.

« L'étude d'impact présente successivement :

« a) une analyse de l'état initial du site et de son environnement portant notamment sur les richesses naturelles et les espaces naturels agricoles, forestiers, maritimes ou de loisirs, ainsi que sur les biens matériels et le patrimoine culturel susceptibles d'être affectés par le projet ;

« b) (*Décret 96-18 du 5 janvier 1996, article 2-II*) une analyse des effets directs et indirects, temporaires et permanents de l'installation sur l'environnement et en particulier sur les sites et paysages, la faune et la flore, les milieux naturels et les équilibres biologiques, sur la commodité du voisinage (bruits, vibrations, odeurs, émissions lumineuses) ou sur l'agriculture, l'hygiène, (*Décret 2000-258 du 20 mars 2000, article 1er-I*) « la santé », la salubrité et la sécurité publiques, sur la protection des biens matériels et du patrimoine culturel ; cette analyse précise notamment, en tant que de besoin, l'origine, la nature et la gravité des pollutions de l'air, de l'eau et des sols, le volume et le caractère polluant des déchets, le niveau acoustique des appareils qui seront employés ainsi que les vibrations qu'ils peuvent provoquer, le mode et les conditions d'approvisionnement en eau et d'utilisation de l'eau ; »

« c) (*Décret 94-484 du 9 juin 1994, article 6*) les raisons pour lesquelles, notamment du point de vue des préoccupations d'environnement, parmi les solutions envisagées, le projet présenté a été retenu ;

« d) les mesures envisagées par le demandeur pour supprimer, limiter et si possible compenser les inconvénients de l'installation ainsi que l'estimation des dépenses correspondantes. (*Décret 2000-258 du 20 mars 2000, article 1er-II*) « Ces mesures font l'objet de descriptifs précisant les dispositions d'aménagement et d'exploitation prévues et leurs caractéristiques détaillées. Ces documents indiquent les performances attendues, notamment en ce qui concerne la protection des eaux souterraines, l'épuration et l'évacuation des eaux résiduelles et des émanations gazeuses, ainsi que leur surveillance, l'élimination des déchets et résidus de l'exploitation, les conditions d'apport à l'installation des matières destinées à y être traitées, du transport des produits fabriqués et de l'utilisation rationnelle de l'énergie ; »

« e) (*Décret 2000-258 du 20 mars 2000, article 1er-III*) « Les conditions de remise en état du site après exploitation » ;

« f) pour les installations appartenant aux catégories fixées par décret, une analyse des méthodes utilisées pour évaluer les effets de l'installation sur l'environnement mentionnant les difficultés éventuelles de nature technique ou scientifique rencontrées pour établir cette évaluation.

« Afin de faciliter la prise de connaissance par le public des informations contenues dans l'étude, celle-ci fera l'objet d'un résumé non technique. »

– les raisons qui ont conduit les exploitants à choisir le projet ;
– les mesures de prévention envisagées ;
– les conditions de remise en état du site après exploitation ;
– l'analyse éventuelle des méthodes utilisées pour évaluer les effets de l'installation sur l'environnement.

6.8.2 L'étude de dangers

Elle est également introduite par le décret du 21 septembre 1977, article 3.
C'est toujours l'exploitant qui doit la rédiger avec des aides extérieures éventuelles, dont les bureaux d'études spécialisés dans le domaine de l'analyse des risques.
Selon le BIT de Genève, « l'expression **étude des dangers** désigne l'identification d'événements non désirés entraînant la matérialisation des dangers, l'analyse des mécanismes pouvant aboutir à ces événements non désirés et, d'ordinaire, l'estimation de l'étendue, de l'importance et de la probabilité relative de tout effet dommageable ». « L'expression **étude des dangers et des conditions de fonctionnement** désigne une étude visant à identifier les dangers potentiels, effectuée à l'aide de mots guides permettant de repérer toute déviation par rapport à l'intention du concepteur qui serait susceptible d'avoir des effets indésirables sur la sécurité ou le fonctionnement de l'installation. »
L'étude de dangers expose :

– les dangers présentés par l'installation et son exploitation ;
– la justification des mesures de prévention à prendre.

Elle est précédée souvent d'une étude préliminaire des dangers identifiant les types d'accidents possibles, leur origine et les points sensibles des installations et fabrications. Le tableau 6.5 donne un extrait du Recueil de prévention des accidents industriels majeurs du BIT traitant de l'étude préliminaire des dangers.

Tableau 6.5 – Étude préliminaire des dangers : extrait du recueil Prévention des accidents industriels majeurs du BIT.

5.2 Étude préliminaire des dangers
5.2.1 L'étude préliminaire des dangers constitue la première étape de l'étude des dangers. 5.2.2 L'étude préliminaire des dangers devrait permettre d'identifier les types d'accidents susceptibles de se produire (émission de gaz toxiques, incendie, explosion, dégagement de matières inflammables, etc.) et de contrôler les mécanismes fondamentaux du système de sécurité. 5.2.3 L'étude préliminaire des dangers devrait être résumée dans un document indiquant pour chaque accident envisagé, les composants concernés (réservoirs de stockage, réacteurs, etc.), les événements susceptibles de provoquer l'accident et les dispositifs de sécurité impliqués (soupapes de sûreté, manomètres, thermomètres, etc.). 5.2.4 Les résultats de l'étude préliminaire des dangers devraient indiquer les unités ou modes opératoires qui demandent un examen plus approfondi et ceux qui sont de moindre importance du point de vue des risques d'accident majeur.

© Dunod – La photocopie non autorisée est un délit.

Le contenu de l'étude doit :

- permettre la mise en évidence des faiblesses et des dysfonctionnements possibles et ce dès la conception des opérations ;
- tenir compte des connaissances acquises ;
- comporter l'examen systématique de chaque situation dangereuse ;
- analyser les conséquences des accidents possibles avec estimation des produits toxiques libérés dans l'environnement ou l'importance des explosions ;
- énoncer les mesures de sécurité prises.

Le tableau 6.6 donne un autre extrait de l'article 3 du décret du 21 septembre 1977 traitant de l'étude de dangers.

Tableau 6.6 – Étude de dangers : article 3 du décret du 21 septembre 1977.

5° (*Décret 94-484 du 9 juin 1994, article 7*) « L'étude de dangers prévue à l'article L 512-1 du Code de l'environnement. Elle justifie que le projet permet d'atteindre, dans des conditions économiquement acceptables, un niveau de risque aussi bas que possible, compte tenu de l'état des connaissances et des pratiques et de la vulnérabilité de l'environnement de l'installation. « Cette étude précise notamment, compte tenu des moyens de secours publics portés à sa connaissance, la nature et l'organisation des moyens de secours privés dont le demandeur dispose ou dont il s'est assuré le concours en vue de combattre les effets d'un éventuel sinistre. Dans le cas des installations figurant sur la liste prévue à l'article 7-1 de la loi du 19 juillet 1976, le demandeur doit fournir les éléments indispensables pour l'élaboration par les autorités publiques d'un plan particulier d'intervention. « L'étude comporte, notamment, un résumé non technique explicitant la probabilité, la cinétique et les zones d'effets des accidents potentiels, ainsi qu'une cartographie des zones de risques significatifs. « Le ministre chargé des installations classées peut préciser les critères techniques et méthodologiques à prendre en compte pour l'établissement des études de dangers, par arrêté pris dans les formes prévues à l'article L 512-5 du Code de l'environnement. »
(*Décret 2000-258 du 20 mars 2000, article 1er-I*) « Pour certaines catégories d'installations impliquant l'utilisation, la fabrication ou le stockage de substances dangereuses, le ministre chargé des installations classées peut préciser, par arrêté pris sur le fondement de l'article 7 de la loi du 19 juillet 1976, le contenu de l'étude de dangers portant notamment sur les mesures d'organisation et de gestion propres à réduire la probabilité et les effets d'un accident majeur. « Le contenu de l'étude de dangers doit être en relation avec l'importance des risques engendrés par l'installation, compte tenu de son environnement et de la vulnérabilité des intérêts mentionnés aux articles L 211-1 et L 511-1 du Code de l'environnement. »
(*Décret 2000-258 du 20 mars 2000, article 1er-II*) « Dans le cas des installations figurant sur la liste prévue à l'article 7-1 de la loi du 19 juillet 1976, l'étude de dangers est réexaminée et, si nécessaire, mise à jour au moins tous les cinq ans, sans préjudice de l'application des dispositions de l'article 18 du présent décret. L'étude de dangers mise à jour est transmise au préfet. »

6.8.3 Le plan d'urgence interne

Les plans d'urgence interne et externe font partie des dossiers de demande d'autorisation et concernent en priorité la maîtrise des situations critiques, par exemple les incidents ou les accidents susceptibles de devenir catastrophiques sans les interventions prévues par ces plans.

Le plan d'urgence interne doit être préparé par l'exploitant et concerne les mesures à prendre par lui et les salariés dans l'enceinte de l'entreprise. Il doit permettre de circonscrire les situations critiques et de réduire l'importance des dégâts occasionnés en cas d'accidents. Ce plan suppose donc au préalable une réflexion sur les risques et leur prévention.

L'analyse des accidents et incidents connus et relatés dans des documents d'information comme les revues techniques et professionnelles reste d'une grande utilité pour la préparation de ces plans d'urgence.

Un plan d'urgence interne comporte :

- l'évaluation de la nature et de l'importance des accidents et incidents éventuels ;
- le rôle des différents services internes et externes en cas d'accident et la désignation du responsable des interventions ;
- le déclenchement des alarmes et informations internes ;
- les mesures d'urgence immédiates et différées à prendre par le personnel et notamment les évacuations, dans le périmètre de l'entreprise ;
- les procédures d'arrêt des installations ou des parties d'installations.

Le personnel de l'entreprise doit connaître le plan d'urgence et apprendre à le mettre en application en cas de situation critique, par des exercices organisés dans l'entreprise par exemple les évacuations, les premiers secours, les services à contacter, etc.

Le tableau 6.7 donne l'annexe IV de la directive Seveso II traitant des données devant figurer dans les plans d'urgence internes et externes.

Tableau 6.7 – Plan d'urgence : annexe IV de la directive Seveso II.

Annexe IV – Données et informations devant figurer dans les plans d'urgence prévus à l'article 11
1. Plans d'urgence internes
a) Nom ou fonction des personnes habilitées à déclencher des procédures d'urgence et de la personne responsable des mesures palliatives sur le site et de leur coordination
b) Nom ou fonction du responsable des liaisons avec les autorités responsables du plan d'urgence externe
c) Pour chaque situation ou événement prévisible qui pourrait jouer un rôle déterminant dans le déclenchement d'un accident majeur, description des mesures à prendre pour maîtriser cette situation ou cet événement et pour en limiter les conséquences, cette description devant s'étendre à l'équipement de sécurité et aux ressources disponibles
d) Mesures visant à limiter les risques pour les personnes se trouvant sur le site, y compris système d'alerte et conduite à tenir lors du déclenchement de l'alerte

© Dunod – La photocopie non autorisée est un délit.

Tableau 6.7 (suite) – Plan d'urgence : annexe IV de la directive Seveso II.

e) Dispositions prises pour que, en cas d'incident, l'autorité responsable du déclenchement du plan d'urgence externe soit informée rapidement, type d'information à fournir immédiatement et mesures concernant la communication d'informations plus détaillées au fur et à mesure qu'elles deviennent disponibles
f) Dispositions prises pour former le personnel aux tâches dont il sera censé s'acquitter et, le cas échéant, coordination de cette action avec les services d'urgence externes
g) Dispositions visant à soutenir les mesures palliatives prises hors site
2. Plans d'urgence externes
a) Nom ou fonction des personnes habilitées à déclencher des procédures d'urgence et des personnes autorisées à diriger et à coordonner les mesures prises hors site
b) Dispositions prises pour être informé rapidement d'incidents éventuels et procédures d'alerte et d'appel des secours
c) Dispositions visant à coordonner les ressources nécessaires à la mise en œuvre du plan d'urgence externe
d) Dispositions visant à soutenir les mesures palliatives prises sur le site
e) Dispositions concernant les mesures palliatives à prendre hors site
f) Dispositions visant à fournir au public des informations spécifiques relatives à l'accident et à la conduite à tenir
g) Dispositions visant à assurer l'information des services d'urgence des autres États membres en cas d'accident majeur pouvant avoir des conséquences au-delà des frontières.

6.8.4 Le plan d'urgence externe

Le plan d'urgence externe ou hors site relève de l'autorité compétente et des autorités locales (police et gendarmerie, sapeurs-pompiers, SAMU et services médicaux et hospitaliers, mairie, etc.), avec le concours de l'exploitant.

Le plan d'urgence externe se prépare à partir des autres documents du dossier dont l'étude de dangers. Il traite les points suivants :

- l'organisation des interventions : commandement, procédures à suivre, dispositifs d'alerte ;
- la communication : listes téléphoniques et personnes à contacter ;
- les moyens de secours spéciaux : équipes intervenant, matériel de secours et de lutte contre l'incendie ;
- les différents organismes susceptibles d'apporter leur concours : entreprises locales, laboratoires, organisations de bénévoles, etc. ;
- les secours aux victimes : secouristes, services hospitaliers spécialisés, ambulances, transports, etc. ;
- la collecte d'informations utiles comme la nature des produits émis, les risques, les informations météorologiques, etc. ;
- l'information obligatoire du public : médias, autorités locales, etc.

Le plan d'urgence externe se traduit en France par :

- les plans particuliers d'intervention (PPI),
- les plans Rouge,
- les plans de secours spécialisés (PSS).

Ces plans, plus souples et simples à mettre en place, semblent remplacer de plus en plus les plans ORSEC plus lourds, car ils sont mieux adaptés aux risques technologiques majeurs. Ils seront étudiés au chapitre 7.

6.8.5 Le périmètre de sécurité

C'est le principal document accompagnant le dossier d'autorisation avec servitude d'utilité publique, autrement dit pour les installations AS.
Il peut être demandé par l'autorité compétente ou le maire ou encore l'exploitant et doit être communiqué dans le cadre de l'enquête publique.
C'est à partir des informations fournies par l'exploitant, notamment sur l'importance des risques d'explosion, d'incendie ou d'émission de substances toxiques et écotoxiques que le périmètre de sécurité est défini et soumis à l'enquête publique.
À l'intérieur de ce périmètre, il est considéré qu'en cas d'accident, les dégâts sont importants et le nombre des victimes élevé. Le souffle de l'explosion, l'impact des incendies et la pollution par l'émission de produits toxiques sont suffisamment graves pour que les habitations et les constructions diverses soient situées à l'extérieur de ce périmètre (figure 6.5).
L'étendue des dégâts dépend bien évidemment de l'importance de l'accident et il est difficile d'indiquer le rayon du périmètre de sécurité. Tout au plus, on peut dire que ce rayon est de l'ordre de plusieurs centaines de mètres ; il peut quelquefois dépasser le km. Ainsi, le rayon de ce périmètre dans le cas de l'incendie suivi de l'explosion d'une citerne contenant des carburants peut être :

- de quelques centaines de mètres en ce qui concerne le feu,
- de plus de 500 m pour l'explosion (onde de choc),
- de plus de 1 000 m pour la pollution selon les vents.

Avec une usine contenant plusieurs centaines de tonnes de produits dangereux, un accident peut causer des dégâts à des distances encore plus grandes.
À l'intérieur de ce périmètre de sécurité qui peut déborder sur plusieurs communes, toute l'urbanisation et les constructions diverses sont soumises à des critères sévères et certaines installations interdites.

© Dunod – La photocopie non autorisée est un délit.

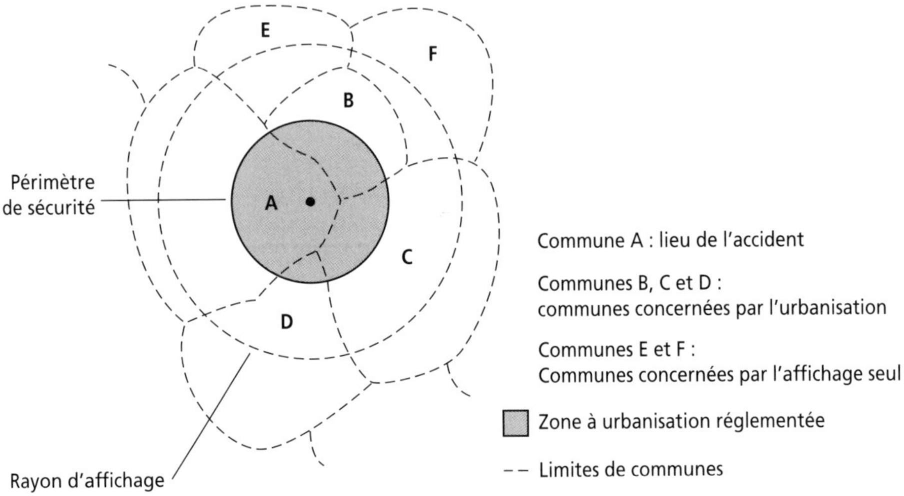

Figure 6.5 – Périmètre de sécurité et rayon d'affichage.

Le tableau 6.8 donne le Titre Ier bis du décret du 21 septembre 1977 traitant des installations classées AS.

Tableau 6.8 – Installations classées AS – Titre Ier bis du décret du 21 septembre 1977.

Titre Ier bis : Dispositions applicables aux installations susceptibles de donner lieux à servitudes d'utilité publique
Article 24-1 (*Décret 2005-1170 du 13 septembre 2005, article 8-I*) « Les dispositions du présent titre sont applicables dans le cas où l'installation donne lieu à l'institution des servitudes d'utilité publique prévues par les articles L 515-8 et L 515-12 du Code de l'environnement ».
Article 24-2 L'institution de ces servitudes à l'intérieur d'un périmètre délimité autour de l'installation peut être demandée, conjointement avec l'autorisation d'installation, par le demandeur de celle-ci. Elle peut l'être également, au vu d'une demande d'autorisation d'installation, par le maire de la commune d'implantation ou à l'initiative du représentant de l'État dans le département. Lorsqu'il est saisi par le demandeur de l'autorisation ou par le maire d'une requête tendant à l'institution de servitudes ou lorsqu'il en prend l'initiative lui-même, le préfet arrête le projet correspondant sur le rapport de l'inspection des installations classées et après consultation de la direction départementale de l'équipement et du service chargé de la sécurité civile.

Tableau 6.8 (suite) – Installations classées AS – Titre Ier bis du décret du 21 septembre 1977.

Article 24-3

Ce projet indique quelles servitudes, parmi celles définies à l'article 7-1 de la loi du 19 juillet 1976 modifiée, sont susceptibles, dans un périmètre délimité autour de l'établissement et éventuellement de façon modulée suivant les zones concernées, de parer aux risques créés par l'installation. Il doit être établi de manière notamment à prévenir les effets des événements suivants :

1° Surpression, projection ou rayonnement thermique dus à une explosion, un incendie, ou à toute autre cause accidentelle, ou rayonnement radioactif consécutif à un tel événement ;

2° Présence de gaz, fumées ou aérosols toxiques ou nocifs dus à une émanation, une explosion, un incendie ou à toute autre cause accidentelle ;

3° Retombées de substances toxiques ou radioactives ou risques de nuisances susceptibles de contaminer le milieu environnant, dus à une émanation, une explosion, un incendie ou à toute autre cause accidentelle.

L'appréciation de la nature et de l'intensité des dangers encourus tient compte des équipements et dispositifs de prévention et d'intervention, des installations de confinement, des mesures d'aménagement envisagées, au titre desquelles les servitudes d'utilité publique.

Le périmètre est étudié en considération des caractéristiques du site, notamment de la topographie, de l'hydrographie, du couvert végétal, des constructions et des voies existantes.

Le demandeur de l'autorisation et le maire ont, avant mise à l'enquête, communication du projet.

Article 24-4

L'enquête publique est régie par les dispositions des articles 5 à 7 et les précisions apportées par le présent article. Elle est, sauf exception justifiée par des circonstances particulières, confondue avec l'enquête ouverte sur la demande d'autorisation de l'installation classée.

Le dossier établi en vue de l'enquête publique, mentionné aux articles 2 et 3 du présent décret, est complété par :

- une notice de présentation ;
- un plan faisant ressortir le périmètre établi en application de l'article 24-2 ainsi que les aires afférentes à chaque catégorie de servitudes ;
- un plan parcellaire des terrains et bâtiments indiquant leur affectation ;
- l'énoncé des règles envisagées dans la totalité du périmètre ou dans certaines de ses parties.

Les frais de dossier sont à la charge de l'exploitant.

L'avis prévu à l'article 6, alinéa 2, mentionne le périmètre ainsi que les servitudes envisagées.

Les conseils municipaux des communes sur lesquelles s'étend le périmètre établi en application de l'article 24-2 sont appelés à donner leur avis dès l'ouverture de l'enquête.

Le maire de la commune d'implantation est consulté dans les mêmes conditions que le demandeur telles que précisées par le dernier alinéa de l'article 6 bis et par le deuxième alinéa de l'article 7 du présent décret. Il peut être pris connaissance du mémoire en réponse du maire dans les conditions du (*Décret 2000-258 du 20 mars 2000, article 8*) « sixième alinéa de l'article 7 » du présent décret.

Article 24-5

Au vu du dossier de l'enquête et de l'avis du ou des conseils municipaux, l'inspection des installations classées, après consultation de la direction départementale de l'équipement, du service chargé de la sécurité civile et, le cas échéant, des autres services intéressés, établit un rapport sur les résultats de l'enquête et ses conclusions sur le projet.

© Dunod – La photocopie non autorisée est un délit.

Tableau 6.8 (suite) – Installations classées AS – Titre Ier bis du décret du 21 septembre 1977.

Le rapport et ces conclusions sont soumis au conseil départemental d'hygiène. Le demandeur et le maire de la ou des communes d'implantation ont la faculté de se faire entendre par le conseil ou de désigner à cet effet un mandataire. Ils doivent être informés par le préfet, au moins huit jours à l'avance, de la date et du lieu de la réunion du conseil, et reçoivent simultanément un exemplaire du rapport et des conclusions de l'inspection des installations classées.
Article 24-6 (*Décret 96-18 du 5 janvier 1996, article 12*) La décision autorisant l'installation ne peut intervenir qu'après qu'il a été statué sur le projet d'institution des servitudes.
Article 24-7 (*Décret 96-18 du 5 janvier 1996, article 13*) L'acte instituant les servitudes est notifié par le préfet aux maires concernés et au demandeur de l'autorisation. Il est notifié, par le préfet, à chacun des propriétaires, des titulaires de droits réels ou de leurs ayants droit, au fur et à mesure qu'ils sont connus. L'acte fait l'objet, en vue de l'information des tiers, des mesures de publicité prévues à l'article 21 du présent décret. Les frais afférents à cette publicité sont à la charge de l'exploitant de l'installation classée.

6.9 L'urbanisation autour d'une installation classée Seveso (catégorie AS)

La réglementation en matière d'urbanisation autour des sites industriels comportant des installations classées qui présentent des risques d'accidents majeurs est également une mesure de prévention, dans la mesure où elle permet de réduire les dégâts humains et matériels causés par le sinistre. Ce sont la présence d'habitations et de constructions publiques à proximité des usines contenant des produits dangereux qui sont à l'origine de l'importance du nombre des victimes à Bhopal et des dégâts matériels aux constructions à Toulouse.

Plusieurs documents officiels montrent l'importance de ces mesures en rapport avec l'urbanisation autour des sites classés dangereux ; le BIT, la directive Seveso II, le Code de l'environnement et celui de l'urbanisation traitent cet aspect.

Le premier point est l'établissement d'un périmètre de sécurité. À l'extérieur de ce périmètre, les contraintes sont celles habituelles et il n'y a pas d'exigences particulières par suite de l'existence de dangers.

Par contre, à l'intérieur du périmètre de sécurité dont le rayon est variable en fonction de l'importance des risques, tout est réglementé et soumis à des contraintes.

Les mesures de sécurité sur le plan de l'urbanisation et l'occupation des sols sont à l'intérieur du périmètre de sécurité :

- interdiction de toute construction (immeubles, maisons) destinée à l'habitation ;
- interdiction de toute construction de bâtiment abritant des services publics ou privés recevant du public : écoles, établissements hospitaliers, cinémas et lieux de

loisirs, cafés et restaurants, postes, banques, jardins publics et parcs d'attraction, etc. ;

- limitation du nombre d'installations industrielles et d'ateliers ne présentant pas de risques particuliers et dont les activités ne présentent pas d'incompatibilités avec l'installation classée. Ces entreprises seront situées le plus loin possible de l'installation dangereuse et si possible, près des limites de la périphérie. L'implantation de ces activités sera subordonnée à des études préalables et recueil des avis des installations classées, des sapeurs-pompiers et des maires des communes concernées ; il est souhaitable qu'un service de sapeurs-pompiers et un poste de secours se trouvent à l'intérieur de ce périmètre ;
- toute nouvelle implantation d'une installation dont le périmètre de sécurité comporte à l'intérieur des habitations et des constructions abritant des services publics devrait être interdite.

7 • LES INTERVENTIONS APRÈS UN ACCIDENT INDUSTRIEL MAJEUR

Les mesures de prévention exposées au chapitre 6 sont à prendre dès la conception, la construction et la mise en place des installations dangereuses et en tout cas avant le fonctionnement normal dans le cadre de la production envisagée. Ces mesures sont de nature à réduire, voire supprimer, les risques et par conséquent l'éventualité d'un accident industriel.

Cependant, force est de reconnaître que les mesures prises n'empêchent pas toujours les accidents de se produire, soit parce que toutes les mesures n'ont pas été réalisées, soit qu'un paramètre a échappé lors des études, ceci compte tenu du grand nombre de facteurs qui interviennent dans les processus industriels et qui font que la sécurité absolue n'existe pas. Ceci ne doit pas empêcher les exploitants de mettre en place tous les moyens pour lutter contre les risques, ne serait-ce que parce qu'ils sont rendus obligatoires par la législation et que les sanctions en cas de non-respect peuvent être lourdes.

Il faut aussi préciser que si l'on connaît le nombre et la gravité des accidents survenus (les statistiques et les médias sont très explicites), par contre on ne peut pas comptabiliser les explosions, incendies et intoxications évitées par la mise en place de mesures préventives. Sur cet aspect, la prévention reste quelque peu ingrate et peu convaincante par l'impossibilité de connaître les accidents qui ont été rendus impossibles et évités à cause des moyens de sécurité mis en place.

7.1 Généralités sur les interventions après un accident industriel majeur

En se basant sur le fait que, quelles que soient les solutions de sécurité mises en place, personne n'est à l'abri d'un accident grave, il est indispensable de prévoir des mesures à appliquer après un accident industriel, afin de réduire l'importance et la gravité des conséquences.

Les accidents industriels majeurs génèrent :

– des victimes humaines, décès, blessures et intoxications ;

– des dégâts matériels aux constructions et bâtiments divers ;

– des victimes parmi les animaux, domestiques ou non ;

© Dunod – La photocopie non autorisée est un délit.

– une pollution avec atteinte écologique plus ou moins grave ;
– une atteinte plus ou moins grave de la faune et de la flore.

Les interventions après un sinistre ont pour objectif principal, la réduction des effets néfastes sur l'environnement.

En ce qui concerne les accidents industriels majeurs, les interventions après une catastrophe prennent toute leur importance et nécessitent une organisation bien rodée pour pouvoir être efficaces.

C'est ce à quoi les pouvoirs publics et les instances internationales ont pensé pour mettre en place toute une législation et une réglementation sur la nature, l'importance et l'organisation des interventions après un accident majeur.

Les interventions nécessaires après un accident industriel majeur sont de deux ordres :

– les premières interventions qui doivent se mettre en place le plus rapidement possible : secours d'urgence à caractère médical, interventions des services d'ordre pour l'évacuation éventuelle des populations et l'organisation de la circulation ;
– les interventions ultérieures qui d'ailleurs peuvent se mettre en place dès le début : enquêtes pour déterminer les causes de l'accident afin de permettre à la justice de déterminer les responsabilités, la remise en état du site, la reconstruction ou la rénovation des bâtiments au besoin.

L'importance des dégâts nécessite une intervention de grande ampleur qui se traduit par le besoin d'avoir une organisation non seulement à l'échelle locale, mais également départementale et régionale, voire nationale et internationale. La réduction des conséquences d'un accident majeur dépend largement de la fiabilité de l'organisation des interventions et des moyens en hommes et matériels mis à disposition.

Le tableau 7.1 résume l'ensemble des interventions à mettre en place dans le cadre d'une organisation efficace et fiable.

7.2 Les interventions de première urgence

Ces interventions sont à mettre en place le plus rapidement possible, éventuellement dans le cadre de l'organisation générale existante.

Toutes les interventions sont placées sous l'autorité du préfet du département et, dans le cas d'accidents majeurs de grande envergure, débordant le département, le préfet de région.

Ces interventions sont essentiellement de deux ordres :

– secours médical d'urgence apporté par les sauveteurs secouristes locaux, par les sapeurs-pompiers, par les SAMU et SMUR et par les médecins et infirmiers locaux ;
– intervention des services d'ordre, police et gendarmerie, éventuellement de l'armée.

7.2.1 Les secours médicaux d'urgence

Les organismes et personnes susceptibles d'intervenir pour assurer les premiers secours et apporter les soins nécessaires aux personnes blessées et intoxiquées sont :

Tableau 7.1 – Interventions après un accident industriel majeur.

A : Les personnes ayant constaté (ou ayant été informées de) l'accident (maire, police, gendarmerie) signalent l'accident à la préfecture
B : Préfecture Le préfet est informé. Le préfet décide de mettre en place le plan choisi en fonction du sinistre. Le préfet informe et charge les différents états-majors départementaux et régionaux d'intervenir sur le lieu de l'accident. Le préfet informe la direction départementale de la protection civile qui intervient.
C : La direction départementale de la protection civile informe et demande l'intervention des services suivants : – le service de protection le plus proche de la catastrophe, qui informe la direction départementale d'incendie et de secours ; – la direction départementale d'incendie et de secours, qui informe et demande l'intervention des sapeurs-pompiers les plus proches ; – la direction départementale de la police, qui informe le commissariat de police ; – le commandant de la brigade de gendarmerie ; – la direction départementale de l'équipement (service des transports) ; – la direction des affaires sanitaires et sociales (service des soins médicaux), qui demande l'intervention du SAMU et l'intervention du SMUR, et informe les centres de soins les plus proches.
D : La direction départementale de la protection civile reçoit les informations des différents services opérationnels sur les lieux et informe le préfet ainsi que : – la direction départementale des transmissions (service des liaisons et transmissions du ministère de l'Intérieur) ; – le service des relations publiques de la préfecture.
E : Les services de sapeurs-pompiers, le commissariat de police et la brigade de gendarmerie peuvent intervenir rapidement, sans attendre l'information et la demande officielle du préfet

– les **sapeurs-pompiers** en priorité, dont les services possèdent des personnes expérimentées et compétentes et des moyens adaptés pour ce genre d'interventions. Autre avantage, ils sont souvent au courant des risques présentés par les installations classées de leur secteur (car ils participent aux études des dossiers de demandes d'installations classées) et peuvent intervenir rapidement et apporter les soins adaptés aux différents cas. Les services de sapeurs-pompiers comportent des médecins, infirmiers et autres personnes ayant des connaissances médicales et susceptibles de donner les premiers soins ainsi que des installations mobiles spécialisées ;

– les **services et équipes médicaux publics ou privés** ; ces équipes sont composées surtout de médecins et d'infirmiers, urgentistes, rompus à des interventions rapides n'importe quand ou n'importe où. Ces services possèdent des équipements médicaux adaptés aux interventions urgentes. Il s'agit notamment des services

© Dunod – La photocopie non autorisée est un délit.

d'aide médicale d'urgence (SAMU) et les services mobiles d'urgence et de réanimation (SMUR), rattachés le plus souvent à des services hospitaliers et disposant de moyens matériels et humains pour intervenir rapidement sur le terrain et apporter les premiers soins médicaux avant d'acheminer les victimes vers les centres de soin spécialisés ;

- les **équipes militaires de la sécurité civile**, composées de militaires rompus aux problèmes de sécurité et aux interventions d'urgence ; elles possèdent des moyens militaires lourds (véhicules, avions et hélicoptères) et peuvent intervenir après des accidents majeurs, au même titre que les sapeurs-pompiers. Elles participent au sauvetage, aux secours des victimes, au déblaiement et aux aides à la reprise des activités locales ;
- le **corps médical** et les **infirmiers locaux** qui peuvent arriver rapidement sur les lieux et donner les premiers soins. Leur intervention vient en complément de celui des sapeurs-pompiers. Même s'ils n'ont pas toujours l'expérience requise en matière de premiers secours, leurs connaissances sont de nature à les rendre utiles pour sauver un maximum de victimes ;
- les **secouristes sauveteurs**, généralement des bénévoles, ayant suivi une formation théorique et pratique dispensée par des organismes agréés ainsi qu'un entraînement régulier, avec recyclages périodiques. Ils interviennent le plus souvent dans le cadre d'organismes officiels reconnus comme la Croix-Rouge, le Secours catholique, la Fédération nationale de la protection civile, le Service national de secours en mer, le Service national de secours en montagne, ainsi que d'autres organismes ;
- enfin des **bénévoles** des environs qui peuvent apporter leur concours dans la limite de leur compétence et sous la conduite et les directives des responsables appartenant aux services signalés ci-dessus. Leur rôle reste quelquefois contesté car ils manquent d'expérience et de compétence, mais ils peuvent dans certaines situations être d'un concours utile.

7.2.2 Interventions des services d'ordre

Un accident majeur déclenche naturellement une certaine panique parmi les populations et des désordres dus à des tendances à vouloir s'éloigner de l'endroit de l'explosion sont à craindre. Ces désordres entravent et perturbent l'arrivée et l'efficacité des secours médicaux.

D'où la nécessité de la présence des services d'ordre les plus proches, police et gendarmerie dont le rôle, capital à ce niveau de la situation, consiste à :

- régler la circulation ;
- canaliser les mouvements des populations et régulariser les flux ;
- empêcher les effractions possibles (vols, agressions), compte tenu du désordre général ;
- empêcher l'approche des curieux qui peuvent perturber les secours ;
- diriger les véhicules transportant les victimes vers les centres hospitaliers.

Indépendamment de ces actions, la police et la gendarmerie sont chargées également d'effectuer les enquêtes dans le cadre de l'action de police judiciaire.

7.3 Les autres interventions

Nombreuses et variées, elles concernent les suites à donner aux dégâts causés par ces accidents majeurs.

7.3.1 Les enquêtes de police judiciaire

Elles sont effectuées par les policiers et les gendarmes de la police judiciaire. Ces enquêtes sont nécessaires pour l'instruction judiciaire, dans la mesure où la justice doit désigner les responsables de ces catastrophes afin qu'ils effectuent les réparations et remboursent les frais engendrés par l'accident, suivant le principe du « pollueur payeur ». Ces enquêtes sont à la fois à caractère administratif (identités, adresses, autorisations, dossiers des installations classées, etc.) et technique (informations et renseignements techniques sur l'accident et ses causes, les caractéristiques du sinistre et ses conséquences, etc.). Elles sont complétées par celles apportées par les services scientifiques et techniques de la police et de la gendarmerie, composées de scientifiques et de techniciens disposant souvent de laboratoires d'analyse bien équipés. À partir de ces enquêtes, les policiers ou les gendarmes dressent des procès-verbaux en trois exemplaires dont deux sont envoyés au procureur de la République.
Les enquêtes de police judiciaire peuvent être complétées par des informations techniques et scientifiques plus approfondies, effectuées par des inspecteurs des installations classées, mais également par les inspecteurs et contrôleurs du travail et autres experts désignés ou non par les tribunaux.

7.3.2 Les services judiciaires

Ils sont chargés de juger et déterminer les responsabilités, les sanctions éventuelles ainsi que les indemnités à verser aux victimes ayant subi des préjudices corporels et matériels. C'est surtout au pénal que ces affaires sont jugées par les tribunaux de grande instance.

7.3.3 La remise en état du site

La remise en état du site et les travaux de reconstruction et d'aménagement interviennent souvent plusieurs années après, à cause des délais nécessités par la recherche des responsabilités et les études menées pour le réaménagement du site après l'accident majeur. Ce sont les services de la direction départementale de l'équipement (DDE), les mairies et les particuliers qui définissent les aménagements. Selon l'importance des dégâts et la nature des installations industrielles à l'origine du sinistre, ces activités peuvent être autorisées à continuer, moyennant généralement quelques mesures de sécurité supplémentaires ou interdites sur le site, si à l'intérieur du périmètre de sécurité, l'urbanisation est telle que de réels dangers existent pour les populations.

7.3.4 L'information des populations

Elle est obligatoire et tous les textes internationaux et nationaux précisent son importance. C'est la cellule communication de la préfecture qui est chargée de la diffusion de l'information et des mesures à prendre, avec le concours des maires du secteur.

© Dunod – La photocopie non autorisée est un délit.

L'annexe V de la directive Seveso II donne la liste des informations à donner au public (tableau 7.2).

Tableau 7.2 – Annexe V de la directive Seveso II.

Annexe V – Éléments d'information à communiquer au public en application de l'article 13 paragraphe 1
1. Nom de l'exploitant et adresse de l'établissement. 2. Identification, par sa fonction, de la personne fournissant les informations. 3. Confirmation du fait que l'établissement est soumis aux dispositions réglementaires et/ou administratives d'application de la présente directive et que la notification prévue à l'article 6 paragraphe 3 ou le rapport de sécurité prévu à l'article 9 paragraphe 1 a été transmis(e) à l'autorité compétente. 4. Explication, donnée en termes simples, de la ou des activités de l'établissement. 5. Dénomination commune ou, dans le cas de substances dangereuses relevant de l'annexe I partie 2, nom générique ou catégorie générale de danger des substances et préparations se trouvant dans l'établissement qui pourraient donner lieu à un accident majeur, avec indication de leurs principales caractéristiques dangereuses. 6. Informations générales sur la nature des risques d'accidents majeurs, y compris leurs effets potentiels sur la population et l'environnement. 7. Informations adéquates sur la manière dont la population concernée sera alertée et tenue au courant en cas d'accident majeur. 8. Informations adéquates sur les mesures que la population concernée doit prendre et sur la conduite qu'elle doit tenir en cas d'accident majeur. 9. Confirmation de l'obligation qui est faite à l'exploitant de prendre des mesures adéquates sur le site et notamment de prendre contact avec les services d'urgence pour faire face à des accidents majeurs et en limiter le plus possible les effets. 10. Mention du plan d'urgence externe élaboré pour faire face à tous les effets hors site d'un accident, accompagnée de l'invitation à suivre toutes les instructions ou consignes des services d'urgence au moment d'un accident. 11. Précisions relatives aux modalités d'obtention de toute information pertinente, sous réserve des dispositions relatives à la confidentialité prévue par la législation nationale.

7.3.5 L'information à la Commission européenne

Elle est demandée par la même directive Seveso II (article 15). Les informations à notifier sont groupées dans l'annexe VI (tableau 7.3). Ces informations concernent les produits incriminés, les dégâts causés, les atteintes à l'environnement et éventuellement les atteintes transfrontalières.

Tableau 7.3 – Annexe VI de la directive Seveso II.

Annexe VI – Critères pour la notification d'un accident à la Commission prévue à l'article 15 paragraphe 1
I. Tout accident relevant du point 1 ou ayant au moins l'une des conséquences décrites aux points 2, 3, 4 et 5 doit être notifié à la Commission.

Tableau 7.3 (suite) – Annexe VI de la directive Seveso II.

1. Substances en cause

Tout feu ou explosion ou rejet accidentel de substances dangereuses impliquant une quantité au moins égale à 5 % de la quantité seuil prévue à la colonne 3 de l'annexe I.

2. Atteintes aux personnes ou aux biens

Un accident impliquant directement une substance dangereuse à l'origine de l'un des événements suivants :

– un mort,

– six personnes blessées à l'intérieur de l'établissement et hospitalisées pendant au moins 24 heures,

– une personne située à l'extérieur de l'établissement hospitalisée pendant au moins 24 heures,

– logement(s) extérieur(s) à l'établissement endommagé(s) et indisponible(s) du fait de l'accident,

– l'évacuation ou le confinement de personnes pendant plus de 2 heures (personnes × heures) : la valeur est au moins égale à 500,

– l'interruption des services d'eau potable, d'électricité, de gaz, de téléphone pendant plus de 2 heures (personnes × heures) : la valeur est au moins égale à 1 000.

3. Atteintes immédiates à l'environnement

a) Dommages permanents ou à long terme causés aux habitats terrestres :

– 0,5 hectare ou plus d'un habitat important du point de vue de l'environnement ou de la conservation et protégé par la législation,

– 10 hectares ou plus d'un habitat plus étendu, y compris terres agricoles.

b) Dommages significatifs ou à long terme causés à des habitats d'eau de surface ou à des habitats marins* :

– 10 kilomètres ou plus d'un fleuve, d'un canal ou d'une rivière,

– 1 hectare ou plus d'un lac ou d'un étang,

– 2 hectares ou plus d'un delta,

– 2 hectares ou plus d'une zone côtière ou de la mer.

c) Dommages significatifs causés à un aquifère ou à l'eau souterraine* : 1 hectare ou plus.

4. Dommages matériels

– Dommages matériels dans l'établissement : à partir de 2 millions d'écus.

– Dommages matériels à l'extérieur de l'établissement : à partir de 0,5 million d'écus.

5. Dommages transfrontières

Tout accident impliquant directement une substance dangereuse à l'origine d'effets à l'extérieur du territoire de l'État membre concerné.

II. Les accidents et « quasi-accidents », vis-à-vis desquels les États membres estiment qu'ils présentent un intérêt technique particulier pour la prévention des accidents majeurs et pour la limitation des conséquences de ceux-ci et qui ne répondent pas aux critères quantitatifs cités ci-dessus, devraient être notifiés à la Commission.

* Le cas échéant, on pourra se référer pour apprécier un dommage aux directives 75/440/CEE et 76/464/CEE et aux directives prises pour ses applications relatives à certaines substances, à savoir les directives 76/160/CEE, 78/659/CEE et 79/923/CEE, ou à la CL50 pour les espèces représentatives des milieux affectés comme définies par la directive 92/32/CEE pour le critère « dangereux pour l'environnement ».

© Dunod – La photocopie non autorisée est un délit.

7.3.6 L'information aux autres pays

Les textes internationaux et notamment la directive Seveso II précisent l'obligation faite aux autorités compétentes d'informer les autres pays européens de l'accident, de ses conséquences et des causes, de telles informations étant susceptibles d'informer les autres pays des risques et mesures préventives à prendre pour des installations similaires dans leurs pays.

7.4 Les acteurs des interventions

La lourdeur et l'importance des interventions après un accident industriel majeur sont telles qu'elles doivent faire l'objet d'une organisation mûrement étudiée, faisant l'objet d'une législation et d'une réglementation.
Une telle organisation est d'autant plus nécessaire que les interventions sont pluridisciplinaires et font appel à des services et spécialités variés, appartenant à des organismes publics et privés différents, souvent indépendants les uns des autres.
Le tableau 7.4. liste quelques-uns des principaux textes législatifs et réglementaires indiquant le fonctionnement et les missions des différents organismes susceptibles d'intervenir après des accidents industriels majeurs.

Tableau 7.4 – Principaux textes officiels traitant des différents organismes intervenant après un accident industriel majeur (autres que les différents Codes).

Services d'ordre : police et gendarmerie
Loi 2002-1094 du 29 août 2002 d'orientation et de programmation pour la sécurité intérieure (LOPSI) Loi 2001-1062 du 15 novembre 2001 Loi 95-73 du 21 janvier 1995 d'orientation et de programmation
Sécurité civile – Sapeurs-pompiers
Décret 97-1225 du 26 décembre 1997 relatif à l'organisation des services d'incendie et de secours Loi 87-565 du 22 juillet 1987 relative à l'organisation de la sécurité civile, à la protection de la forêt contre l'incendie et à la prévention des risques majeurs
Services médicaux d'urgence
Décret 87-1005 du 16 décembre 1987 relatif aux missions et à l'organisation des unités participant au service d'aide médicale urgente appelées SAMU Décret 97-620 du 30 mai 1997 relatif aux conditions techniques de fonctionnement auxquelles doivent satisfaire les établissements de santé pour être autorisés à mettre en œuvre des SMUR et modifiant le Code de santé publique

7.4.1 La direction des interventions

Elle est confiée au préfet du département dans lequel s'est produit l'accident et éventuellement au préfet de région si plusieurs départements sont touchés. Rappelons que le préfet est également l'autorité compétente des installations classées.
C'est la préfecture qui centralise et organise les interventions, à travers les différents services et directions départementaux et suivant une organisation nationale et locale, mise en place par des textes officiels. Au sein de chaque préfecture, il existe des cellules, placées sous l'autorité du préfet, chargées de gérer l'état de crise qu'est l'après-accident majeur.
Les différents organismes départementaux qui interviennent sous l'autorité du préfet, à l'occasion des accidents industriels majeurs, avant ou après, sont :
- la direction départementale de protection civile et les services de sapeurs-pompiers ;
- la direction départementale des affaires sanitaires et sociales ;
- le commissariat de police et la brigade de gendarmerie ;
- la direction de l'équipement ;
- les SAMU et SMUR ;
- le Corps de défense de la sécurité civile ;
- l'Inspection des installations classées ;
- l'Inspection du travail.

C'est le maire de la commune qui, averti en principe le premier, signale officiellement l'accident à la préfecture, cette dernière prenant en main l'organisation des secours et des interventions post-accident. De son côté, le maire est tenu au courant de la suite des interventions.

7.4.2 Les services intervenant après un accident industriel majeur

Les différents services départementaux, dépendant ou non du préfet et qui interviennent sous l'autorité de ce même préfet sont les suivants.

■ Services de la protection civile

La protection civile, principale cheville ouvrière des interventions après une catastrophe de quelque nature que ce soit, par ses services de sapeurs-pompiers, a une organisation nationale dépendant du ministère de l'Intérieur.

□ Direction de la défense et de la sécurité civiles (DDSC)

La DDSC, l'une des directions du ministère de l'Intérieur, est chargée de gérer et de développer la prévention, la prévision et la planification des accidents majeurs, qu'ils soient naturels ou technologiques.
Cette direction dispose du centre opérationnel et d'aide à la décision (COAD) dont la mission principale est de coordonner l'ensemble des moyens de secours en hommes (sapeurs-pompiers, sauveteurs secouristes, bénévoles) et en matériels (véhicules spécialisés, hélicoptères, bateaux, etc.).

© Dunod – La photocopie non autorisée est un délit.
© Dunod – La photocopie non autorisée est un délit.

nécessaire, même pendant leur activité professionnelle. Ils sont payés à la vacation et par intervention.

- **Unités d'instruction et d'intervention de la sécurité civile (UIISC)**

Les UIISC de l'armée de terre (génie) sont également des militaires rompus aux interventions confiées aux sapeurs-pompiers et peuvent intervenir, tant en France qu'à l'étranger, en cas d'accidents industriels majeurs ou autres catastrophes naturelles ou technologiques.
Toutes ces équipes sont composées de personnes compétentes et dévouées ; elles possèdent un matériel et un équipement adaptés aux interventions de toutes sortes. Dans les régions où il existe des installations classées Seveso, plusieurs de ces équipes sont entraînées pour intervenir lors des accidents industriels majeurs et sont informées des risques existants, notamment la nature des produits toxiques susceptibles d'être émis.

- **Centres opérationnels départementaux de l'incendie et de secours (CODIS)**

Placés sous l'autorité du directeur départemental de l'incendie et de secours, les CODIS sont l'organe de coordination de l'activité opérationnelle, qu'elle soit normale (petits sinistres) ou exceptionnelle (accident industriel majeur, gestion de crise). Les CODIS sont notamment chargés des relations avec le préfet et les autres organismes départementaux et communaux qui interviennent lors des sinistres.

- **Centres de traitement de l'alerte (CTA)**

Les CTA, placés sous l'autorité des CODIS, sont chargés de la réception, du traitement et de l'orientation vers les services intervenant sur le lieu de la catastrophe, des appels et informations reçus.

Services issus de la Direction départementale des affaires sanitaires et sociales (DDASS)

Leurs interventions concernent essentiellement les secours médicaux autres que ceux apportés par les sapeurs-pompiers.
Il s'agit pour l'essentiel des SAMU et SMUR locaux.

- **Services d'aide médicale d'urgence (SAMU)**

Les SAMU ont été créés par le décret 87-1005 du 16 décembre 1987 qui précise leur organisation, leurs missions et leur fonctionnement. Ils sont rattachés à des hôpitaux remplissant certaines conditions définies par ce même décret.
Avec leurs véhicules médicalisés, ils peuvent apporter sur place les premiers soins nécessaires et acheminer, sous contrôle médical, les victimes vers l'hôpital ou les centres spécialisés les plus proches. Il y a toujours un médecin urgentiste dans chaque véhicule.

- **Services mobiles d'urgence et de réanimation (SMUR)**

Les SMUR ont été créés par le décret 97-620 du 30 mai 1997 qui définit leur organisation et leurs missions. Généralement rattachés à un hôpital, les véhicules des SMUR sont équipés de moyens de réanimation et peuvent se rendre sur les lieux de l'accident très rapidement.

□ **Centres hospitaliers**

Les centres hospitaliers (hôpitaux, cliniques, dispensaires) publics ou privés, se trouvant le plus près possible du lieu de l'accident et aptes à recevoir des urgences, accueillent les victimes pour des soins médicaux intensifs. Suivant les besoins, d'autres centres hospitaliers spécialisés (brûlures et intoxications graves) peuvent accueillir également les victimes des catastrophes.
Tous ces services participent aux plans de secours, mis en place par le préfet.

■ **Services d'ordre**

Ce sont les services de la police nationale et de la gendarmerie nationale, éventuellement aidés par la police municipale, qui assurent la double fonction : maintenir l'ordre public (circulation, évacuation, sécurité publique) et faire les enquêtes et dresser des procès-verbaux dans le cadre de police judiciaire.

□ **Police nationale**

La police nationale est placée sous l'autorité de la direction générale de la police nationale, l'un des services du ministère de l'Intérieur. La loi du 21 janvier 1995 précise ses missions :

- assurer la sécurité des personnes, des biens et des institutions suivant les principes et orientations fixés par le gouvernement ; certes, l'essentiel de ses interventions concerne la délinquance sous toutes ses formes et la sécurité routière, mais les interventions après un accident industriel majeur entrent parfaitement dans le cadre de sa mission de sécurité ;
- maîtriser les flux migratoires (police des frontières) et lutter contre le travail clandestin ;
- lutter contre la criminalité organisée, notion introduite par la loi Perben 2 du 9 mars 2004 ;
- protéger le pays contre la menace extérieure et le terrorisme (DST) ;
- maintenir l'ordre public (CRS et police de proximité) ; cette mission entre également dans le cadre des interventions après un accident industriel majeur.

Toutes ces missions sont assurées par les quelque 150 000 policiers, gardiens de la paix et officiers de police (lieutenants, capitaines, commissaires), groupés par commissariats en milieu urbain.

□ **Gendarmerie nationale**

La gendarmerie nationale est une formation militaire, rattachée au ministère de la Défense. C'est le pendant de la police nationale, ayant des missions proches et intervenant après un accident industriel majeur. Les 65 000 gendarmes sont groupés en trois catégories :

- la gendarmerie départementale à structure territoriale est composée de sous-officiers et officiers de gendarmerie, groupés dans des brigades situées dans des villes et villages. Leurs missions, proches de celles de la police, consistent à assurer le service d'ordre, notamment à la campagne, intervenir après des accidents indus-

© Dunod – La photocopie non autorisée est un délit.

triels majeurs et rédiger des rapports et enquêtes. Ces gendarmes ont une fonction de police judiciaire ;

– la gendarmerie mobile formée de 129 escadrons de 100 gendarmes chacun. L'une de ses missions consiste à renforcer la gendarmerie départementale en cas de besoin, notamment pendant les opérations suivant une catastrophe ;
– la garde républicaine est composée d'un régiment de cavalerie et de deux régiments d'infanterie. Elle n'intervient pas en principe dans les accidents industriels majeurs.

□ Groupements d'intervention régionaux (GIR)

Les GIR, créés récemment dans le cadre de la loi LOPSI, loi 2002-1094 du 29 août 2002 sur l'orientation et la programmation de la sécurité intérieure, ont également vocation à intervenir dans le cadre des accidents industriels majeurs.

Les GIR sont composés de policiers et de gendarmes qui peuvent effectuer des enquêtes de police judiciaire. Cette nouvelle loi crée également au niveau national un conseil de sécurité intérieure, conseil interministériel présidé par le Président de la République chargé de définir les orientations politiques de la sécurité intérieure et fixer les axes prioritaires.

La politique de sécurité intérieure est déclinée au niveau départemental, par la Conférence départementale de sécurité, présidée par le préfet et le procureur de la République, avec la participation de la police et de la gendarmerie, les douanes et les services fiscaux, la direction des affaires sanitaires et sociales, la direction départementale du travail, de l'emploi et de la formation, la direction départementale de l'équipement et autres organismes départementaux spécialisés.

■ Direction départementale de l'équipement (DDE)

Les DDE et les 22 directions régionales de l'équipement (DRE) sont les antennes opérationnelles territoriales du ministère de l'Équipement, des Transports, du Logement, du Tourisme et de la Mer. Elles sont chargées de l'ensemble des missions du ministère, et notamment de mener les grands projets d'aménagement du pays (routes, chemin de fer, ports, aéroports) en veillant à l'application de la réglementation dont celle relative à la sécurité et au développement durable en matière d'équipement et de construction.

Par conséquent, la remise en état des structures publiques selon les règles entre parfaitement dans le cadre des missions confiées aux DDE et DRE qui participent aux réunions sur tout ce qui concerne les risques industriels et donnent leur avis (installations classées, périmètres de sécurité, aménagement et réaménagement d'un site après un accident majeur).

En effet, un accident industriel majeur apporte un certain nombre de désordres et des destructions à l'infrastructure construite comme les routes, les ponts et tunnels, les bâtiments publics et privés, les bâtiments industriels. Un nouveau plan d'urbanisation, tenant compte d'un éventuel nouveau périmètre de sécurité, nécessite l'avis, les autorisations et les actions des services publics, dont en priorité ceux des DDE. Les DDE composés d'ingénieurs et de techniciens de compétences variées (génie civil, bâtiment, ponts et chaussées, etc.) restent les principaux partenaires des collectivités locales pour la reconstruction d'un site après un accident majeur.

Services judiciaires

À partir des procès-verbaux rédigés par la police ou la gendarmerie, complétés si nécessaire par des rapports d'expertises demandés par la justice, les tribunaux compétents (essentiellement les tribunaux de grande instance, TGI) jugent l'affaire, à la suite des plaintes déposées par les victimes corporelles ou matérielles ou encore par les pouvoirs publics, selon une procédure pénale.
Le jugement concerne :

- la recherche des responsabilités et des responsables,
- la détermination des préjudices subis et leurs coûts,
- le montant de la participation des responsables et la réparation des préjudices occasionnés.

Des expertises et contre-expertises, suivies de jugements et délibérés, des contentieux multiples retardent le plus souvent le règlement définitif.

7.5 L'organisation des interventions

L'importance des secours et des autres interventions après un accident industriel majeur, le nombre des services présents sur les lieux et l'acheminement des victimes sont tels qu'une organisation rationnelle et puissante, ayant reçu l'aval des pouvoirs publics, avec le concours de plusieurs services locaux et placée sous un commandement unique s'avère nécessaire.
Les différents textes officiels concourent dans ce sens.
Les pouvoirs publics ont mis en place des plans organisationnels pour des interventions de grande ampleur, après une catastrophe naturelle ou technologique.
L'organisation des secours en cas d'accident industriel majeur se décline suivant :

- les plans particuliers d'intervention (PPI), particulièrement bien adaptés aux accidents technologiques majeurs ;
- les plans de secours spécialisés (PSS) pour des accidents industriels majeurs spécifiques à certaines activités ;
- les plans Novi, adaptés à des accidents industriels limités à une installation ;
- les plans ORSEC plutôt orientés vers les catastrophes naturelles de très grande ampleur ;
- les plans Rouge pour les catastrophes naturelles ou technologiques limitées.

7.5.1 Les plans particuliers d'intervention

C'est la déclinaison en France des plans d'urgence externes de la directive Seveso II. Il peut être assimilé à un plan ORSEC limité ou encore à un plan Rouge, adapté aux risques technologiques présentés par l'installation dangereuse où s'est produit l'accident.
Les PPI sont élaborés par les autorités et organismes locaux, avec la collaboration de l'exploitant qui, en principe, est la personne la mieux informée sur les risques

© Dunod – La photocopie non autorisée est un délit.

présents dans son entreprise. Les PPI sont préparés à partir de l'étude de dangers réalisée par l'exploitant.
Les accidents des installations nucléaires, ceux des installations classées à autorisation avec servitudes d'utilité publique S (installations dites Seveso), des dépôts d'hydrocarbures font l'objet de PPI.
Un PPI comporte :

- la description de l'installation dangereuse et des risques existants ;
- le périmètre de sécurité et les communes concernées ;
- le recensement des moyens en hommes et matériels susceptibles d'être mis en œuvre après l'accident : premiers secours, service d'ordre, organismes publics et privés locaux susceptibles d'intervenir et qu'il faut informer et réquisitionner, etc. ;
- les moyens d'information et les schémas d'évacuation des populations ;
- les mesures d'urgence à prendre tant par l'exploitant que par les pouvoirs publics locaux ;
- la diffusion des alertes auprès de la population.

Le coût des interventions selon le PPI est assuré par l'exploitant.

7.5.2 Les plans de secours spécialisés

Les PPS concernent l'organisation des secours après un accident dans une installation n'ayant pas fait l'objet d'un PPI. C'est donc une organisation des secours à caractère général, mais concernant un risque particulier, par exemple le transport de matières dangereuses, la radioactivité, la pollution du réseau d'eau potable après un accident, le naufrage de pétroliers avec pollution des côtes, etc.
De ce point de vue, les PPS peuvent être assimilés aux plans ORSEC spécialisés.

7.5.3 Les plans ORSEC

Les plans ORSEC (Organisation des secours) ont été mis en place par instruction ministérielle du 5 février 1952 et la loi du 23 juin 1987 a apporté une série de précisions sur ces différents plans.
Le plan ORSEC est une structure de secours, capable de gérer une situation de crise de grande ampleur, nécessitant des interventions rapides et importantes, faisant appel à des grands moyens en hommes et matériel, en rapport avec la catastrophe. Il est déclenché et mis en place le plus souvent par le préfet qui a toute autorité sur les interventions, à la suite d'une catastrophe naturelle ou technologique. Ce n'est pas à proprement parler un plan d'urgence, mais plutôt un soutien apporté à un plan pour gérer les catastrophes d'importance appelées *catastrophes à moyens dépassés* (CMD). C'est un système polyvalent de gestion de crise : organisation des secours et recensement des moyens publics susceptibles d'être pris sur le terrain.
Suivant l'importance du sinistre, on distingue :

- le plan ORSEC national ; décidé par le Premier ministre, il concerne les catastrophes d'ampleur nationale. Depuis sa création, il n'a jamais été mis en application ;

- le plan ORSEC zonal (correspondant aux 7 zones de la protection civile) ; décidé par le préfet responsable de la zone, il est mis en application pour les catastrophes importantes débordant plusieurs régions ou départements. Il n'a pas encore été appliqué pour les accidents industriels majeurs ;
- le plan ORSEC départemental ; c'est celui appliqué pour les accidents industriels produits ces dernières décennies, pour des catastrophes naturelles comme les inondations du sud de la France, les sécheresses, les pollutions du littoral, les feux de forêt, etc. C'est le préfet du département qui décide et met en application le plan ORSEC départemental.

Tout plan ORSEC regroupe les 5 services ci-dessous qui participent à l'organisation des interventions :

- les sapeurs-pompiers professionnels et volontaires dans le cadre du sauvetage-secourisme ;
- les directions départementales des affaires sanitaires et sociales (DDASS) (ou éventuellement régionales, DRASS) et les SAMU et SMUR pour l'aspect médical ;
- la police et la gendarmerie pour assurer l'ordre et la collecte des informations et l'établissement des procès-verbaux ;
- les directions départementales des équipements (DDE) pour acheminer les blessés vers les hôpitaux ainsi que pour les travaux de voirie nécessaires ;
- le service de transmission du ministère de l'Intérieur pour assurer les liaisons et la communication des informations.

Au sein de chaque catégorie de plan ORSEC, il existe différents plans pour chaque type d'accident et de risques : nucléaire (ORSEC RAD), industriel, pollutions (POLMAR), accidents de transport de matières dangereuses (ORSEC-TOX), accidents d'avions (SATER, SATMER), inondations, sécheresse, feux de forêt, etc. Au niveau du commandement, il y en a deux sur le terrain :

- le poste de commandement fixe (PCF) qui se trouve à la préfecture ;
- le poste de commandement opérationnel (PCO) sur les lieux de l'accident, placé sous l'autorité du directeur du cabinet du préfet.

La procédure en cas d'accident industriel majeur est la suivante : le préfet informe la direction départementale de la protection civile et le PCF qui à son tour demande l'intervention, sur le terrain, du poste de commandement opérationnel PCO, qui alerte à son tour les 5 services participants. Bien évidemment, les différentes informations, demandes et interventions doivent être faites dans les plus brefs délais.

7.5.4 Le plan Rouge

Le plan Rouge se présente comme un mini plan ORSEC, mieux adapté à des accidents majeurs peu importants, limités à une petite région, une petite commune par exemple. Beaucoup d'accidents industriels majeurs, relativement peu médiatisés, relèvent des plans Rouge, plus souples et plus faciles à mettre en place, car leur procédure est plus légère que celle d'un plan ORSEC.
Le plan Rouge préétabli repose sur l'organisation générale des secours en faisant appel aux services permanents : sapeurs-pompiers, police, gendarmerie, SAMU, etc.

© Dunod – La photocopie non autorisée est un délit.

La procédure est la suivante : après que l'accident s'est produit, le préfet informe le directeur des opérations de secours DOS qui à son tour demande l'intervention des sapeurs-pompiers (du directeur du sauvetage-incendie-secours), du directeur des secours médicaux (DSM), de la DDASS, du commissariat de police et de la brigade de gendarmerie.

7.5.5 Le plan Novi

Le plan Novi est une partie d'un plan Rouge, déclenché à l'initiative du service des sapeurs-pompiers suite à un accident industriel de faible ampleur, ne nécessitant que la seule intervention des sapeurs-pompiers pour éteindre un incendie et secourir quelques blessés ou intoxiqués.
Le plan Novi accompagne souvent les accidents professionnels limités à une installation ou un atelier, avec quelques victimes ou un incendie limité.

7.5.6 La procédure des interventions

En principe, c'est le maire de la commune qui est le premier informé de l'accident industriel majeur ; de toute façon, toute personne ayant constaté l'accident doit informer immédiatement le maire ou toute autre personne d'un service public (sapeurs-pompiers, police ou gendarmerie, etc.).
Le maire informe alors le préfet (la préfecture) qui seul peut déclencher les interventions suivant un PPI, un PSS, un plan ORSEC ou un plan Rouge ; par contre, un plan Novi peut être déclenché immédiatement par les sapeurs-pompiers sans l'ordre du préfet qui néanmoins doit être informé en cas où l'ampleur prise par l'accident nécessite la mise en place d'un plan plus conséquent.
Informé de l'accident, le préfet réunit un état-major de crise en réunissant les services concernés. Cet état-major demande l'intervention des services proches du lieu de l'accident :

- les sapeurs-pompiers,
- la police et/ou la gendarmerie,
- la DDASS et les SAMU et SMUR,
- le service des liaisons-transmissions du ministère de l'Intérieur,
- le service des relations publiques de la préfecture pour l'information obligatoire des populations.

Tous les services concernés interviennent alors sur les lieux de l'accident, avec les moyens mis à leur disposition, en restant toujours sous l'autorité du préfet. Dans certains cas, la présence du procureur de la république est requise, notamment en cas de morts ou blessés graves.
Chaque service effectue les tâches qui lui incombent, selon ses moyens et ses modes d'action sur le terrain. Le préfet est régulièrement informé de l'évolution de la situation et des interventions ; il en est de même pour le maire de la commune.
Après les interventions d'urgence, la police ou la gendarmerie ou encore le GIR mène l'enquête, recueille les informations et remet le procès-verbal (deux exemplaires) au procureur de la République.

Le service de liaisons-transmissions du ministère de l'Intérieur tire les conclusions et décide du budget à accorder pour réparer les dégâts causés.
L'autorité compétente informe la Commission européenne et les pays voisins sur les caractéristiques de l'accident industriel majeur.
Les tribunaux compétents décident des responsabilités et du montant des indemnités à accorder aux différentes victimes. La procédure judiciaire peut être souvent très longue et demander des décennies avant d'arriver, après d'âpres discussions et plusieurs jugements, à une solution qui en réalité ne satisfait aucune des parties, exploitants et victimes.
L'efficacité des secours après un accident industriel majeur dépend dans une large mesure de la rapidité et de la compétence des intervenants ainsi que de l'organisation générale mise en place, compte tenu de la pluridisciplinarité des équipes présentes sur le site et travaillant sous un seul commandement.

CONCLUSION

Dans cet ouvrage, nous avons tenté de donner une vision la plus complète possible et dans un volume restreint, des différents aspects des risques et accidents industriels en général, et des risques majeurs en particulier.
Tout au long des sept chapitres, le lecteur a pu se familiariser avec les différents types d'accidents majeurs, naturels et technologiques, avant d'aborder les multiples aspects et caractéristiques des accidents industriels majeurs et leur origine qui se situe dans l'existence de risques industriels de grande importance.
Après avoir déterminé la nature chimique des risques industriels majeurs, risques dus à la présence de produits dangereux et de réactions dangereuses, nous avons largement étudié les deux types d'événements accidentels correspondant à deux grands groupes de risques :

- les risques d'incendie-explosion, très fréquents et qui expliquent pour l'essentiel l'importance des dégâts observés lors des accidents industriels majeurs. Les caractéristiques des phénomènes d'incendie et d'explosion, celles des produits dangereux, combustibles ou instables, les réactions explosives ou en chaîne, et les mécanismes de ces processus ont été explicités le plus simplement possible ;
- les risques d'intoxication à l'origine des pollutions catastrophiques de l'environnement, portant atteinte à la faune (dont les hommes) et à la flore. Les processus d'intoxication et ceux de l'émission de substances toxiques lors des accidents industriels majeurs ont été explicités.

Ces deux types de risques ont été illustrés, pour faciliter la compréhension des phénomènes, par la description des principaux accidents industriels majeurs ayant fait l'objet d'enquêtes approfondies ainsi que par de nombreux autres exemples courants.
L'analyse de la législation et de la réglementation, tant internationales et européennes que nationales, ainsi que des différents textes officiels relatifs à la prévention et à l'organisation font connaître au lecteur les différents aspects de ces textes, notamment celui des installations classées et de sa nomenclature, fer de lance de la sécurité en matière de risques industriels majeurs.
Deux chapitres ont été consacrés à l'aspect préventif des accidents industriels majeurs.
L'un est consacré à la prévention proprement dite, c'est-à-dire à la mise en place de mesures techniques et administratives dès la conception et le fonctionnement des installations, donc de façon à prévenir tout accident éventuel. Les mesures de sécurité ont été explicitées au niveau des trois situations génératrices d'accidents majeurs, les fabrications, le stockage et le transport des matières dangereuses.
L'autre concerne la mise en place des mesures après un accident industriel majeur, de façon à limiter les dégâts causés. La nécessité d'interventions rapides et pluri-

© Dunod – La photocopie non autorisée est un délit.

disciplinaires suppose une organisation précise et bien élaborée, placée sous l'autorité du préfet. Ces interventions sont de plusieurs ordres : médical (premiers secours) et administratif (service d'ordre, enquêtes, recherche des responsabilités, financement des réparations, urbanisation après les destructions, etc.).

Le nombre élevé des paramètres qui interviennent dans les risques industriels et leur complexité se traduisent par une quasi-impossibilité de suppression des accidents industriels majeurs et les difficultés des enquêtes menées après l'accident. Le rôle de la prévention consiste essentiellement, et c'est déjà beaucoup, à réduire la probabilité de la survenance d'un tel événement par la maîtrise des paramètres et à diminuer son impact sur l'environnement et l'écosystème.

Quant aux enquêtes effectuées après un accident, les difficultés rencontrées sont largement exploitées dans la recherche des responsabilités qui durent souvent plusieurs années et sont très souvent contestées, compte tenu de l'importance des conséquences économiques. L'accident de Bhopal et l'importance des indemnités à payer furent à l'origine de la disparition du groupe chimique américain Union Carbide, propriétaire de l'usine et dont la responsabilité dans la catastrophe a été largement prouvée, des raisons économiques ayant conduit à réduire le volume de l'entretien des installations et l'importance des équipes de sécurité.

Ceci nous conduit à la nécessité de mener correctement les études préliminaires à la conception et à la construction des installations, en accordant une grande importance à l'aspect sécurité, souvent négligé, et d'attacher toute leur importance à l'entretien et aux contrôles réguliers des installations, en effectuant les réparations nécessaires le plus rapidement possible. Aucun argument économique ou financier ne peut justifier de tels choix ou négligences devant l'ampleur et le coût des accidents industriels majeurs.

Les pouvoirs publics des différents pays industrialisés l'ont bien compris et, tant sur le plan international qu'européen et national, ont mis en place des législations et des règles susceptibles d'éliminer, dans la mesure du possible, ces accidents majeurs et d'en limiter les conséquences éventuelles. Or, des intérêts contradictoires et opposés apparaissent souvent, et les mesures demandées sont sinon ignorées, du moins imparfaitement mises en œuvre, et les contrôles administratifs quelque peu dénaturés. De telles situations sont regrettables, mais hélas difficilement évitables, compte tenu de la complexité des situations existantes et des considérations techniques, économiques, financières et socio-politiques qui s'enchevêtrent et s'imbriquent les unes dans les autres.

Certes, les efforts fournis tant par les services publics que par les exploitants et les travailleurs sont importants et louables, ils portent leur fruit par la suppression de nombreux accidents graves difficilement comptabilisables ou en en diminuant les conséquences ; mais il reste encore beaucoup à faire et notamment au niveau de l'application efficace des mesures préventives si l'on veut vraiment supprimer le risque d'accidents industriels majeurs.

Si, au plan technique, on connaît à tout niveau, l'essentiel des moyens efficaces et fiables à mettre en œuvre dans les usines, c'est au niveau de cette mise en place que les faiblesses apparaissent et réduisent l'efficacité de l'effort fait pour lutter efficacement contre les risques industriels qui, quelquefois, se traduisent par des accidents majeurs.

ANNEXES

A. Extrait du Code de l'environnement relatif à la prévention des pollutions majeures

Livre V : Prévention des pollutions, des risques et des nuisances

Titre Ier : Installations classées pour la protection de l'environnement

Article L. 511-1

Sont soumis aux dispositions du présent titre les usines, ateliers, dépôts, chantiers et, d'une manière générale, les installations exploitées ou détenues par toute personne physique ou morale, publique ou privée, qui peuvent présenter des dangers ou des inconvénients soit pour la commodité du voisinage, soit pour la santé, la sécurité, la salubrité publiques, soit pour l'agriculture, soit pour la protection de la nature et de l'environnement, soit pour la conservation des sites et des monuments *(Loi n° 2001-44 du 17 janvier 2001, art. 11-IV)* « ainsi que des éléments du patrimoine archéologique ».

Les dispositions du présent titre sont également applicables aux exploitations de carrières au sens des articles 1er et 4 du code minier.

Article L. 511-2

Les installations visées à l'article L. 511-1 sont définies dans la nomenclature des installations classées établie par décret en Conseil d'État, pris sur le rapport du ministre chargé des installations classées, après avis du Conseil supérieur des installations classées. Ce décret soumet les installations à autorisation ou à déclaration suivant la gravité des dangers ou des inconvénients que peut présenter leur exploitation.

Article L. 512-1

Sont soumises à autorisation préfectorale les installations qui présentent de graves dangers ou inconvénients pour les intérêts visés à l'article L. 511-1.

L'autorisation ne peut être accordée que si ces dangers ou inconvénients peuvent être prévenus par des mesures que spécifie l'arrêté préfectoral.

La délivrance de l'autorisation, pour ces installations, peut être subordonnée notamment à leur éloignement des habitations, immeubles habituellement occupés par des tiers, établissements recevant du public, cours d'eau, voies de communication, captages d'eau, ou des zones destinées à l'habitation par des documents d'urbanisme opposables aux tiers. Elle prend en compte les capacités techniques et financières dont dispose le demandeur, à même de lui permettre de conduire son projet dans le respect des intérêts visés à l'article L. 511-1.

© Dunod – La photocopie non autorisée est un délit.

Article L. 512-2

L'autorisation prévue à l'article L. 512-1 est accordée par le préfet, après enquête publique relative aux incidences éventuelles du projet sur les intérêts mentionnés à l'article L. 511-1 et après avis des conseils municipaux intéressés. Une commission départementale est également consultée ; elle peut varier selon la nature des installations concernées et sa composition, fixée par décret en Conseil d'État, inclut notamment des représentants de l'État, des collectivités territoriales, des professions concernées, des associations de protection de l'environnement et des personnalités compétentes. L'autorisation est accordée par le ministre chargé des installations classées, après avis du Conseil supérieur des installations classées, dans le cas où les risques peuvent concerner plusieurs départements ou régions.

Un décret en Conseil d'État détermine les conditions d'application de l'alinéa précédent. Il fixe, en outre, les conditions dans lesquelles il doit être procédé à une consultation des conseils généraux ou régionaux et les formes de cette consultation.

Si un permis de construire a été demandé, il ne peut être accordé avant la clôture de l'enquête publique. Il ne peut être réputé accordé avant l'expiration d'un délai d'un mois suivant la date de clôture de l'enquête publique.

Article L. 512-3

Les conditions d'installation et d'exploitation jugées indispensables pour la protection des intérêts mentionnés à l'article L. 511-1, les moyens d'analyse et de mesure et les moyens d'intervention en cas de sinistre sont fixés par l'arrêté d'autorisation et, éventuellement, par des arrêtés complémentaires pris postérieurement à cette autorisation.

Article L. 512-4

Pour les installations dont l'exploitation pour une durée illimitée créerait des dangers ou inconvénients inacceptables pour les intérêts visés à l'article L. 511-1, du fait d'une utilisation croissante du sol ou du sous-sol, l'autorisation doit fixer la durée maximale de l'exploitation ou de la phase d'exploitation concernée et, le cas échéant, le volume maximal de produits stockés ou extraits, ainsi que les conditions du réaménagement du site à l'issue de l'exploitation.

Un décret en Conseil d'État définit les conditions d'application de cet article, et notamment les catégories d'installations visées par celui-ci.

Article L. 512-5

Pour la protection des intérêts mentionnés à l'article L. 511-1, le ministre chargé des installations classées peut fixer par arrêté, après consultation des ministres intéressés et du Conseil supérieur des installations classées, les règles générales et prescriptions techniques applicables aux installations soumises aux dispositions de la présente section. Ces règles et prescriptions déterminent les mesures propres à prévenir et à réduire les risques d'accident ou de pollution de toute nature susceptibles d'intervenir ainsi que les conditions d'insertion dans l'environnement de l'installation et de remise en état du site après arrêt de l'exploitation.

Ces arrêtés s'imposent de plein droit aux installations nouvelles. Ils précisent, après avis des organisations professionnelles intéressées, les délais et les conditions dans lesquels ils s'appliquent aux installations existantes. Ils fixent également les conditions dans lesquelles certaines de ces règles peuvent être adaptées aux circonstances locales par l'arrêté préfectoral d'autorisation.

Article L. 512-6

Dans les communes comportant une aire de production de vins d'appellation d'origine, l'autorité compétente pour délivrer l'autorisation consulte l'Institut national des appellations d'origine.

Cet institut est en outre consulté, sur sa demande, lorsqu'une installation soumise à l'autorisation visée ci-dessus doit être ouverte dans une commune limitrophe d'une commune comportant une aire de production de vins d'appellation d'origine.
Il est également consulté, sur sa demande, lorsqu'une installation soumise à l'autorisation visée ci-dessus doit être ouverte dans une commune ou une commune limitrophe d'une commune comportant une aire de production d'un produit d'appellation d'origine contrôlée autre que le vin.
L'Institut national des appellations d'origine dispose d'un délai de trois mois pour donner son avis. Ce délai court à partir de la date à laquelle il a été saisi par l'autorité compétente. Cet avis est réputé favorable au-delà de ce délai.

Article L. 512-7

En vue de protéger les intérêts visés à l'article L. 511-1, le préfet peut prescrire la réalisation des évaluations et la mise en œuvre des remèdes que rendent nécessaires soit les conséquences d'un accident ou incident survenu dans l'installation, soit les conséquences entraînées par l'inobservation des conditions imposées en application du présent titre. Ces mesures sont prescrites par des arrêtés pris, sauf cas d'urgence, après avis de la commission départementale consultative compétente.

Article L. 512-8

Sont soumises à déclaration les installations qui, ne présentant pas de graves dangers ou inconvénients pour les intérêts visés à l'article L. 511-1, doivent néanmoins respecter les prescriptions générales édictées par le préfet en vue d'assurer dans le département la protection des intérêts visés à l'article L. 511-1.

Article L. 512-9

Les prescriptions générales prévues à l'article L. 512-8, sont édictées par arrêtés préfectoraux, pris après avis de la commission départementale consultative compétente et, pour les ateliers hors sol, de la commission départementale d'orientation de l'agriculture. Elles s'appliquent automatiquement à toute installation nouvelle ou soumise à nouvelle déclaration.
Les modifications ultérieures de ces prescriptions générales peuvent être rendues applicables aux installations existantes selon les modalités et selon les délais prévus dans l'arrêté préfectoral qui fixe également les conditions dans lesquelles les prescriptions générales peuvent être adaptées aux circonstances locales.
Les établissements soumis à déclaration sous le régime de la loi du 19 décembre 1917 et ayant obtenu, en vertu de l'article 19, alinéa 1er ou 4, de ladite loi, la suppression ou l'atténuation d'une ou plusieurs prescriptions résultant d'arrêtés préfectoraux conservent le bénéfice de ces dérogations. Il peut toutefois y être mis fin par arrêté préfectoral pris après avis de la commission départementale consultative compétente, selon les modalités et dans le délai fixés par ledit arrêté.

Article L. 512-10

Pour la protection des intérêts mentionnés à l'article L. 511-1, le ministre chargé des installations classées peut fixer par arrêté, après consultation des ministres intéressés et du Conseil supérieur des installations classées, les prescriptions générales applicables à certaines catégories d'installations soumises à déclaration.
Ces arrêtés s'imposent de plein droit aux installations nouvelles.
Ils précisent, après avis des organisations professionnelles intéressées, les délais et les conditions dans lesquels ils s'appliquent aux installations existantes. Ils précisent également les conditions

© Dunod – La photocopie non autorisée est un délit.

dans lesquelles ces prescriptions peuvent être adaptées par arrêté préfectoral aux circonstances locales.

Article L. 512-11

Certaines catégories d'installations relevant de la présente section, définies par décret en Conseil d'État en fonction des risques qu'elles présentent, peuvent être soumises à des contrôles périodiques permettant à l'exploitant de s'assurer que ses installations fonctionnent dans les conditions requises par la réglementation. Ces contrôles sont effectués aux frais de l'exploitant par des organismes agréés.

Un décret en Conseil d'État précise les conditions d'application du présent article. Il fixe notamment la périodicité, les modalités de fonctionnement du système de contrôle et, en particulier, les conditions d'agrément des organismes contrôleurs et les conditions dans lesquelles les résultats peuvent être tenus à la disposition de l'administration.

Article L. 512-12

Si les intérêts mentionnés à l'article L. 511-1 ne sont pas garantis par l'exécution des prescriptions générales contre les inconvénients inhérents à l'exploitation d'une installation soumise à déclaration, le préfet, éventuellement à la demande des tiers intéressés et après avis de la commission départementale consultative compétente, peut imposer par arrêté toutes prescriptions spéciales nécessaires.

En vue de protéger les intérêts visés à l'article L. 511-1, le préfet peut prescrire la réalisation des évaluations et la mise en œuvre des remèdes que rendent nécessaires soit les conséquences d'un accident ou incident survenu dans l'installation, soit les conséquences entraînées par l'inobservation des conditions imposées en application du présent chapitre. Ces mesures sont prescrites par des arrêtés pris, sauf cas d'urgence, après avis de la commission départementale consultative compétente.

Article L. 512-13

Les installations qui, soumises à déclaration en vertu du présent titre, bénéficiaient d'une autorisation régulière avant la date d'entrée en vigueur de la loi du 19 décembre 1917 sont dispensées de toute déclaration ; elles sont soumises aux dispositions des articles L. 512-9 et L. 512-12.

Article L. 512-14

Les dispositions prises en application du présent titre doivent, lorsqu'elles intéressent les déchets, prendre en compte les objectifs visés à l'article L. 541-1.

Article L. 512-15

L'exploitant est tenu d'adresser sa demande d'autorisation ou sa déclaration en même temps que sa demande de permis de construire.

Il doit renouveler sa demande d'autorisation ou sa déclaration soit en cas de transfert, soit en cas d'extension ou de transformation de ses installations, ou de changement dans ses procédés de fabrication, entraînant des dangers ou inconvénients mentionnés à l'article L. 511-1.

Article L. 512-16

Un décret en Conseil d'État définit les cas et conditions dans lesquels le changement d'exploitant est soumis à une autorisation préfectorale délivrée en considération des capacités techniques et financières nécessaires pour mettre en œuvre l'activité ou remettre en état le site dans le respect de la protection des intérêts visés à l'article L. 511-1.

Article L. 513-1

Les installations qui, après avoir été régulièrement mises en service, sont soumises, en vertu d'un décret relatif à la nomenclature des installations classées, à autorisation ou à déclaration peuvent continuer à fonctionner sans cette autorisation ou déclaration à la seule condition que l'exploitant se soit déjà fait connaître du préfet ou se fasse connaître de lui dans l'année suivant la publication du décret.

Les renseignements que l'exploitant doit transmettre au préfet ainsi que les mesures que celui-ci peut imposer afin de sauvegarder les intérêts mentionnés à l'article L. 511-1 sont précisés par décret en Conseil d'État.

Article L. 514-1

I. – Indépendamment des poursuites pénales qui peuvent être exercées, et lorsqu'un inspecteur des installations classées ou un expert désigné par le ministre chargé des installations classées a constaté l'inobservation des conditions imposées à l'exploitant d'une installation classée, le préfet met en demeure ce dernier de satisfaire à ces conditions dans un délai déterminé. Si, à l'expiration du délai fixé pour l'exécution, l'exploitant n'a pas obtempéré à cette injonction, le préfet peut :

1° Obliger l'exploitant à consigner entre les mains d'un comptable public une somme répondant du montant des travaux à réaliser, laquelle sera restituée à l'exploitant au fur et à mesure de l'exécution des mesures prescrites ; il est procédé au recouvrement de cette somme comme en matière de créances étrangères à l'impôt et au domaine. Pour le recouvrement de cette somme, l'État bénéficie d'un privilège de même rang que celui prévu à l'article 1920 du code général des impôts ;

2° Faire procéder d'office, aux frais de l'exploitant, à l'exécution des mesures prescrites ;

3° Suspendre par arrêté, après avis de la commission départementale consultative compétente, le fonctionnement de l'installation, jusqu'à exécution des conditions imposées et prendre les dispositions provisoires nécessaires.

II. – Les sommes consignées en application des dispositions du 1° du I peuvent être utilisées pour régler les dépenses entraînées par l'exécution d'office des mesures prévues aux 2° et 3° du I.

III. – Lorsque l'état exécutoire pris en application d'une mesure de consignation ordonnée par l'autorité administrative fait l'objet d'une opposition devant le juge administratif, le président du tribunal administratif ou le magistrat qu'il délègue, statuant en référé, peut, nonobstant cette opposition, à la demande du représentant de l'État ou de toute personne intéressée, décider que le recours n'est pas suspensif, dès lors que les moyens avancés par l'exploitant ne lui paraissent pas sérieux. Le président du tribunal statue dans les quinze jours de sa saisine.

Article L. 514-2

Lorsqu'une installation classée est exploitée sans avoir fait l'objet de la déclaration ou de l'autorisation requise par le présent titre, le préfet met l'exploitant en demeure de régulariser sa situation dans un délai déterminé en déposant, suivant le cas, une déclaration ou une demande d'autorisation. Il peut, par arrêté motivé, suspendre l'exploitation de l'installation jusqu'au dépôt de la déclaration ou jusqu'à la décision relative à la demande d'autorisation.

Si l'exploitant ne défère pas à la mise en demeure de régulariser sa situation ou si sa demande d'autorisation est rejetée, le préfet peut, en cas de nécessité, ordonner la fermeture ou la suppression de l'installation. Si l'exploitant n'a pas obtempéré dans le délai fixé, le préfet peut faire application des procédures prévues aux 1° et 2° du I de l'article L. 514-1.

Le préfet peut faire procéder par un agent de la force publique à l'apposition des scellés sur une installation qui est maintenue en fonctionnement soit en infraction à une mesure de suppression,

© Dunod – La photocopie non autorisée est un délit.

de fermeture ou de suspension prise en application de l'article L. 514-1, de l'article L. 514-7, ou des deux premiers alinéas du présent article, soit en dépit d'un arrêté de refus d'autorisation.

Article L. 514-3

Pendant la durée de suspension de fonctionnement prononcée en application de l'article L. 514-1 ou de l'article L. 514-2, l'exploitant est tenu d'assurer à son personnel le paiement des salaires, indemnités et rémunérations de toute nature auxquels il avait droit jusqu'alors.

Article L. 514-4

Lorsque l'exploitation d'une installation non comprise dans la nomenclature des installations classées présente des dangers ou des inconvénients graves pour les intérêts mentionnés à l'article L. 511-1, le préfet, après avis – sauf cas d'urgence – du maire et de la commission départementale consultative compétente, met l'exploitant en demeure de prendre les mesures nécessaires pour faire disparaître les dangers ou les inconvénients dûment constatés. Faute par l'exploitant de se conformer à cette injonction dans le délai imparti, il peut être fait application des mesures prévues à l'article L. 514-1.

Article L. 514-5

Les personnes chargées de l'inspection des installations classées ou d'expertises sont assermentées et astreintes au secret professionnel dans les conditions et sous les sanctions prévues aux articles 226-13 et 226-14 du code pénal et, éventuellement, aux articles 411-1 et suivants du même code.

Elles peuvent visiter à tout moment les installations soumises à leur surveillance.

Article L. 514-6

I. – Les décisions prises en application des articles L. 512-1, L. 512-3, L. 512-7, L. 512-8, L. 512-12, L. 512-13, L. 513-1 à L. 514-2, L. 514-4, L. 515-13 I et L. 516-1 sont soumises à un contentieux de pleine juridiction. Elles peuvent être déférées à la juridiction administrative :

1° Par les demandeurs ou exploitants, dans un délai de deux mois qui commence à courir du jour où lesdits actes leur ont été notifiés ;

2° Par les tiers, personnes physiques ou morales, les communes intéressées ou leurs groupements, en raison des inconvénients ou des dangers que le fonctionnement de l'installation présente pour les intérêts visés à l'article L. 511-1, dans un délai de quatre ans à compter de la publication ou de l'affichage desdits actes, ce délai étant, le cas échéant, prolongé jusqu'à la fin d'une période de deux années suivant la mise en activité de l'installation.

II. – Les dispositions du I ne sont pas applicables aux décisions concernant les autorisations d'exploitation de carrières pour lesquelles le délai de recours est fixé à six mois à compter de l'achèvement des formalités de publicité de la déclaration de début d'exploitation transmise par l'exploitant au préfet.

III. – Les tiers qui n'ont acquis ou pris à bail des immeubles ou n'ont élevé des constructions dans le voisinage d'une installation classée que postérieurement à l'affichage ou à la publication de l'arrêté autorisant l'ouverture de cette installation ou atténuant les prescriptions primitives ne sont pas recevables à déférer ledit arrêté à la juridiction administrative.

IV. – Le permis de construire et l'acte de vente, à des tiers, de biens fonciers et immobiliers doivent, le cas échéant, mentionner explicitement les servitudes afférentes instituées en application de l'article L. 421-8 du code de l'urbanisme.

Article L. 514-7

S'il apparaît qu'une installation classée présente, pour les intérêts mentionnés à l'article L. 511-1, des dangers ou des inconvénients qui n'étaient pas connus lors de son autorisation ou de sa déclaration, le ministre chargé des installations classées peut ordonner la suspension de son exploitation pendant le délai nécessaire à la mise en œuvre des mesures propres à faire disparaître ces dangers ou inconvénients. Sauf cas d'urgence, la suspension intervient après avis des organes consultatifs compétents et après que l'exploitant a été mis à même de présenter ses observations.

Un décret en Conseil d'État, pris après avis du Conseil supérieur des installations classées, peut ordonner la fermeture ou la suppression de toute installation, figurant ou non à la nomenclature, qui présente, pour les intérêts mentionnés à l'article L. 511-1, des dangers ou inconvénients tels que les mesures prévues par le présent titre ne puissent les faire disparaître.

Article L. 514-8

Les dépenses correspondant à l'exécution des analyses, expertises ou contrôles nécessaires pour l'application du présent titre sont à la charge de l'exploitant.

Article L. 514-9

I. – Le fait d'exploiter une installation sans l'autorisation requise est puni d'un an d'emprisonnement et de 75 000 € d'amende.

II. – En cas de condamnation, le tribunal peut interdire l'utilisation de l'installation. L'interdiction cesse de produire effet si une autorisation est délivrée ultérieurement dans les conditions prévues par le présent titre. L'exécution provisoire de l'interdiction peut être ordonnée.

III. – Le tribunal peut également exiger la remise en état des lieux dans un délai qu'il détermine.

IV. – Dans ce dernier cas, le tribunal peut :

1° Soit ajourner le prononcé de la peine et assortir l'injonction de remise en état des lieux d'une astreinte dont il fixe le taux et la durée maximum ; les dispositions de l'article L. 514-10 concernant l'ajournement du prononcé de la peine sont alors applicables ;

2° Soit ordonner que les travaux de remise en état des lieux seront exécutés d'office aux frais du condamné.

Article L. 514-10

I. – En cas de condamnation à une peine de police pour infraction aux arrêtés préfectoraux ou ministériels prévus par le présent titre ou par les règlements pris pour son application, le tribunal peut prononcer l'interdiction d'utiliser l'installation, jusqu'à ce que les dispositions auxquelles il a été contrevenu aient été respectées.

II. – Le tribunal peut ajourner le prononcé de la peine, en enjoignant au prévenu de respecter ces dispositions.

Il impartit un délai pour l'exécution des prescriptions visées par l'injonction. Il peut assortir l'injonction d'une astreinte dont il fixe le taux et la durée maximum pendant laquelle celle-ci est applicable.

L'ajournement ne peut intervenir qu'une fois ; il peut être ordonné même si le prévenu ne comparaît pas en personne. L'exécution provisoire de la décision d'ajournement avec injonction peut être ordonnée.

III. – À l'audience de renvoi, lorsque les prescriptions visées par l'injonction ont été exécutées dans le délai fixé, le tribunal peut soit dispenser le prévenu de peine, soit prononcer les peines prévues.

© Dunod – La photocopie non autorisée est un délit.

Lorsque les prescriptions ont été exécutées avec retard, le tribunal liquide l'astreinte si une telle mesure a été ordonnée et prononce les peines prévues.

Lorsqu'il y a inexécution des prescriptions, le tribunal liquide l'astreinte si une telle mesure a été ordonnée, prononce les peines et peut en outre ordonner que l'exécution de ces prescriptions sera poursuivie d'office aux frais du condamné.

La décision sur la peine intervient dans le délai fixé par le tribunal, compte tenu du délai imparti pour l'exécution des prescriptions.

IV. – Le taux de l'astreinte, tel qu'il a été fixé par la décision d'ajournement, ne peut être modifié.

Pour la liquidation de l'astreinte, la juridiction apprécie l'inexécution ou le retard dans l'exécution des prescriptions en tenant compte, s'il y a lieu, de la survenance des événements qui ne sont pas imputables au prévenu.

L'astreinte est recouvrée par le comptable du Trésor comme une amende pénale ; elle ne donne pas lieu à contrainte par corps.

Article L. 514-11

I. – Le fait d'exploiter une installation en infraction à une mesure de fermeture, de suppression ou de suspension prise en application des articles L. 514-1, L. 514-2 ou L. 514-7 ou à une mesure d'interdiction prononcée en vertu des articles L. 514-9 ou L. 514-10 est puni de deux ans d'emprisonnement et de 150 000 € d'amende.

II. – Le fait de poursuivre l'exploitation d'une installation classée sans se conformer à l'arrêté de mise en demeure d'avoir à respecter, au terme d'un délai fixé, les prescriptions techniques déterminées en application des articles L. 512-1, L. 512-3, L. 512-5, L. 512-7, L. 512-8, L. 512-9 ou L. 512-12 est puni de six mois d'emprisonnement et de 75 000 € d'amende.

Est puni des mêmes peines le fait de poursuivre l'exploitation d'une installation sans se conformer à un arrêté de mise en demeure pris en application de l'article L. 514-4 par le préfet sur avis du maire et de la commission départementale consultative compétente.

III. – Le fait de ne pas se conformer à l'arrêté de mise en demeure de prendre, dans un délai déterminé, les mesures de surveillance ou de remise en état d'une installation ou de son site prescrites en application des articles L. 512-3, L. 512-5, L. 512-7, L. 512-9, L. 512-12, L. 514-2, L. 514-4 ou L. 514-7 lorsque l'activité a cessé est puni de six mois d'emprisonnement et de 75 000 € d'amende.

Article L. 514-12

Le fait de mettre obstacle à l'exercice des fonctions des personnes chargées de l'inspection ou de l'expertise des installations classées est puni d'un an d'emprisonnement et de 15 000 € d'amende.

Article L. 514-13

Les infractions sont constatées par les procès-verbaux des officiers de police judiciaire et des inspecteurs des installations classées. Ces procès-verbaux sont dressés en double exemplaire dont l'un est adressé au préfet et l'autre au procureur de la République. Ils font foi jusqu'à preuve contraire.

Article L. 514-14

Le tribunal peut ordonner l'affichage ou la diffusion intégrale ou partielle de la décision prononcée dans les conditions prévues par l'article 131-35 du code pénal.

Article L. 514-15

Pendant la durée de l'interdiction d'utiliser l'installation prononcée en application de l'article L. 514-10, l'exploitant est tenu d'assurer à son personnel le paiement des salaires, indemnités et rémunérations de toute nature auxquels celui-ci avait droit jusqu'alors.

Article L. 514-16

Lorsque les personnes morales de droit public interviennent, matériellement ou financièrement, pour atténuer les dommages résultant d'un incident ou d'un accident causé par une installation mentionnée à l'article L. 511-2 ou pour éviter l'aggravation de ces dommages, elles ont droit au remboursement, par les personnes responsables de l'incident ou de l'accident, des frais qu'elles ont engagés, sans préjudice de l'indemnisation des autres dommages subis. À ce titre, elles peuvent se constituer partie civile devant les juridictions pénales saisies de poursuites consécutives à l'incident ou à l'accident.

Cette action s'exerce sans préjudice des droits ouverts par l'article L. 142-2 aux associations répondant aux conditions de cet article.

Article L. 514-17

Les pénalités prévues à la présente section sont applicables aux justiciables des juridictions militaires des forces armées conformément au code de justice militaire, et notamment en ses articles 165 et 171.

Article L. 514-18

I. – Les personnes morales peuvent être déclarées pénalement responsables dans les conditions prévues par l'article 121-2 du code pénal des infractions définies aux articles L. 514-9 et L. 514-11.

II. – Les peines encourues par les personnes morales sont :

1° L'amende, suivant les modalités prévues par l'article 131-38 du code pénal ;

2° Les peines mentionnées aux 2°, 3°, 4°, 5°, 6°, 8° et 9° de l'article 131-39 du même code.

III. – L'interdiction mentionnée au 2° de l'article 131-39 du code pénal porte sur l'activité dans l'exercice ou à l'occasion de l'exercice de laquelle l'infraction a été commise.

Article L. 514-19

Les autorisations sont accordées sous réserve des droits des tiers.

Article L. 514-20

Lorsqu'une installation soumise à autorisation a été exploitée sur un terrain, le vendeur de ce terrain est tenu d'en informer par écrit l'acheteur ; il l'informe également, pour autant qu'il les connaisse, des dangers ou inconvénients importants qui résultent de l'exploitation.

À défaut, l'acheteur a le choix de poursuivre la résolution de la vente ou de se faire restituer une partie du prix ; il peut aussi demander la remise en état du site aux frais du vendeur, lorsque le coût de cette remise en état ne paraît pas disproportionné par rapport au prix de vente.

Article L. 515-1

Les exploitations de carrières sont soumises à l'autorisation administrative prévue à l'article L. 512-1, à l'exception des carrières de marne ou d'arène granitique de dimension et de rendement faibles utilisées à ciel ouvert, sans but commercial, dans le champ même des exploitants

© Dunod – La photocopie non autorisée est un délit.

ou dans la carrière communale, soumises aux dispositions applicables aux installations relevant du régime de la déclaration figurant à la section 2 du chapitre II du présent titre.

L'autorisation administrative visée à l'alinéa précédent ne peut excéder trente ans.

Cette autorisation ne peut excéder quinze ans pour les terrains dont le défrichement est autorisé en application des articles L. 311-1 ou L. 312-1 du code forestier. Toutefois, lorsque l'exploitation de ces terrains est associée à une industrie transformatrice nécessitant des investissements lourds, la durée de l'autorisation d'exploiter peut être portée à trente ans, après avis conforme de la commission départementale des carrières.

L'autorisation est renouvelable dans les formes prévues à l'article L. 512-2.

Toute autorisation d'exploitation de carrières est soumise, dans les vignobles classés appellation d'origine contrôlée, vin délimité de qualité supérieure, et dans les aires de production de vins de pays, à l'avis du ministre chargé de l'agriculture, après avis de l'Institut national des appellations d'origine et de l'Office national interprofessionnel des vins.

Article L. 515-2

I. – La commission départementale des carrières est présidée par le préfet. Elle est composée à parts égales :

1° De représentants des administrations publiques concernées ;

2° De représentants élus des collectivités territoriales ;

3° De représentants des professions d'exploitant de carrières et d'utilisateurs de matériaux de carrières ;

4° De représentants des associations de protection de l'environnement et des professions agricoles.

II. – Le président du conseil général est membre de droit de la commission.

III. – La commission départementale des carrières examine les demandes d'autorisation d'exploitation de carrières prévues aux articles L. 512-1 et L. 512-2 et émet un avis motivé sur celles-ci.

IV. – Les maires des communes sur le territoire desquelles une exploitation de carrière est projetée sont, en outre, membres de droit de la commission lorsque celle-ci examine la demande d'autorisation de cette exploitation.

Article L. 515-3

Le schéma départemental des carrières définit les conditions générales d'implantation des carrières dans le département. Il prend en compte l'intérêt économique national, les ressources et les besoins en matériaux du département et des départements voisins, la protection des paysages, des sites et des milieux naturels sensibles, la nécessité d'une gestion équilibrée de l'espace, tout en favorisant une utilisation économe des matières premières. Il fixe les objectifs à atteindre en matière de remise en état et de réaménagement des sites.

Le schéma départemental des carrières est élaboré par la commission départementale des carrières après consultation du document de gestion de l'espace agricole et forestier visé à l'article L. 112-1 du code rural.

Il est approuvé, après avis du conseil général, par le préfet. Il est rendu public dans des conditions fixées par décret.

Les autorisations d'exploitation de carrières délivrées en application du présent titre doivent être compatibles avec ce schéma.

Article L. 515-4

Tout exploitant de carrière qui n'a pas satisfait aux obligations de remise en état d'une carrière autorisée au titre des articles L. 512-1 et L. 512-2 peut se voir refuser une nouvelle autorisation d'exploiter.

Article L. 515-5

Les exploitations de carrières existantes à la date du décret rangeant les carrières dans la nomenclature prévue à l'article L. 511-2 doivent être mises en conformité avec les obligations de garanties financières prévues à l'article L. 516-1, dans un délai de cinq ans à compter du 14 juin 1994.

Article L. 515-6

I. – Un décret en Conseil d'État détermine les conditions particulières d'application aux exploitations de carrières des dispositions des articles L. 512-1 et L. 512-2.

II. – Par dérogation aux dispositions de l'article L. 513-1, les carrières en situation régulière relativement aux dispositions des articles 106 (ancien), 109 et 109-1 du code minier peuvent continuer à être exploitées dans le respect des prescriptions qui leur étaient applicables antérieurement à l'inscription des carrières à la nomenclature des installations classées.

Les prescriptions visées à l'alinéa précédent sont, à compter de l'inscription des carrières à la nomenclature des installations classées, soumises aux conditions et sanctions du présent titre et de ses textes d'application et régies par les dispositions des articles L. 512-3 et L. 512-7.

Les demandes d'autorisation et de permis ou les déclarations présentées antérieurement à l'inscription des carrières à la nomenclature des installations classées sont instruites selon les dispositions applicables au titre du code minier. Les prescriptions imposées au terme de ces procédures sont régies par les dispositions du présent titre.

Article L. 515-7

Le stockage souterrain en couches géologiques profondes de produits dangereux, de quelque nature qu'ils soient, est soumis à autorisation administrative. Cette autorisation ne peut être accordée ou prolongée que pour une durée limitée et peut en conséquence prévoir les conditions de réversibilité du stockage. Les produits doivent être retirés à l'expiration de l'autorisation.

À l'issue d'une période de fonctionnement autorisé de vingt-cinq ans au moins, l'autorisation peut être prolongée pour une durée illimitée, sur la base d'un bilan écologique comprenant une étude d'impact et l'exposé des solutions alternatives au maintien du stockage et de leurs conséquences. Le renouvellement s'accompagne d'une nouvelle évaluation des garanties financières prévues à l'article L. 541-26 ou à l'article L. 552-1.

Pour les stockages souterrains de déchets ultimes, l'Agence de l'environnement et de la maîtrise de l'énergie peut conclure avec l'exploitant, avant l'octroi de l'autorisation visée au premier alinéa, une convention qui détermine les conditions techniques et financières de l'engagement et de la poursuite de l'exploitation, compte tenu de l'éventualité du refus de sa prolongation. Cette convention est soumise pour avis au représentant de l'État.

Les dispositions des deux alinéas précédents ne s'appliquent pas au stockage souterrain de déchets radioactifs.

Article L. 515-8

I. – Lorsqu'une demande d'autorisation concerne une installation classée à implanter sur un site nouveau et susceptible de créer, par danger d'explosion ou d'émanation de produits nocifs, des risques très importants pour la santé ou la sécurité des populations voisines et pour l'environ-

© Dunod – La photocopie non autorisée est un délit.

nement, des servitudes d'utilité publique peuvent être instituées concernant l'utilisation du sol ainsi que l'exécution de travaux soumis au permis de construire.

II. – Ces servitudes comportent, en tant que de besoin :

1° La limitation ou l'interdiction du droit d'implanter des constructions ou des ouvrages et d'aménager des terrains de camping ou de stationnement de caravanes ;

2° La subordination des autorisations de construire au respect de prescriptions techniques tendant à limiter le danger d'exposition aux explosions ou concernant l'isolation des bâtiments au regard des émanations toxiques ;

3° La limitation des effectifs employés dans les installations industrielles et commerciales qui seraient créées ultérieurement.

III. – Elles tiennent compte de la nature et de l'intensité des risques encourus et peuvent, dans un même périmètre, s'appliquer de façon modulée suivant les zones concernées. Elles ne peuvent contraindre à la démolition ou à l'abandon de constructions existantes édifiées en conformité avec les dispositions législatives et réglementaires en vigueur avant l'institution desdites servitudes.

IV. – Un décret en Conseil d'État, pris après avis du Conseil supérieur des installations classées, fixe la liste des catégories, et éventuellement les seuils de capacité, des installations dans le voisinage desquelles ces servitudes peuvent être instituées.

Article L. 515-9

L'institution de servitudes d'utilité publique est décidée à l'intérieur d'un périmètre délimité autour de l'installation soit à la requête du demandeur de l'autorisation ou du maire de la commune d'implantation, soit à l'initiative du préfet.

Un décret en Conseil d'État détermine les conditions de délimitation du périmètre, qui tiennent compte notamment des équipements de sécurité de l'installation et des caractéristiques du site.

Le projet définissant les servitudes et le périmètre est soumis à enquête publique, conformément aux dispositions des articles L. 123-1 à L. 123-16, et à l'avis des conseils municipaux des communes sur lesquelles s'étend le périmètre.

Les servitudes et leur périmètre sont arrêtés par l'autorité compétente pour la délivrance de l'autorisation de l'installation classée.

Article L. 515-10

Les servitudes sont annexées au plan d'occupation des sols de la commune dans les conditions prévues à l'article L. 126-1 du code de l'urbanisme.

Article L. 515-11

Lorsque l'institution des servitudes prévues à l'article L. 515-8 entraîne un préjudice direct, matériel et certain, elle ouvre droit à une indemnité au profit des propriétaires, des titulaires de droits réels ou de leurs ayants droit.

La demande d'indemnisation doit être adressée à l'exploitant de l'installation dans un délai de trois ans à dater de la notification de la décision instituant la servitude. À défaut d'accord amiable, l'indemnité est fixée par le juge de l'expropriation.

Le préjudice est estimé à la date de la décision de première instance. Toutefois, est seul pris en considération l'usage possible des immeubles et droits immobiliers un an avant l'ouverture de l'enquête publique prévue à l'article L. 515-9. La qualification éventuelle de terrain à bâtir est appréciée conformément aux dispositions de l'article L. 13-15 du code de l'expropriation pour cause d'utilité publique.

Le juge limite ou refuse l'indemnité si une acquisition de droits sur un terrain a, en raison de l'époque à laquelle elle a eu lieu ou de toute autre circonstance, été faite dans le but d'obtenir une indemnité.

Le paiement des indemnités est à la charge de l'exploitant de l'installation.

Article L. 515-12

Afin de protéger les intérêts mentionnés à l'article L. 511-1, les servitudes prévues aux articles L. 515-8 à L. 515-11 peuvent être instituées sur des terrains pollués par l'exploitation d'une installation ainsi que sur les sites de stockage de déchets ou d'anciennes carrières. Ces servitudes peuvent, en outre, comporter la limitation ou l'interdiction des modifications de l'état du sol ou du sous-sol et permettre la mise en œuvre des prescriptions relatives à la surveillance du site.

Dans le cas des installations de stockage des déchets, elles prennent effet après l'arrêt de la réception des déchets ou après la réalisation du réaménagement du site. Elles cessent d'avoir effet si les déchets sont retirés de la zone du stockage.

Article L. 515-13

I. – La mise en œuvre, dans certaines catégories d'installations classées, de substances, de produits, d'organismes ou de procédés de fabrication peut, pour l'application de directives communautaires relatives à la protection de l'environnement, être subordonnée à un agrément. Un décret en Conseil d'État fixe les conditions d'application du présent alinéa, et notamment les conditions de délivrance de l'agrément, ainsi que les délais dans lesquels il est accordé ou à l'expiration desquels il est réputé accordé.

II. – Ainsi qu'il est dit à l'article 90 II de la loi de finances rectificative pour 1992 (n° 92-1476 du 31 décembre 1992), toute demande de l'agrément mentionné au I au titre de l'utilisation confinée d'organismes génétiquement modifiés est assortie d'une taxe représentative des frais d'instruction et perçue au profit du budget général de l'État. Elle est exigible lors du dépôt du dossier. Son montant est fixé à 1 500 € par dossier. Il est réduit à 300 € lorsque la demande d'agrément concerne une utilisation confinée autre que la première.

Le recouvrement et le contentieux de la taxe instituée au précédent alinéa sont suivis par les comptables du Trésor public selon les modalités fixées aux articles 81 à 95 du décret n° 62-1587 du 29 décembre 1962 portant règlement général sur la comptabilité publique dans leur rédaction en vigueur à la date du 13 juillet 1992.

Article L. 515-14

Les décisions relatives aux installations d'élimination des déchets prises en application du présent titre doivent comporter les mesures prévues aux articles L. 541-25 et L. 541-26.

Article L. 516-1

La mise en activité, tant après l'autorisation initiale qu'après une autorisation de changement d'exploitant, des installations définies par décret en Conseil d'État présentant des risques importants de pollution ou d'accident, des carrières et des installations de stockage de déchets est subordonnée à la constitution de garanties financières.

Ces garanties sont destinées à assurer, suivant la nature des dangers ou inconvénients de chaque catégorie d'installations, la surveillance du site et le maintien en sécurité de l'installation, les interventions éventuelles en cas d'accident avant ou après la fermeture, et la remise en état après fermeture. Elles ne couvrent pas les indemnisations dues par l'exploitant aux tiers qui pourraient subir un préjudice par fait de pollution ou d'accident causé par l'installation.

© Dunod – La photocopie non autorisée est un délit.

Un décret en Conseil d'État détermine la nature des garanties et les règles de fixation de leur montant.
Sans préjudice de la procédure d'amende administrative prévue à l'article L. 541-26, les manquements aux obligations de garanties financières donnent lieu à l'application de la procédure de consignation prévue à l'article L. 514-1, indépendamment des poursuites pénales qui peuvent être exercées.

Article L. 517-1

En ce qui concerne les installations appartenant aux services et organismes dépendant de l'État qui sont inscrites sur une liste établie par décret, les pouvoirs attribués au préfet par le présent titre sont exercés soit par le ministre chargé des installations classées, soit par le ministre chargé de la défense pour les installations qui relèvent de son département.
Les dispositions des articles L. 515-8 à L. 515-11 ne sont pas applicables à celles de ces installations qui relèvent du ministre chargé de la défense.

Article L. 517-2

Les modalités d'application du présent titre sont fixées par décrets en Conseil d'État.

B. Décret n° 77-1133 du 21 septembre 1977

Décret n° 77-1133 du 21 septembre 1977 pris pour l'application de la loi n° 76-663 du 19 juillet 1976 relative aux installations classées pour la protection de l'environnement

(Journal officiel du 8 octobre 1977)

Le Premier ministre,
Sur le rapport du garde des sceaux, ministre de la justice, du ministre de l'intérieur, du ministre de la défense, du ministre de la culture et de l'environnement, du ministre délégué à l'économie et aux finances, du ministre de l'équipement et de l'aménagement du territoire, du ministre de l'agriculture, du ministre de l'industrie, du commerce et de l'artisanat, du ministre du travail et du ministre de la santé et de la sécurité sociale,
Vu la loi n° 76-663 du 19 juillet 1976 relative aux installations classées pour la protection de l'environnement ;
Vu la loi n° 61-842 du 2 août 1961 relative à la lutte contre les pollutions atmosphériques et les odeurs ;
Vu la loi n° 64-1245 du 16 décembre 1964 relative au régime et à la répartition des eaux et à la lutte contre leur pollution, et notamment ses articles 2 et 6 ;
Vu la loi n° 75-633 du 15 juillet 1975 relative à l'élimination des déchets et à la récupération des matériaux ;
Vu la loi n° 76-629 du 10 juillet 1976 relative à la protection de la nature, et notamment son article 2 ;
Vu le code pénal, et notamment son article R. 25 ;
Vu la loi du 30 mars 1928 modifiée relative au régime d'importation du pétrole ;
Vu le décret du 1er février 1925 instituant la commission interministérielle des dépôts d'hydrocarbures ;

Vu le décret n° 53-578 du 20 mai 1953 modifié portant règlement d'administration publique pour l'application des articles 5 et 7 de la loi du 19 décembre 1917 modifiée relative aux établissements dangereux, insalubres ou incommodes ;
Vu le décret n° 72-1240 du 29 décembre 1972 fixant les modalités de recouvrement de la redevance annuelle applicable à certains établissements classés comme dangereux, insalubres ou incommodes et le décret n° 75-1370 du 31 décembre 1975 fixant la liste des activités soumises à la perception de la redevance annuelle applicable à certains établissements classés comme dangereux, insalubres ou incommodes ;
Vu le décret n° 73-361 du 23 mars 1973 fixant les modalités de recouvrement de la taxe unique applicable aux établissements classés comme dangereux, insalubres ou incommodes ;
Le Conseil d'État (section des travaux publics) entendu,
Décrète :

Article 1er
(Décret n° 96-18 du 5 janvier 1996, art. 1er)

Le présent décret s'applique aux installations soumises à la loi du 19 juillet 1976, sous réserve des dispositions particulières prévues aux articles 27 et 28 de cette loi.

Titre Ier
Dispositions applicables aux installations soumises à autorisation

Article 2

Toute personne qui se propose de mettre en service une installation soumise à autorisation adresse une demande au préfet du département dans lequel cette installation doit être implantée.
Cette demande, remise en sept exemplaires, mentionne :
1° S'il s'agit d'une personne physique, ses nom, prénoms et domicile et, s'il s'agit d'une personne morale, sa dénomination ou sa raison sociale, sa forme juridique, l'adresse de son siège social ainsi que la qualité du signataire de la demande ;
2° L'emplacement sur lequel l'installation doit être réalisée ;
3° La nature et le volume des activités que le demandeur se propose d'exercer ainsi que la ou les rubriques de la nomenclature dans lesquelles l'installation doit être rangée. *(Décret n° 89-837 du 14 novembre 1989, art. 1er.)* « Lorsque le demandeur de l'autorisation requiert l'institution de servitudes d'utilité publique prévues à l'article 7-1 de la loi du 19 juillet 1976 modifiée pour une installation classée à implanter sur un site nouveau, il fait connaître le périmètre et les règles souhaités. »
4° Les procédés de fabrication que le demandeur mettra en œuvre, les matières qu'il utilisera, les produits qu'il fabriquera, de manière à apprécier les dangers ou les inconvénients de l'installation. Le cas échéant, le demandeur pourra adresser en exemplaire unique et sous pli séparé les informations dont la diffusion lui apparaîtrait de nature à entraîner la divulgation de secrets de fabrication.
5° *(Décret n° 94-484 du 9 juin 1994, art. 14.)* « Les capacités techniques et financières de l'exploitant ;
« 6° Lorsqu'elle porte sur une installation destinée à l'élimination des déchets, l'origine géographique prévue des déchets ainsi que la manière dont le projet est compatible avec la réalisation du ou des plans prévus aux articles 10, 10-1 et 10-2 de la loi du 15 juillet 1975 susvisés. »
Lorsque l'implantation d'une installation nécessite l'obtention d'un permis de construire, la demande d'autorisation devra être accompagnée ou complétée dans les dix jours suivant sa pré-

© Dunod – La photocopie non autorisée est un délit.

sentation par la justification du dépôt de la demande de permis de construire. L'octroi du permis de construire ne vaut pas l'autorisation au titre de la loi du 19 juillet 1976.

(Décret n° 2001-146 du 12 février 2001, art. 1er.) « Lorsque l'implantation d'une installation nécessite l'obtention d'une autorisation de défrichement, la demande d'autorisation doit être accompagnée ou complétée dans les dix jours suivant sa présentation par la justification du dépôt de la demande d'autorisation de défrichement. L'octroi de l'autorisation de défrichement ne vaut pas autorisation au sens de l'article L. 512-1 du code de l'environnement. »

(Décret n° 2004-832 du 19 août 2004, art. 14.) « Lorsque les installations relèvent des dispositions des articles L. 229-5 et L. 229-6 du code de l'environnement, la demande contient une description :

- des matières premières, combustibles et auxiliaires susceptibles d'émettre du dioxyde de carbone ;
- des différentes sources d'émissions de dioxyde de carbone de l'installation ;
- des mesures prévues pour quantifier et déclarer les émissions.

La demande comprend également un résumé non technique des informations mentionnées aux trois alinéas ci-dessus. »

Article 2-1
(Décret n° 94-484 du 9 juin 1994, art. 15)

Lorsque la demande d'autorisation porte sur une installation mentionnée à l'article 23-2, elle précise en outre les modalités des garanties financières exigées à l'article 4-2 de la loi du 19 juillet 1976 susvisée, notamment leur nature, leur montant et les délais de leur constitution.

Article 3

À chaque exemplaire de la demande d'autorisation doivent être jointes les pièces suivantes :

1° Une carte au 1/25 000 ou à défaut au 1/50 000 sur laquelle sera indiqué l'emplacement de l'installation projetée ;

2° Un plan à l'échelle de 1/2 500 au minimum des abords de l'installation jusqu'à une distance qui sera au moins égale au dixième du rayon d'affichage fixé dans la nomenclature des installations classées pour la rubrique dans laquelle l'installation doit être rangée, sans pouvoir être inférieure à 100 mètres. Sur ce plan seront indiqués tous bâtiments avec leur affectation, les voies de chemin de fer, les voies publiques, les points d'eau, canaux et cours d'eau ;

3° Un plan d'ensemble à l'échelle de 1/200 au minimum indiquant les dispositions projetées de l'installation ainsi que, jusqu'à 35 mètres au moins de celle-ci, l'affectation des constructions et terrains avoisinants ainsi que le tracé des égouts existants. Une échelle réduite peut, à la requête du demandeur, être admise par l'administration ;

4° *(Décret n° 94-484 du 9 juin 1994, art. 6.)* « L'étude d'impact prévue à l'article 2 de la loi du 10 juillet 1976 susvisée dont le contenu, par dérogation aux dispositions de l'article 2 du décret n° 77-1141 du 12 octobre 1977 pris pour l'application de l'article 2 de la loi du 10 juillet 1976 susvisée, est défini par les dispositions qui suivent.

« Le contenu de l'étude d'impact doit être en relation avec l'importance de l'installation projetée et avec ses incidences prévisibles sur l'environnement, au regard des intérêts visés par l'article 1er de la loi du 19 juillet 1976 susvisée et l'article 2 de la loi n° 92-3 du 3 janvier 1992 sur l'eau.

« L'étude d'impact présente successivement :

« a) Une analyse de l'état initial du site et de son environnement portant notamment sur les richesses naturelles et les espaces naturels agricoles, forestiers, maritimes ou de loisirs, ainsi que sur les biens matériels et le patrimoine culturel susceptibles d'être affectés par le projet ; »

« b) *(Décret n° 96-18 du 5 janvier 1996, art. 2-II.)* Une analyse des effets directs et indirects, temporaires et permanents de l'installation sur l'environnement et en particulier sur les sites et paysages, la faune et la flore, les milieux naturels et les équilibres biologiques, sur la commodité du voisinage (bruits, vibrations, odeurs, émissions lumineuses) ou sur l'agriculture, l'hygiène, *(Décret n° 2000-258 du 20 mars 2000, art. 1er-I)* « la santé, » la salubrité et la sécurité publiques, sur la protection des biens matériels et du patrimoine culturel ; cette analyse précise notamment, en tant que de besoin, l'origine, la nature et la gravité des pollutions de l'air, de l'eau et des sols, le volume et le caractère polluant des déchets, le niveau acoustique des appareils qui seront employés ainsi que les vibrations qu'ils peuvent provoquer, le mode et les conditions d'approvisionnement en eau et d'utilisation de l'eau ; »

« c) *(Décret n° 94-484 du 9 juin 1994, art. 6.)* Les raisons pour lesquelles, notamment du point de vue des préoccupations d'environnement, parmi les solutions envisagées, le projet présenté a été retenu ;

« d) Les mesures envisagées par le demandeur pour supprimer, limiter et si possible compenser les inconvénients de l'installation ainsi que l'estimation des dépenses correspondantes. *(Décret n° 2000-258 du 20 mars 2000, art. 1er-I.)* « Ces mesures font l'objet de descriptifs précisant les dispositions d'aménagement et d'exploitation prévues et leurs caractéristiques détaillées. Ces documents indiquent les performances attendues, notamment en ce qui concerne la protection des eaux souterraines, l'épuration et l'évacuation des eaux résiduelles et des émanations gazeuses, ainsi que leur surveillance, l'élimination des déchets et résidus de l'exploitation, les conditions d'apport à l'installation des matières destinées à y être traitées, du transport des produits fabriqués et de l'utilisation rationnelle de l'énergie » ;

« e) *(Décret n° 2000-258 du 20 mars 2000, art. 1er-III.)* « Les conditions de remise en état du site après exploitation » ;

« f) pour les installations appartenant aux catégories fixées par décret, une analyse des méthodes utilisées pour évaluer les effets de l'installation sur l'environnement mentionnant les difficultés éventuelles de nature technique ou scientifique rencontrées pour établir cette évaluation.

« Afin de faciliter la prise de connaissance par le public des informations contenues dans l'étude, celle-ci fera l'objet d'un résumé non technique ; »

5° *(Décret n° 94-484 du 9 juin 1994, art. 7.)* « L'étude de dangers prévue à l'article L. 512-1 du code de l'environnement. Elle justifie que le projet permet d'atteindre, dans des conditions économiquement acceptables, un niveau de risque aussi bas que possible, compte tenu de l'état des connaissances et des pratiques et de la vulnérabilité de l'environnement de l'installation.

« Cette étude précise notamment, compte tenu des moyens de secours publics portés à sa connaissance, la nature et l'organisation des moyens de secours privés dont le demandeur dispose ou dont il s'est assuré le concours en vue de combattre les effets d'un éventuel sinistre. Dans le cas des installations figurant sur la liste prévue à l'article 7-1 de la loi du 19 juillet 1976, le demandeur doit fournir les éléments indispensables pour l'élaboration par les autorités publiques d'un plan particulier d'intervention.

« L'étude comporte, notamment, un résumé non technique explicitant la probabilité, la cinétique et les zones d'effets des accidents potentiels, ainsi qu'une cartographie des zones de risques significatifs.

« Le ministre chargé des installations classées peut préciser les critères techniques et méthodologiques à prendre en compte pour l'établissement des études de dangers, par arrêté pris dans les formes prévues à l'article L. 512-5 du code de l'environnement. »

(Décret n° 2000-258 du 20 mars 2000, article 1er-IV.) « Pour certaines catégories d'installations impliquant l'utilisation, la fabrication ou le stockage de substances dangereuses, le ministre

© Dunod – La photocopie non autorisée est un délit.

chargé des installations classées peut préciser, par arrêté pris sur le fondement de l'article 7 de la loi du 19 juillet 1976, le contenu de l'étude de dangers portant notamment sur les mesures d'organisation et de gestion propres à réduire la probabilité et les effets d'un accident majeur.

« Le contenu de l'étude de dangers doit être en relation avec l'importance des risques engendrés par l'installation, compte tenu de son environnement et de la vulnérabilité des intérêts mentionnés aux articles L. 211-1 et L. 511-1 du code de l'environnement. »

(Décret n° 2000-258 du 20 mars 2000, art. 1er-V.) « Dans le cas des installations figurant sur la liste prévue à l'article 7-1 de la loi du 19 juillet 1976, l'étude de dangers est réexaminée et, si nécessaire, mise à jour au moins tous les cinq ans, sans préjudice de l'application des dispositions de l'article 18 du présent décret. L'étude de dangers mise à jour est transmise au préfet ; »

6° Une notice relative à la conformité de l'installation projetée avec les prescriptions législatives et réglementaires relatives à l'hygiène et à la sécurité du personnel.

Les études et documents prévus au présent article porteront sur l'ensemble des installations ou équipements exploités ou projetés par le demandeur qui, par leur proximité ou leur connexité avec l'installation soumise à autorisation, sont de nature à en modifier les dangers ou inconvénients.

(Décret n° 94-484 du 9 juin 1994, art. 8.) « Lorsque l'importance particulière des dangers ou inconvénients de l'installation le justifie, le préfet peut exiger la production, aux frais du demandeur, d'une analyse critique d'éléments du dossier justifiant des vérifications particulières, effectuée par un organisme extérieur expert choisi en accord avec l'administration.

« La décision du préfet d'imposer une analyse critique peut intervenir à tout moment de la procédure. Elle n'interrompt pas le délai de deux mois prévu à *(Décret n° 96-18 du 5 janvier 1996, art. 2-IV)* « l'article 5 » du présent décret. Lorsque l'analyse critique est produite avant la clôture de l'enquête publique, elle est jointe au dossier ; »

« 7° *(Décret n° 96-18 du 5 janvier 1996, art. 2-III.)* Pour les carrières et les installations de stockage de déchets, un document attestant que le demandeur est le propriétaire du terrain ou a obtenu de celui-ci le droit de l'exploiter ou de l'utiliser. »

« 8° *(Décret n° 2005-1170 du 13 septembre 2005, art. 3.)* Dans le cas d'une installation à implanter sur un site nouveau, l'avis du propriétaire, lorsqu'il n'est pas le demandeur, ainsi que celui du maire ou du président de l'établissement public de coopération intercommunale compétent en matière d'urbanisme, sur l'état dans lequel devra être remis le site lors de l'arrêt définitif de l'installation. »

Article 3-1
(Décret n° 2000-258 du 20 mars 2000, art. 2)

Toute personne qui se propose de mettre en service une installation classée soumise à autorisation peut demander au préfet du département dans lequel cette installation doit être implantée de lui préciser les informations à fournir dans l'étude d'impact. Les précisions apportées par le préfet n'empêchent pas celui-ci de faire compléter le dossier et ne préjugent pas la décision qui sera prise à l'issue de la procédure d'instruction.

Article 4

Un exemplaire du dossier fourni par le demandeur, y compris les informations communiquées sous pli séparé, est adressé par le préfet à l'inspection des installations classées.

Si le préfet estime que l'installation projetée n'est pas comprise dans la nomenclature des installations classées, il en avise l'intéressé. Lorsqu'il estime soit que la demande ou les pièces jointes sont irrégulières ou incomplètes, soit que l'installation est soumise à déclaration, le préfet invite le demandeur soit à régulariser ce dossier, soit à substituer une déclaration à la demande.

(Décret n° 2002-89 du 16 janvier 2002, art. 54 et décret n° 2004-490 du 3 juin 2004, art. 112.) « Le préfet saisit le préfet de région en application du 4° de l'article 8 du décret n° 2004-490 du 3 juin 2004 relatif aux procédures administratives et financières en matière d'archéologie préventive. »

Article 4 bis
(Décret n° 89-837 du 14 novembre 1989, art. 2)

Lorsqu'il constate qu'une installation classée, dont la demande d'autorisation lui est présentée, relève de la liste prévue à l'article 7-1 de la loi du 19 juillet 1976 modifiée, le préfet en informe le maire de la ou des communes d'implantation, ainsi que le demandeur. Le maire est avisé qu'il lui appartient, s'il le juge utile, de demander l'institution des servitudes mentionnées à l'article 7-1 de la loi du 19 juillet 1976 modifiée.

Article 5
(Décret n° 85-453 du 23 avril 1985, art. 40)

(Décret n° 94-484 du 9 juin 1994, art. 16.) « Lorsque le dossier est complet, le préfet communique dans les deux mois la demande au président du tribunal administratif en lui indiquant les dates qu'il se propose de retenir pour l'ouverture et la clôture de l'enquête. Il en informe simultanément le demandeur. »

Le président du tribunal administratif désigne sous quinzaine un commissaire enquêteur ou les membres, en nombre impair, d'une commission d'enquête parmi lesquels il choisit un président.

Un ou plusieurs suppléants peuvent être désignés dans les conditions prévues au présent article ; ils remplacent les titulaires en cas d'empêchement de ces derniers et exercent alors leurs fonctions jusqu'au terme de la procédure.

Lorsque le lieu d'implantation de l'installation relève du ressort de plusieurs tribunaux administratifs, la désignation du commissaire enquêteur ou des membres de la commission d'enquête est faite par décision conjointe des présidents des tribunaux concernés et l'enquête est organisée par arrêté conjoint des préfets des départements concernés conformément aux conditions mentionnées à l'article 42 du présent titre.

Dès réception de la désignation du commissaire enquêteur ou de la commission d'enquête, le préfet décide, par arrêté, de l'ouverture de l'enquête publique.

Le même arrêté précise :

1° L'objet et la date de l'enquête, dont la durée est d'un mois, sauf prorogation d'une durée maximum de quinze jours décidée par le commissaire enquêteur ou par la commission d'enquête ;

2° Les jours, ouvrables ou non, les heures et le lieu où le public pourra prendre connaissance du dossier et formuler ses observations sur un registre ouvert à cet effet et adresser toute correspondance ;

3° Le nom du ou des commissaires enquêteurs, les jours, ouvrables ou non, et les heures où un commissaire enquêteur devra être présent au lieu où le dossier peut être consulté. Ces périodes seront au minimum de trois heures par semaine pendant la durée de l'enquête ;

4° Le périmètre dans lequel il sera procédé à l'affichage de l'avis au public prévu à l'article 6. Ce périmètre comprend l'ensemble des communes concernées par les risques et inconvénients dont l'établissement peut être la source. Il correspond au minimum au rayon d'affichage fixé dans la nomenclature des installations classées pour la rubrique dans laquelle l'installation doit être rangée.

© Dunod – La photocopie non autorisée est un délit.

Lorsque des communes dont le territoire est touché par le périmètre défini ci-dessus sont situées dans un autre département, le préfet prend l'accord du préfet de ce département pour que ce dernier y fasse assurer la publication de l'avis.

À la requête du demandeur, ou de sa propre initiative, le préfet peut disjoindre du dossier soumis à l'enquête et aux consultations prévues ci-après les éléments de nature à entraîner notamment la divulgation de secrets de fabrication ou à faciliter des actes susceptibles de porter atteinte à la santé, la sécurité et la salubrité publiques.

Article 6
(Décret n° 85-453 du 23 avril 1985, art. 41)

Un avis au public est affiché aux frais du demandeur et par les soins du maire de chaque commune dont une partie du territoire est touchée par le périmètre prévu à l'article précédent. L'affichage a lieu à la mairie ainsi que dans le voisinage de l'installation projetée, quinze jours au moins avant l'ouverture de l'enquête publique, de manière à assurer une bonne information du public. L'accomplissement de cet affichage est certifié par le maire de chaque commune où il a lieu.

Cet avis, qui doit être publié en caractères apparents, précise la nature de l'installation projetée, l'emplacement sur lequel elle doit être réalisée, les dates de l'ouverture et de la clôture de l'enquête publique ; il indique le nom du ou des commissaires enquêteurs et fait connaître les jours et heures où ce dernier recevra les observations des intéressés ainsi que le lieu où il pourra être pris connaissance du dossier.

(Décret n° 89-837 du 14 novembre 1989, art. 3.) « Lorsque l'installation doit faire l'objet d'un plan particulier d'intervention en application de l'article 6 du décret n° 88-622 du 6 mai 1988, l'avis le mentionne. »

L'enquête est également annoncée, quinze jours au moins avant son ouverture, par les soins du préfet et aux frais du demandeur, dans deux journaux locaux ou régionaux diffusés dans le département ou les départements intéressés. Enfin, le préfet peut prescrire tous autres procédés de publicité si la nature et l'importance des risques ou inconvénients que le projet est susceptible de présenter le justifient.

Si le commissaire enquêteur ou la commission d'enquête décide la prolongation de l'enquête, cette prolongation doit être notifiée au préfet au plus tard huit jours avant la fin de l'enquête ; elle est portée à la connaissance du public au plus tard à la date prévue initialement pour la fin de l'enquête par un affichage réalisé dans les conditions de lieu prévues ci-dessus ainsi que, le cas échéant, par tout autre moyen approprié.

Article 6 bis
(Décret n° 85-453 du 23 avril 1985, art. 42)

I. – Lorsqu'il a l'intention de visiter les lieux concernés, à l'exception des lieux d'habitation, et à défaut d'avoir pu y procéder de son propre chef en liaison avec le demandeur, le commissaire enquêteur en informe le préfet en lui précisant la date et l'heure de la visite projetée, afin de permettre à celui-ci d'en avertir au moins quarante-huit heures à l'avance les propriétaires et les occupants.

Lorsque ceux-ci n'ont pu être prévenus, ou en cas d'opposition de leur part, le commissaire enquêteur ou la commission d'enquête en fait mention dans son rapport.

II. – S'il entend faire compléter le dossier par un document existant, le commissaire enquêteur en avise le demandeur.

Le document ainsi obtenu, ou le refus du demandeur, est versé au dossier tenu au siège de l'enquête.

III. – *(Décret n° 95-18 du 5 janvier 1996, art. 3.)* « Lorsqu'il estime que la nature de l'opération ou les conditions du déroulement de l'enquête publique rendent nécessaire l'organisation d'une réunion publique, le commissaire enquêteur ou le président de la commission d'enquête en avise l'exploitant en lui indiquant les modalités qu'il propose pour la tenue de cette réunion et en l'invitant à lui donner son avis sur ces modalités. Le commissaire enquêteur ou le président de la commission d'enquête arrête alors les modalités de déroulement de la réunion publique et en informe l'exploitant ainsi que l'inspecteur des installations classées. »

Une copie du rapport établi à l'issue de la réunion publique par le commissaire enquêteur est adressée à l'exploitant dans les trois jours ; l'exploitant dispose alors d'un délai de *(Décret n° 94-484 du 9 juin 1994, art. 7)* « douze jours » pour produire ses observations s'il le juge utile.

Article 7
(Décret n° 94-484 du 9 juin 1994, art. 10)

Le registre d'enquête, à feuillets non mobiles, est clos et signé par le commissaire enquêteur ou le président de la commission d'enquête.

Après la clôture de l'enquête, le commissaire enquêteur ou le président de la commission d'enquête convoque dans la huitaine le demandeur et lui communique sur place les observations écrites et orales, celles-ci consignées dans un procès-verbal, en l'invitant à produire, dans un délai de douze jours, un mémoire en réponse.

Le commissaire enquêteur ou le président de la commission d'enquête rédige d'une part un rapport dans lequel il relate le déroulement de l'enquête et examine les observations recueillies, d'autre part ses conclusions motivées, qui doivent figurer dans un document séparé et préciser si elles sont favorables ou non à la demande d'autorisation.

Il envoie le dossier au préfet dans les quinze jours à compter de la réponse du demandeur ou de l'expiration du délai imparti à ce dernier pour donner cette réponse.

Le préfet adresse, dès leur réception, copie du rapport et des conclusions au président du tribunal administratif, au demandeur et aux maires des communes comprises dans le périmètre de l'enquête publique.

Toute personne peut prendre connaissance à la préfecture et à la mairie de la commune d'implantation du mémoire en réponse du demandeur, du rapport et des conclusions motivées du commissaire enquêteur.

Article 7-1
(Décret n° 94-484 du 9 juin 1994, art. 10)

Pour les installations de stockage de déchets, l'étude d'impact est soumise pour avis avant l'octroi de l'autorisation d'exploiter, à la commission locale d'information et de surveillance intéressée, lorsqu'elle existe, ainsi qu'au conseil municipal de la commune d'implantation.

Article 8

Le conseil municipal de la commune où l'installation projetée doit être implantée et celui de chacune des communes dont le territoire est atteint par le rayon d'affichage sont appelés à donner leur avis sur la demande d'autorisation dès l'ouverture de l'enquête. Ne peuvent être prise en considération que les avis exprimés au plus tard dans les quinze jours suivant la clôture du registre d'enquête.

Article 9

Dès l'ouverture de l'enquête, le préfet communique, pour avis, un exemplaire de la demande d'autorisation aux services départementaux de l'équipement, de l'agriculture, de l'action sanitaire

© Dunod – La photocopie non autorisée est un délit.

et sociale *(Décret n° 94-484 du 9 juin 1994, art. 3)* « , de la sécurité civile, de la direction régionale de l'environnement » et, s'il y a lieu, aux services de l'inspection du travail, aux services chargés de la police des eaux, à l'architecte des Bâtiments de France *(Décret n° 95-18 du 5 janvier 1996, art. 4)* « , à l'Institut national des appellations d'origine dans les conditions prévues par l'article 9 de la loi du 19 juillet 1976 » et à tous autres services. À cette fin des exemplaires supplémentaires du dossier peuvent être réclamés au demandeur. Les services consultés doivent se prononcer dans le délai de quarante cinq jours, faute de quoi il est passé outre.

Article 9-1

(Décret n° 2000-258 du 20 mars 2000, art. 3)

Par dérogation aux dispositions de l'article 5 du décret n° 77-1141 du 12 octobre 1977, lorsque le périmètre défini au 4° du sixième alinéa de l'article 5 comprend une commune frontalière, le préfet, sitôt après avoir pris l'arrêté ouvrant l'enquête publique, transmet un exemplaire du dossier aux autorités de l'État voisin, en leur indiquant les délais de la procédure. Il en informe au préalable le ministre des affaires étrangères.

Il en va de même lorsque le projet est susceptible d'avoir des incidences notables dans un État voisin ou dans un autre État ou, le cas échéant, lorsque les autorités de cet État en font la demande.

Ne peuvent être pris en considération que les avis exprimés par les autorités compétentes de l'État concerné, reçus par le préfet avant expiration d'un délai de quinze jours suivant la clôture du registre de l'enquête publique.

Article 10

Au vu du dossier de l'enquête et des avis prévus par les articles précédents, qui lui sont adressés par le préfet, l'inspection des installations classées établit un rapport sur la demande d'autorisation et sur les résultats de l'enquête ; ce rapport est présenté au conseil départemental d'hygiène saisi par le préfet.

L'inspection des installations classées soumet également au conseil départemental d'hygiène ses propositions concernant soit le refus de la demande, soit les prescriptions envisagées.

Le demandeur a la faculté de se faire entendre par le conseil ou de désigner à cet effet un mandataire. Il doit être informé par le préfet au moins huit jours à l'avance de la date et du lieu de la réunion du conseil et reçoit simultanément un exemplaire des propositions de l'inspection des installations classées.

(Dernier alinéa abrogé par décret n° 96-18 du 5 janvier 1996, article 6.)

Article 11

Le projet d'arrêté statuant sur la demande est porté par le préfet à la connaissance du demandeur, auquel un délai de quinze jours est accordé pour présenter éventuellement ses observations par écrit au préfet, directement ou par mandataire.

Le préfet statue dans les trois mois du jour de réception par la préfecture du dossier de l'enquête transmis par le commissaire enquêteur (...) *(Membres de phrase supprimés par décret n° 86-1289 du 19 décembre 1986, art. 1er)*. En cas d'impossibilité de statuer dans ce délai, le préfet, par arrêté motivé, fixe un nouveau délai.

Article 12

Si plusieurs installations classées doivent être exploitées par le même exploitant sur le même site, une seule demande d'autorisation peut être présentée pour l'ensemble de ces installations. Il est procédé à une seule enquête et un seul arrêté peut statuer sur l'ensemble et fixer les prescriptions prévues à l'article 17.

Article 13

L'exploitation de l'installation avant l'intervention de l'arrêté préfectoral entraîne obligatoirement le rejet de la demande d'autorisation en cas d'avis défavorable du conseil départemental d'hygiène.

Article 14

Pour les établissements pétroliers dont la nature et l'importance seront définies par arrêté conjoint du ministre chargé des hydrocarbures et du ministre chargé des installations classées, l'autorisation prévue au titre de la législation des installations classées ne peut être délivrée qu'après avis du ministre chargé des hydrocarbures *(Décret n° 94-484 du 9 juin 1994, art. 19)* « en ce qui concerne la sécurité de l'approvisionnement pétrolier ».

À cet effet, le préfet transmet au ministère chargé des hydrocarbures, dès l'ouverture de l'enquête, les pièces du dossier lui permettant d'arrêter sa position. Le ministre chargé des hydrocarbures dispose d'un délai de trois mois pour exprimer son avis.

Article 15

(Décret n° 86-1289 du 19 décembre 1986, art. 2)

La liste des installations qui, en application de l'article 5 de la loi du 19 juillet 1976 susvisée, sont autorisées par le ministre chargé des installations classées est fixée dans la nomenclature des installations classées.

L'autorisation est délivrée après avis du conseil général.

Lorsque pour une de ces installations, en raison de sa localisation, le rayon d'affichage mentionné au 4° de l'article 5 s'étend à un département voisin ou à une région voisine, le conseil général de ce département, le conseil régional de la région dans laquelle l'installation doit être implantée ainsi que, le cas échéant, le conseil régional de la région voisine sont également consultés.

Article 16

(Décret n° 86-1289 du 19 décembre 1986, art. 3)

Les dispositions des articles 4 à 10 et 11, premier alinéa, sont applicables aux demandes concernant les installations mentionnées à l'article 15.

Dans le cas prévu au troisième alinéa de l'article 15, le préfet du département dans lequel l'installation doit être implantée saisit, avant l'ouverture de l'enquête, le ministre chargé des installations classées. Dans un délai de deux mois à compter de l'ouverture de l'enquête publique, le ministre avise le ou les préfets des départements autres que ceux où l'installation doit être implantée d'avoir à saisir, dans un délai d'un mois, respectivement le ou les conseils régionaux et le ou les conseils généraux intéressés.

Ne peuvent être pris en compte que les avis émis dans un délai de quatre mois.

Les résultats de l'enquête et des consultations sont transmis dans les huit jours au ministre chargé des installations classées par les préfets intéressés.

Dans un délai de trois mois à compter de leur réception le ministre, après consultation du Conseil supérieur des installations classées, statue par arrêté et fixe les prescriptions prévues à l'article 17. En cas d'impossibilité de statuer dans ce délai, le ministre fixe par arrêté motivé un nouveau délai.

Les arrêtés complémentaires postérieurs à cette autorisation sont pris par le préfet du département où est implantée l'installation dans les conditions prévues aux articles 18 et 20.

© Dunod – La photocopie non autorisée est un délit.

Article 17

L'arrêté d'autorisation et, le cas échéant, les arrêtés complémentaires fixent les prescriptions nécessaires à la protection des intérêts mentionnés aux articles L. 211-1, L. 220-1 et L. 511-1 du code de l'environnement.

Ces prescriptions tiennent compte, notamment, d'une part, de l'efficacité *(Décret n° 2005-1170 du 13 septembre 2005, art. 4-II.)* « des meilleures techniques disponibles » et de leur économie, d'autre part, de la qualité, de la vocation et de l'utilisation des milieux environnants *(Décret n° 96-18 du 5 janvier 1996, art. 7-I)* « ainsi que de la gestion équilibrée de la ressource en eau ».

Pour les installations soumises à des règles techniques fixées par un arrêté ministériel pris en application de l'article 7 de la loi du 19 juillet 1976, l'arrêté d'autorisation peut créer des modalités d'application particulières de ces règles.

(Décret n° 2000-258 du 20 mars 2000, art. 4-I.) « L'arrêté d'autorisation fixe, s'il y a lieu, les prescriptions de nature à réduire ou à prévenir les pollutions à longue distance ainsi que les pollutions transfrontières.

« Sans préjudice des articles 38 et 39 du présent décret, l'arrêté d'autorisation fixe les conditions d'exploitation de l'installation en période de démarrage, de dysfonctionnement ou d'arrêt momentané. »

L'arrêté d'autorisation fixe les moyens d'analyses et de mesures nécessaires au contrôle de l'installation et à la surveillance de ses effets sur l'environnement, ainsi que les conditions dans lesquelles les résultats de ces analyses et mesures *(Décret n° 87-279 du 16 avril 1987, art. 8)* « sont portés à la connaissance de l'inspection des installations classées et du service chargé de la police des eaux ».

(Décret n° 2004-832 du 19 août 2004, art. 14.) « Lorsque les installations relèvent des dispositions de l'article L. 229-5 du code de l'environnement, l'arrêté fixe les prescriptions en matière de déclaration et de quantification des émissions de gaz à effet de serre. »

(Décret n° 89-837 du 14 novembre 1989, art. 4.) « L'arrêté peut prévoir, après consultation des services départementaux d'incendie et de secours, l'obligation d'établir un plan d'opération interne en cas de sinistre. Le plan d'opération interne définit les mesures d'organisation, les méthodes d'intervention et les moyens nécessaires que l'exploitant doit mettre en œuvre pour protéger le personnel, les populations et l'environnement. »

(Décret n° 2000-258 du 20 mars 2000, art. 4-II) « Dans le cas des installations figurant sur la liste prévue à l'article 7-1 de la loi du 19 juillet 1976 susvisée, le plan d'opération interne est obligatoire et est établi avant la mise en service ; il est mis à jour et testé à des intervalles n'excédant pas trois ans.

« L'arrêté fixe également les mesures d'urgence qui incombent à l'exploitant sous le contrôle de l'autorité de police et les obligations de celui-ci en matière d'information et d'alerte des personnes susceptibles d'être affectées par un accident, quant aux dangers encourus, aux mesures de sécurité et au comportement à adopter. »

(Alinéa abrogé par décret n° 96-18 du 5 janvier 1996, art. 7-II.)

(Décret n° 2002-89 du 16 janvier 2002, art. 54 et décret n° 2004-490 du 3 juin 2004, art. 112.) « L'arrêté d'autorisation mentionne en outre que, dans le cas où des prescriptions archéologiques ont été édictées par le préfet de région en application du décret n° 2004-490 du 3 juin 2004 relatif aux procédures administratives et financières en matière d'archéologie préventive, la réalisation des travaux est subordonnée à l'accomplissement préalable de ces prescriptions. »

(Décret n° 2005-1170 du 13 septembre 2005, art. 4-III.) « Dans le cas d'une installation implantée sur un site nouveau, l'arrêté d'autorisation détermine également l'état dans lequel devra être remis le site lors de l'arrêt définitif de l'installation. »

Article 17-1

(Décret n° 94-484 du 9 juin 1994, art. 21)

Les autorisations relatives aux installations de stockage de déchets et aux carrières sont données pour une durée limitée et fixent le volume maximal de produits stockés ou extraits, ainsi que les conditions de remise en état du site.

(Décret n° 2002-89 du 16 janvier 2002, art. 54 et décret n° 2004-490 du 3 juin 2004, art. 112.) « Le cas échéant, la durée de validité de l'autorisation peut être prolongée à concurrence du délai d'exécution des prescriptions archéologiques édictées par le préfet de région en application du décret n° 2004-490 du 3 juin 2004 relatif aux procédures administratives et financières en matière d'archéologie préventive. »

Article 17-2

(Décret n° 2000-258 du 20 mars 2000, art. 5)

En vue de permettre au préfet de réexaminer et, si nécessaire, d'actualiser les conditions de l'autorisation, l'exploitant lui présente un bilan de fonctionnement de l'installation dont le contenu et la fréquence sont fixés par catégorie d'installations par arrêté du ministre chargé des installations classées.

Article 17-3

(Décret n° 2005-1170 du 13 septembre 2005, art. 5)

Sans préjudice de l'application des dispositions de l'article 17 du présent décret et de l'article 8 du décret n° 2004-832 du 19 août 2004 pris pour l'application des articles L. 229-5 à L. 229-19 du code de l'environnement et relatif au système d'échange de quotas d'émission de gaz à effet de serre, l'exploitant déclare chaque année les émissions polluantes de son installation et les déchets qu'elle produit. Les émissions, polluants et déchets à prendre en compte, les critères d'assujettissement des installations et les modalités de cette déclaration sont fixés par arrêté du ministre chargé des installations classées, pris dans les formes prévues à l'article L. 512-5 du code de l'environnement.

Article 18

(Décret n° 94-484 du 9 juin 1994, art. 21)

Des arrêtés complémentaires peuvent être pris sur proposition de l'inspection des installations classées et après avis du conseil départemental d'hygiène. Ils peuvent fixer toutes les prescriptions additionnelles que la protection des intérêts mentionnés à l'article 1er de la loi du 19 juillet 1976 susvisée rend nécessaires ou atténuer celles des prescriptions primitives dont le maintien n'est plus justifié. L'exploitant peut se faire entendre et présenter ses observations dans les conditions prévues à l'alinéa 3 de l'article 10 et au premier alinéa de l'article 11.

Les arrêtés prévus au précédent alinéa peuvent prescrire en particulier la fourniture des informations prévues aux articles 2 et 3 ci-dessus ou leur mise à jour. *(Dernière phrase supprimée par décret n° 96-18 du 5 janvier 1996, art. 8.)*

Article 19

Les prescriptions prévues aux articles 17 et 18 s'appliquent aux autres installations ou équipements exploités par le demandeur qui, mentionnés ou non à la nomenclature, sont de nature par leur proximité ou leur connexité avec une installation soumise à autorisation à modifier les dangers ou inconvénients de cette installation.

© Dunod – La photocopie non autorisée est un délit.

Article 20

Toute modification apportée par le demandeur à l'installation, à son mode d'utilisation ou à son voisinage, et de nature à entraîner un changement notable des éléments du dossier de demande d'autorisation, doit être portée avant sa réalisation à la connaissance du préfet avec tous les éléments d'appréciation.

Le préfet fixe, s'il y a lieu, des prescriptions complémentaires dans les formes prévues à l'article 18.

S'il estime, après avis de l'inspection des installations classées, que les modifications sont de nature à entraîner des dangers ou inconvénients mentionnés *(Décret n° 94-484 du 9 juin 1994, art. 5)* « à l'article 1er de la loi du 19 juillet 1976 susvisée et à l'article 2 de la loi n° 92-3 du 3 janvier 1992 sur l'eau », le préfet invite l'exploitant à déposer une nouvelle demande d'autorisation.

Tout transfert d'une installation soumise à autorisation sur un autre emplacement nécessite une nouvelle demande d'autorisation.

Les demandes visées aux deux alinéas précédents sont soumises aux mêmes formalités que les demandes d'autorisation primitives.

(Dernier alinéa abrogé par décret n° 96-18 du 5 janvier 1996, art. 9.)

Article 20-1

(Décret n° 2001-146 du 12 février 2001, art. 2)

Dans les installations d'élimination de déchets, pour une même catégorie de déchets, toute modification notable de leur origine géographique indiquée dans la demande d'autorisation ou, en l'absence d'indications dans celle-ci, constatée jusqu'alors, doit être portée avant sa réalisation à la connaissance du préfet avec tous les éléments d'appréciation.

Le préfet fixe, s'il y a lieu, des prescriptions complémentaires dans les formes prévues à l'article 18.

Article 21

En vue de l'information des tiers :

1° Une copie de l'arrêté d'autorisation *(Décret n° 2000-258 du 20 mars 2000, art. 6-I)* « ou de l'arrêté de refus » et, le cas échéant, des arrêtés complémentaires, est déposée à la mairie (à Paris, au commissariat de police) et peut y être consultée ;

2° Un extrait de ces arrêtés, énumérant notamment *(Décret n° 2000-258 du 20 mars 2000, art. 6-II)* « les motifs qui ont fondé la décision ainsi que » les prescriptions auxquelles l'installation est soumise, est affiché à la mairie (à Paris, au commissariat de police) pendant une durée minimum d'un mois ; procès-verbal de l'accomplissement de ces formalités est dressé par les soins du maire (à Paris, par ceux du commissaire de police).

Le même extrait est affiché en permanence de façon visible dans l'installation par les soins du bénéficiaire de l'autorisation.

Une ampliation de l'arrêté est adressée à chaque conseil municipal, général, ou régional ayant été consulté *(Décret n° 2000-258 du 20 mars 2000, art. 6-III)* « ainsi qu'aux autorités visées à l'article 9-1 du présent décret » ;

3° Un avis est inséré, par les soins du préfet et aux frais de l'exploitant, dans deux journaux locaux ou régionaux diffusés dans tout le département ou tous les départements intéressés.

À la demande de l'exploitant, certaines dispositions de l'arrêté peuvent être exclues de la publicité prévue par le présent article lorsqu'il pourrait en résulter la divulgation de secrets de fabrication.

Article 22

Le préfet peut, par arrêté pris dans les formes et soumis aux modalités de publication fixées ci-dessus, accorder, sur la demande de l'exploitant, une autorisation pour une durée limitée :

Lorsque des procédés nouveaux doivent être mis en œuvre dans l'installation ;

Ou lorsque sont à prévoir, au voisinage du terrain sur lequel l'installation doit être réalisée, des transformations touchant aux conditions d'habitation ou au mode d'utilisation des sols.

Le bénéficiaire d'une autorisation de durée limitée qui désire obtenir son renouvellement est tenu de déposer une nouvelle demande, qui est soumise aux mêmes formalités que la demande primitive.

Article 23

Dans le cas où l'installation n'est appelée à fonctionner que pendant une durée de moins d'un an, dans les délais incompatibles avec le déroulement de la procédure normale d'instruction, le préfet peut accorder, à la demande de l'exploitant et sur rapport de l'inspection des installations classées, une autorisation pour une durée de six mois renouvelable une fois, sans enquête publique et sans avoir procédé aux consultations prévues aux articles 8, 9 et 14 à 16.

L'arrêté préfectoral d'autorisation temporaire fixe les prescriptions prévues à l'article 17. Il est soumis aux modalités de publication fixées à l'article 21 ci-dessus.

Article 23-1

(Décret n° 2005-1170 du 13 septembre 2005, art. 6)

Le bénéficiaire de l'autorisation d'exploiter une installation mentionnée au II de l'article L. 514-6 du code de l'environnement adresse au préfet une déclaration de début d'exploitation, en trois exemplaires, dès qu'ont été mis en place les aménagements et équipements permettant la mise en service effective de l'installation, tels qu'ils ont été précisés par l'arrêté d'autorisation.

Dès réception de la déclaration de début d'exploitation, le préfet en transmet un exemplaire à l'inspection des installations classées et un autre au maire de la commune d'implantation de l'installation.

Dans les quinze jours qui suivent la réception de la déclaration, le préfet fait publier aux frais de l'exploitant, dans deux journaux locaux ou régionaux diffusés dans le ou les départements intéressés, un avis annonçant le dépôt de la déclaration de début d'exploitation.

Dès réception, un exemplaire de la déclaration de début d'exploitation est affiché à la mairie pendant un mois au moins. Procès-verbal de l'accomplissement de cette formalité est dressé par le maire.

Article 23-2

(Décret n° 94-484 du 9 juin 1994, art. 25)

Les installations dont la mise en activité est subordonnée à l'existence de garanties financières et dont le changement d'exploitant est soumis à autorisation préfectorale sont :

1° Les installations de stockage des déchets ;

2° Les carrières ;

3° Les installations figurant sur la liste prévue à l'article 7-1 de la loi du 19 juillet 1976 susvisée.

La demande d'autorisation de changement d'exploitant, à laquelle sont annexées les documents établissant les capacités techniques et financières du nouvel exploitant et la constitution de garanties financières est adressée au préfet. Elle est instruite dans les formes prévues à l'article 18.

La décision du préfet doit intervenir dans un délai de trois mois à compter de la réception de la demande.

© Dunod – La photocopie non autorisée est un délit.

Article 23-3
(Décret n° 94-484 du 9 juin 1994, art. 26)

Les garanties financières exigées à l'article 4-2 de la loi du 19 juillet 1976 susvisée résultent de l'engagement écrit d'un établissement de crédit, d'une entreprise d'assurance, ou également, en ce qui concerne les installations de stockage de déchets, d'un fonds de garantie géré par l'Agence de l'environnement et de la maîtrise de l'énergie.

L'arrêté d'autorisation fixe le montant des garanties financières exigées, ainsi que les modalités d'actualisation de ce montant.

(Décret n° 96-18 du 5 janvier 1996, art. 10-I.) « Dès la mise en activité de l'installation, l'exploitant transmet au préfet un document attestant la constitution des garanties financières. Ce document est établi selon un modèle défini par arrêté conjoint du ministre chargé de l'économie et du ministre chargé des installations classées. »

(Décret n° 96-18 du 5 janvier 1996, art. 10-II.) « Le montant des garanties financières est établi d'après les indications de l'exploitant et compte tenu du coût des opérations suivantes, telles qu'elles sont indiquées dans l'arrêté d'autorisation : »

1° Pour les installations de stockage de déchets :

a) Surveillance du site ;

b) Interventions en cas d'accident ou de pollution ;

c) Remise en état du site après exploitation ;

2° Pour les carrières : remise en état du site après exploitation ;

3° Pour les installations mentionnées au 3° de l'article 23-2 :

a) Surveillance et maintien en sécurité de l'installation *(Décret n° 96-18 du 5 janvier 1996, art. 10-III)* « en cas d'événement exceptionnel susceptible d'affecter l'environnement ; »

b) Interventions en cas d'accident ou de pollution ;

(Le c est supprimé par décret n° 96-18 du 5 janvier 1996, art. 10-IV.)

Les garanties financières doivent être renouvelées au moins trois mois avant leur échéance.

Article 23-4
(Décret n° 94-484 du 9 juin 1994, art. 26)

Le préfet met en œuvre les garanties financières soit en cas de non-exécution par l'exploitant des opérations mentionnées *(Décret n° 2000-258 du 20 mars 2000, art. 7)* « au quatrième alinéa de l'article 23-3 », après intervention des mesures prévues à l'article 23 de la loi du 19 juillet 1976 susvisée, soit en cas de disparition juridique de l'exploitant.

Article 23-5
(Décret n° 94-484 du 9 juin 1994, art. 26)

Le manquement à l'obligation de garantie est constaté par un procès-verbal établi par un inspecteur des installations classées ou un expert nommé par le ministre chargé des installations classées en application de l'article 23 de la loi du 19 juillet 1976 susvisée. Copie du procès-verbal est remise à l'exploitant de l'installation.

Ce dernier a accès au dossier et est mis à même de présenter ses observations écrites dans un délai d'un mois sur la sanction envisagée par le ministre. Il peut demander à être entendu. La décision du ministre, qui est motivée, est soumise à un contentieux de pleine juridiction.

Article 23-6

(Décret n° 94-484 du 9 juin 1994, art. 26)

Le montant des garanties financières peut être modifié par un arrêté complémentaire pris dans les formes prévues à l'article 18. L'arrêté complémentaire ne crée d'obligations qu'à la charge de l'exploitant, à qui il appartient de réviser contractuellement le montant des garanties financières dans un délai fixé par le préfet.

Lorsque le site a été remis en état totalement ou partiellement ou lorsque l'activité a été totalement ou partiellement arrêtée, le préfet détermine, dans les formes prévues à l'article 18, la date à laquelle peut être levée, en tout ou partie, l'obligation de garanties financières, en tenant compte des dangers ou inconvénients résiduels de l'installation. La décision du préfet ne peut intervenir qu'après consultation des maires des communes intéressées. Le préfet peut demander la réalisation, aux frais de l'exploitant, d'une évaluation critique par un tiers expert des éléments techniques justifiant la levée de l'obligation de garantie.

Article 23-7

(Décret n° 94-484 du 9 juin 1994, art. 26)

Les sanctions administratives prévues à l'article 23 de la loi du 19 juillet 1976 susvisée qui sont infligées à l'exploitant sont portées à la connaissance du garant par le préfet. Il en est de même de la décision du préfet constatant qu'il n'y a plus lieu de maintenir les garanties financières.

Article 23-8

(Abrogé par décret n° 2005-1170 du 13 septembre 2005, art. 7)

Article 24

L'arrêté d'autorisation cesse de produire effet lorsque l'installation classée n'a pas été mise en service dans le délai de trois ans ou n'a pas été exploitée durant deux années consécutives, sauf le cas de force majeure.

Titre Ier bis
Dispositions applicables aux installations susceptibles de donner lieu à servitudes d'utilité publique

Article 24-1

(Décret n° 2005-1170 du 13 septembre 2005, article 8-I)

Les dispositions du présent titre sont applicables dans le cas où l'installation donne lieu à l'institution des servitudes d'utilité publique prévues par les articles L. 515-8 et L. 515-12 du code de l'environnement.

Article 24-2

L'institution de ces servitudes à l'intérieur d'un périmètre délimité autour de l'installation peut être demandée, conjointement avec l'autorisation d'installation, par le demandeur de celle-ci.

Elle peut l'être également, au vu d'une demande d'autorisation d'installation, par le maire de la commune d'implantation ou à l'initiative du représentant de l'État dans le département.

Lorsqu'il est saisi par le demandeur de l'autorisation ou par le maire d'une requête tendant à l'institution de servitudes ou lorsqu'il en prend l'initiative lui-même, le préfet arrête le projet correspondant sur le rapport de l'inspection des installations classées et après consultation de la direction départementale de l'équipement et du service chargé de la sécurité civile.

© Dunod – La photocopie non autorisée est un délit.

Article 24-3

Ce projet indique quelles servitudes, parmi celles définies à l'article 7-1 de la loi du 19 juillet 1976 modifiée, sont susceptibles, dans un périmètre délimité autour de l'établissement et éventuellement de façon modulée suivant les zones concernées, de parer aux risques créés par l'installation.

Il doit être établi de manière notamment à prévenir les effets des événements suivants :

1° Surpression, projection ou rayonnement thermique dus à une explosion, un incendie, ou à toute autre cause accidentelle, ou rayonnement radioactif consécutif à un tel événement ;

2° Présence de gaz, fumées ou aérosols toxiques ou nocifs dus à une émanation, une explosion, un incendie ou à toute autre cause accidentelle ;

3° Retombées de substances toxiques ou radioactives ou risques de nuisances susceptibles de contaminer le milieu environnant, dus à une émanation, une explosion, un incendie ou à toute autre cause accidentelle.

L'appréciation de la nature et de l'intensité des dangers encourus tient compte des équipements et dispositifs de prévention et d'intervention, des installations de confinement, des mesures d'aménagement envisagées, au titre desquelles les servitudes d'utilité publique.

Le périmètre est étudié en considération des caractéristiques du site, notamment de la topographie, de l'hydrographie, du couvert végétal, des constructions et des voies existantes.

Le demandeur de l'autorisation et le maire ont, avant mise à l'enquête, communication du projet.

Article 24-4

L'enquête publique est régie par les dispositions des articles 5 à 7 et les précisions apportées par le présent article. Elle est, sauf exception justifiée par des circonstances particulières, confondue avec l'enquête ouverte sur la demande d'autorisation de l'installation classée.

Le dossier établi en vue de l'enquête publique, mentionné aux articles 2 et 3 du présent décret, est complété par :

- une notice de présentation ;
- un plan faisant ressortir le périmètre établi en application de l'article 24-2 ainsi que les aires afférentes à chaque catégorie de servitudes ;
- un plan parcellaire des terrains et bâtiments indiquant leur affectation ;
- l'énoncé des règles envisagées dans la totalité du périmètre ou dans certaines de ses parties.

Les frais de dossier sont à la charge de l'exploitant.

L'avis prévu à l'article 6, alinéa 2, mentionne le périmètre ainsi que les servitudes envisagées.

Les conseils municipaux des communes sur lesquelles s'étend le périmètre établi en application de l'article 24-2 sont appelés à donner leur avis dès l'ouverture de l'enquête.

Le maire de la commune d'implantation est consulté dans les mêmes conditions que le demandeur telles que précisées par le dernier alinéa de l'article 6 bis et par le deuxième alinéa de l'article 7 du présent décret. Il peut être pris connaissance du mémoire en réponse du maire dans les conditions du *(Décret n° 2000-258 du 20 mars 2000, art. 8)* « sixième alinéa de l'article 7 » du présent décret.

Article 24-5

Au vu du dossier de l'enquête et de l'avis du ou des conseils municipaux, l'inspection des installations classées, après consultation de la direction départementale de l'équipement, du service chargé de la sécurité civile et, le cas échéant, des autres services intéressés, établit un rapport sur les résultats de l'enquête et ses conclusions sur le projet.

Le rapport et ces conclusions sont soumis au conseil départemental d'hygiène. Le demandeur et le maire de la ou des communes d'implantation ont la faculté de se faire entendre par le conseil ou de désigner à cet effet un mandataire. Ils doivent être informés par le préfet, au moins huit jours à l'avance, de la date et du lieu de la réunion du conseil, et reçoivent simultanément un exemplaire du rapport et des conclusions de l'inspection des installations classées.

Article 24-6

(1er et 2e alinéas abrogés par décret n° 96-18 du 5 janvier 1996, art. 12.)

La décision autorisant l'installation ne peut intervenir qu'après qu'il a été statué sur le projet d'institution des servitudes.

Article 24-7

L'acte instituant les servitudes est notifié par le préfet aux maires concernés et au demandeur de l'autorisation.

Il est notifié, par le préfet, à chacun des propriétaires, des titulaires de droits réels ou de leurs ayants droit, au fur et à mesure qu'il sont connus.

L'acte fait l'objet, en vue de l'information des tiers, des mesures de publicité prévues à l'article 21 du présent décret.

Les frais afférents à cette publicité sont à la charge de l'exploitant de l'installation classée.

(Dernier alinéa abrogé par décret n° 96-18 du 5 janvier 1996, art. 13.)

Article 24-8
(Décret n° 94-484 du 9 juin 1994, art. 13)

(Décret n° 2005-1170 du 13 septembre 2005, art. 8-II.) « Dans les cas prévus à l'article L. 515-12 du code de l'environnement, des servitudes d'utilité publique peuvent être instituées par le préfet à la demande de l'exploitant ou du maire de la commune où sont situés les terrains, ou de sa propre initiative. »

Le dossier est instruit conformément aux dispositions des articles 24-2 à 24-7. Toutefois pour l'application de ces articles, les mots « demandeur de l'autorisation » sont remplacés par le mot « exploitant ».

Article 24-9
(Décret n° 2005-1170 du 13 septembre 2005, article 9)

Le rapport prévu à l'article L. 515-26 du code de l'environnement estime la probabilité d'occurrence et le coût des dommages matériels potentiels aux tiers, pour chacun des accidents identifiés dans l'étude de dangers comme pouvant présenter des effets graves sur les biens situés à l'extérieur de l'établissement. Cette estimation tient compte des mesures propres à réduire la probabilité et les effets de ces accidents. Le cas échéant et dans la limite des données disponibles, le rapport distingue les biens des particuliers, les biens professionnels privés, les biens des collectivités territoriales, de l'État et des établissements publics.

Sont exclues de l'estimation les atteintes aux personnes, les atteintes aux biens situés dans le périmètre de l'établissement et les atteintes aux biens vacants et sans maître. Le rapport explicite et justifie les paramètres retenus pour l'estimation et présente les résultats sous une forme agrégée. Le rapport est transmis au préfet ainsi qu'au président du comité local d'information et de concertation sur les risques, si ce dernier est constitué. Il est révisé et transmis dans les mêmes conditions, au plus tard six mois après chaque révision de l'étude de dangers.

© Dunod – La photocopie non autorisée est un délit.

Titre II
Dispositions applicables aux installations soumises à déclaration

Article 25

La déclaration relative à une installation doit être adressée, avant la mise en service de l'installation, au préfet du département dans lequel celle-ci doit être implantée.

La déclaration mentionne :

1° S'il s'agit d'une personne physique, ses noms, prénoms et domicile et, s'il s'agit d'une personne morale, sa dénomination ou sa raison sociale, sa forme juridique, l'adresse de son siège social ainsi que la qualité du signataire de la déclaration ;

2° L'emplacement sur lequel l'installation doit être réalisée ;

3° La nature et le volume des activités que le déclarant se propose d'exercer ainsi que la ou les rubriques de la nomenclature dans lesquelles l'installation doit être rangée.

Le déclarant doit produire un plan de situation du cadastre dans un rayon de 100 mètres et un plan d'ensemble à l'échelle de 1/200 au minimum, accompagné de légendes et au besoin de descriptions de l'installation et indiquant l'affectation, jusqu'à 35 mètres au moins de celle-ci, des constructions et terrains avoisinants ainsi que les points d'eau, canaux, cours d'eau et égouts. Le mode et les conditions d'utilisation, d'épuration et d'évacuation des eaux résiduaires et des émanations de toute nature ainsi que d'élimination des déchets et résidus de l'exploitation seront précisés. La déclaration mentionne en outre les dispositions prévues en cas de sinistre. L'échelle peut, avec l'accord du préfet, être réduite au 1/1 000.

La déclaration et les documents ci-dessus énumérés sont remis en triple exemplaire.

(Dernier alinéa abrogé par décret n° 94-484 du 9 juin 1994, art. 27.)

Article 26

Si le préfet estime que l'installation projetée n'est pas comprise dans la nomenclature des installations classées ou relève du régime de l'autorisation, il en avise l'intéressé.

Lorsqu'il estime que la déclaration est en la forme irrégulière ou incomplète, le préfet invite le déclarant à régulariser ou à compléter sa déclaration.

Article 27

Le préfet donne récépissé de la déclaration et communique au déclarant une copie des prescriptions générales applicables à l'installation.

Le maire de la commune où l'installation doit être exploitée (à Paris, le commissaire de police) reçoit une copie de cette déclaration et le texte des prescriptions générales. Une copie du récépissé est affichée pendant une durée minimum d'un mois à la mairie (à Paris, au commissariat de police) avec mention de la possibilité pour les tiers de consulter sur place le texte des prescriptions générales. Procès-verbal de l'accomplissement de cette formalité est dressé par les soins du maire (à Paris, par ceux du commissaire de police).

À la demande de l'exploitant, certaines dispositions peuvent être exclues de cette publicité lorsqu'il pourrait en résulter la divulgation de secrets de fabrication.

Article 28

Les conditions d'aménagement et d'exploitation doivent satisfaire aux prescriptions générales prévues *(Décret n° 94-484 du 9 juin 1994, art. 28)* « aux articles 3 et 10-1 » de la loi du 19 juillet 1976 ainsi, le cas échéant, qu'aux dispositions particulières fixées en application de l'article 30 ci-après.

Article 29

(Décret n° 96-18 du 5 janvier 1996, art. 14.) « Les prescriptions générales applicables aux installations soumises à déclaration font l'objet d'arrêtés préfectoraux pris en application de l'article 10 de la loi du 19 juillet 1976 susvisée après avis du conseil départemental d'hygiène. »

Une ampliation des arrêtés prévus à l'alinéa précédent est adressée à chacun des maires du département et un extrait en est publié dans deux journaux locaux ou régionaux diffusés dans tout le département.

Article 30

Si le déclarant veut obtenir la modification de certaines des prescriptions applicables à l'installation, il adresse une demande au préfet, qui statue par arrêté.

Les arrêtés pris en application de l'alinéa précédent ainsi que ceux qui sont prévus aux articles 10 (3e alinéa) et 11 de la loi du 19 juillet 1976 sont pris sur le rapport de l'inspection des installations classées et après avis du conseil départemental d'hygiène. Ils font l'objet des mesures de publicité prévues à l'article 27.

Le déclarant a la faculté de se faire entendre par le conseil ou de désigner à cet effet un mandataire. Il doit être informé au moins huit jours à l'avance de la date et du lieu de la réunion du conseil et reçoit simultanément un exemplaire des propositions de l'inspection des installations classées.

Le projet d'arrêté est porté par le préfet à la connaissance du déclarant, auquel un délai de quinze jours est accordé pour présenter éventuellement ses observations par écrit au préfet, directement ou par mandataire.

Article 31

Toute modification apportée par le déclarant à l'installation, à son mode d'exploitation ou à son voisinage, entraînant un changement notable des éléments du dossier de déclaration initiale doit être portée avant sa réalisation à la connaissance du préfet, qui peut exiger une nouvelle déclaration.

Tout transfert d'une installation soumise à déclaration sur un autre emplacement nécessite une nouvelle déclaration.

Les déclarations prévues aux alinéas précédents sont soumises aux mêmes formalités que les déclarations primitives.

Article 32

La déclaration cesse de produire effet lorsque l'installation n'a pas été mise en service dans le délai de trois ans ou lorsque l'exploitation a été interrompue pendant plus de deux années consécutives, sauf le cas de force majeure.

Titre III
Dispositions communes à toutes les installations classées

Article 33
(Décret n° 94-484 du 9 juin 1994, art. 29)

Le directeur régional de l'industrie, de la recherche et de l'environnement est chargé, sous l'autorité du préfet du département, de l'organisation de l'inspection des installations classées.

Les inspecteurs des installations classées sont des cadres techniques désignés par le préfet sur proposition du directeur régional de l'industrie, de la recherche et de l'environnement et relevant :

a) De la direction régionale de l'industrie, de la recherche et de l'environnement ;

© Dunod – La photocopie non autorisée est un délit.

b) Des *(Décret n° 2002-235 du 20 février 2002, art. 9)* « directions départementales des services vétérinaires » ;

c) De la direction départementale des affaires sanitaires et sociales.

Le préfet peut en outre désigner comme inspecteurs des installations classées, sur proposition du directeur régional de l'industrie, de la recherche et de l'environnement, des cadres techniques appartenant à d'autres services de l'État, à la condition qu'au sein de ces services ces agents ne soient pas affectés dans des structures où peuvent être effectuées des missions rémunérées directement ou indirectement par les propriétaires ou les exploitants d'installations classées.

À Paris et dans les départements des Hauts-de-Seine, de la Seine-Saint-Denis et du Val-de-Marne, les inspecteurs des installations classées peuvent être désignés parmi les cadres techniques du service des installations classées de la préfecture de police.

(Décret n° 2005-1170 du 13 septembre 2005, art. 10.) « En outre, le ministre chargé des installations classées peut désigner des inspecteurs des installations classées appelés à exercer leurs fonctions sur tout ou partie du territoire national. Ils sont choisis parmi les cadres techniques définis ci-dessus et les cadres techniques du ministère chargé des installations classées. Ils rendent compte de leur mission aux préfets de départements concernés. »

Les inspecteurs des installations classées qui sont également inspecteurs des installations nucléaires de base, sont désignés conjointement par le ministre chargé des installations classées et par le ministre chargé de la sûreté nucléaire, sur proposition du directeur de la sûreté des installations nucléaires. Ils sont choisis parmi les cadres techniques définis ci-dessus ou parmi les cadres techniques placés sous l'autorité du ministre chargé de la sûreté nucléaire. Outre leurs fonctions d'inspecteur des installations nucléaires de base, ils sont chargés de la surveillance, sur le territoire national, des installations classées situées à l'intérieur du périmètre des installations nucléaires de base.

Article 34
(Décret n° 94-484 du 9 juin 1994, art. 30)

Sauf dans le cas prévu à l'article 23-2, lorsqu'une installation classée change d'exploitant, le nouvel exploitant en fait la déclaration au préfet dans le mois qui suit la prise en charge de l'exploitation. Cette déclaration mentionne, s'il s'agit d'une personne physique, les nom, prénoms et domicile du nouvel exploitant et, s'il s'agit d'une personne morale, sa dénomination ou sa raison sociale, sa forme juridique, l'adresse de son siège social ainsi que la qualité du signataire de la déclaration. Il est délivré un récépissé sans frais de cette déclaration.

Article 34-1
(Décret n° 2005-1170 du 13 septembre 2005, art. 11)

I. – Lorsqu'une installation classée est mise à l'arrêt définitif, l'exploitant notifie au préfet la date de cet arrêt trois mois au moins avant celui-ci. Ce délai est porté à six mois dans le cas des installations visées à l'article 17-1. Il est donné récépissé sans frais de cette notification.

II. – La notification prévue au I indique les mesures prises ou prévues pour assurer, dès l'arrêt de l'exploitation, la mise en sécurité du site. Ces mesures comportent notamment :

– l'évacuation ou l'élimination des produits dangereux, et, pour les installations autres que les installations de stockage de déchets, celle des déchets présents sur le site ;
– des interdictions ou limitations d'accès au site ;
– la suppression des risques d'incendie et d'explosion ;
– la surveillance des effets de l'installation sur son environnement.

III. – En outre, l'exploitant doit placer le site de l'installation dans un état tel qu'il ne puisse porter atteinte aux intérêts mentionnés à l'article L. 511-1 et qu'il permette un usage futur du site déterminé selon les dispositions des articles 34-2 et 34-3.

Article 34-2

(Décret n° 2005-1170 du 13 septembre 2005, art. 12)

I. – Lorsqu'une installation classée est mise à l'arrêt définitif, que des terrains susceptibles d'être affectés à nouvel usage sont libérés et que l'état dans lequel doit être remis le site n'est pas déterminé par l'arrêté d'autorisation, le ou les types d'usage à considérer sont déterminés conformément aux dispositions du présent article.

II. – Au moment de la notification prévue au I de l'article 34-1, l'exploitant transmet au maire ou au président de l'établissement public de coopération intercommunale compétent en matière d'urbanisme et au propriétaire du terrain d'assiette de l'installation les plans du site et les études et rapports communiqués à l'administration sur la situation environnementale et sur les usages successifs du site, ainsi que ses propositions sur le type d'usage futur du site qu'il envisage de considérer. Il transmet dans le même temps au préfet une copie de ses propositions.

En l'absence d'observations des personnes consultées dans un délai de trois mois à compter de la réception des propositions de l'exploitant, leur avis est réputé favorable.

L'exploitant informe le préfet et les personnes consultées d'un accord ou d'un désaccord sur le ou les types d'usage futur du site.

III. – À défaut d'accord entre les personnes mentionnées au II et après expiration des délais prévus au IV et au V, l'usage retenu est un usage comparable à celui de la dernière période d'exploitation de l'installation mise à l'arrêt.

IV. – Dans les cas prévus au troisième alinéa de l'article L. 512-17 du code de l'environnement, le maire ou le président de l'établissement public de coopération intercommunale peuvent transmettre au préfet, à l'exploitant et au propriétaire du terrain, dans un délai de quatre mois à compter de la notification du désaccord visée au troisième alinéa du II, un mémoire sur une éventuelle incompatibilité manifeste de l'usage prévu au III avec l'usage futur de la zone tel qu'il résulte des documents d'urbanisme. Le mémoire comprend également une ou plusieurs propositions de types d'usage pour le site.

V. – Dans un délai de deux mois après réception du mémoire, ou de sa propre initiative dans un délai de deux mois à compter de la notification du désaccord prévue au troisième alinéa du II, et après avoir sollicité l'avis de l'exploitant et du propriétaire des terrains, le préfet se prononce sur l'éventuelle incompatibilité manifeste appréciée selon les critères mentionnés au troisième alinéa de l'article L. 512-17 du code de l'environnement. Il fixe le ou les types d'usage qui devront être pris en compte par l'exploitant pour déterminer les mesures de remise en état.

Article 34-3

(Décret n° 2005-1170 du 13 septembre 2005, art. 12)

I. – Lorsqu'une installation classée soumise à autorisation est mise à l'arrêt définitif, que l'arrêt libère des terrains susceptibles d'être affectés à nouvel usage et que le ou les types d'usage futur sont déterminés, après application le cas échéant des dispositions de l'article 34-2, l'exploitant transmet au préfet dans un délai fixé par ce dernier un mémoire précisant les mesures prises ou prévues pour assurer la protection des intérêts mentionnés à l'article L. 511-1 du code de l'environnement compte tenu du ou des types d'usage prévus pour le site de l'installation. Les mesures comportent notamment :

– les mesures de maîtrise des risques liés aux sols éventuellement nécessaires ;

© Dunod – La photocopie non autorisée est un délit.

– les mesures de maîtrise des risques liés aux eaux souterraines ou superficielles éventuellement polluées, selon leur usage actuel ou celui défini dans les documents de planification en vigueur ;
– en cas de besoin, la surveillance à exercer ;
– les limitations ou interdictions concernant l'aménagement ou l'utilisation du sol ou du sous-sol, accompagnées, le cas échéant, des dispositions proposées par l'exploitant pour mettre en œuvre des servitudes ou des restrictions d'usage.

II. – Au vu notamment du mémoire de réhabilitation, le préfet détermine, s'il y a lieu, par arrêté pris dans les formes prévues à l'article 18 ci-dessus, les travaux et les mesures de surveillance nécessaires. Ces prescriptions sont fixées compte tenu de l'usage retenu en tenant compte de l'efficacité des techniques de réhabilitation dans des conditions économiquement acceptables ainsi que du bilan des coûts et des avantages de la réhabilitation au regard des usages considérés.

III. – Lorsque les travaux prévus dans le mémoire ou prescrits par le préfet sont réalisés, l'exploitant en informe le préfet.

L'inspecteur des installations classées constate par procès-verbal la réalisation des travaux. Il transmet le procès-verbal au préfet qui en adresse un exemplaire à l'exploitant ainsi qu'au maire ou au président de l'établissement public de coopération intercommunale compétent en matière d'urbanisme et au propriétaire du terrain.

IV. – Un arrêté du ministre chargé des installations classées, pris dans les formes prévues à l'article L. 512-10 du code de l'environnement, fixe les conditions d'application du présent article aux installations soumises à déclaration.

Article 34-4
(Décret n° 2005-1170 du 13 septembre 2005, art. 12)

À tout moment, même après la remise en état du site, le préfet peut imposer à l'exploitant, par arrêté pris dans les formes prévues à l'article 18, les prescriptions nécessaires à la protection des intérêts mentionnés à l'article L. 511-1 du code de l'environnement.

En cas de modification ultérieure de l'usage du site, l'exploitant ne peut se voir imposer de mesures complémentaires induites par ce nouvel usage sauf s'il est lui-même à l'initiative de ce changement d'usage.

Article 34-5
(Décret n° 2005-1170 du 13 septembre 2005, art. 12)

Pour les installations ayant cessé leur activité avant le 1er octobre 2005, le préfet peut imposer à tout moment à l'exploitant, par arrêté pris dans les formes prévues à l'article 18, les prescriptions nécessaires à la protection des intérêts mentionnés à l'article L. 511-1 du code de l'environnement, en prenant en compte un usage du site comparable à celui de la dernière période d'exploitation de l'installation.

Article 34-6
(Décret n° 2005-1170 du 13 septembre 2005, art. 12)

En cas de désaccord entre les personnes mentionnées au II de l'article 34-2 pour la cessation d'activité d'installations inscrites sur la liste prévue à l'article L. 517-1 du code de l'environnement et qui relèvent du ministre de la défense, celui-ci sollicite, pour l'application des dispositions du V de l'article 34-2, l'avis du préfet sur le ou les usages futurs du terrain à considérer.

Article 35

(Décret n° 94-484 du 9 juin 1994, art. 32.) « Pour les installations existantes faisant l'objet des dispositions de l'article 16 de la loi du 19 juillet 1976, l'exploitant doit fournir au préfet les indications suivantes : »

1° S'il s'agit d'une personne physique, ses nom, prénoms et domicile ; s'il s'agit d'une personne morale, sa dénomination ou sa raison sociale, sa forme juridique et l'adresse de son siège social, ainsi que la qualité du signataire de la déclaration ;

2° L'emplacement de l'installation ;

3° La nature et le volume des activités exercées ainsi que la ou les rubriques de la nomenclature dans lesquelles l'installation doit être rangée.

Article 36

(Abrogé par décret n° 94-484 du 9 juin 1994, art. 33.)

Article 37

(Décret n° 94-484 du 9 juin 1994, art. 34.) « Dans le cas prévu à l'article 35, le préfet peut exiger le production des pièces mentionnées aux articles 3 ou 25 du présent décret. »

Le préfet peut prescrire, dans les conditions prévues aux articles 18 et 30 ci-dessus, les mesures propres à sauvegarder les intérêts mentionnés à l'article 1er de la loi du 19 juillet 1976.

Ces mesures ne peuvent entraîner de modifications importantes touchant le gros œuvre de l'installation ou des changements considérables dans son mode d'exploitation.

Les dispositions de l'alinéa précédent cessent d'être applicables si l'exploitation a été interrompue pendant deux années consécutives, sauf le cas de force majeure, ou si l'installation se trouve dans les cas prévus aux articles 20, 31 ou 39 du présent décret.

Article 38

L'exploitant d'une installation soumise à autorisation ou à déclaration est tenu à déclarer *(Décret n° 86-1289 du 19 décembre 1986, art. 5)* « dans les meilleurs délais » à l'inspection des installations classées les accidents ou incidents survenus du fait du fonctionnement de cette installation qui sont de nature à porter atteinte aux intérêts mentionnés à l'article 1er de la loi du 19 juillet 1976.

(Décret n° 2000-258 du 20 mars 2000, art. 9.) « Un rapport d'accident ou, sur demande de l'inspection des installations classées, un rapport d'incident est transmis par l'exploitant à l'inspection des installations classées. Il précise notamment les circonstances et les causes de l'accident ou de l'incident, les effets sur les personnes et l'environnement, les mesures prises ou envisagées pour éviter un accident ou un incident similaire et pour en pallier les effets à moyen ou à long terme. »

Article 39

Le préfet peut décider que la remise en service d'une installation momentanément hors d'usage par suite d'un incendie, d'une explosion ou de tout autre accident résultant de l'exploitation sera subordonnée, selon le cas, à une nouvelle autorisation ou à une nouvelle déclaration.

Article 40

(Décret n° 2001-146 du 12 février 2001, art. 3)

Le ministre chargé des Installations classées peut procéder, par arrêté, à l'agrément de laboratoires ou d'organismes en vue de la réalisation des analyses et contrôles qui peuvent être prescrits en application du présent décret et mis à la charge des exploitants.

© Dunod – La photocopie non autorisée est un délit.

Des arrêtés du ministre chargé des installations classées pris après avis du Conseil supérieur des installations classées fixent les conditions de délivrance de ces agréments.

Article 41

Lorsqu'une installation a fait l'objet d'une mesure de suppression, de fermeture ou de suspension, l'exploitant est tenu de prendre toutes dispositions nécessaires pour la surveillance de l'installation, la conservation des stocks, l'enlèvement des matières dangereuses, périssables ou gênantes ainsi que des animaux se trouvant dans l'installation.

À défaut pour l'exploitant de prendre les dispositions nécessaires, il pourra être fait application des procédures prévues à l'article 23 de la loi du 19 juillet 1976.

(Décret n° 80-813 du 15 octobre 1980, art. 8.) « En cas d'application de l'article 15 de la loi du 19 juillet 1976 à une installation publique ou privée travaillant pour les armées, le projet de décret prévu audit article est soumis pour avis au ministre de la défense, avant son examen par le Conseil supérieur des installations classées. »

Article 42

Lorsqu'une installation doit être implantée sur le territoire de plusieurs départements, la demande ou la déclaration prévue au présent décret est adressée aux préfets de ces départements, qui procèdent à l'instruction dans les conditions prévues au présent décret ; les décisions sont prises par arrêté conjoint de ces préfets, sauf dans le cas prévu à l'article 16.

Article 42-1
(Décret n° 96-18 du 5 janvier 1996, art. 15)

Dans le cas des carrières et de leurs installations annexes, la commission départementale des carrières est consultée, pour l'application du présent décret, aux lieu et place du conseil départementale d'hygiène.

Article 43

(Décret n° 86-1289 du 19 décembre 1986, art. 6.) « Sera puni de la peine d'amende prévue pour les contraventions de la 5e classe :

« 1° Quiconque aura exploité une installation soumise à déclaration sans avoir fait la déclaration prévue à l'article 3 de la loi du 19 juillet 1976 ;

« 2° Quiconque n'aura pas pris les mesures imposées en vertu de l'article 26 de la loi du 19 juillet 1976 sans qu'ait été pris, en raison de l'urgence, l'avis du maire ou de la commission départementale consultative compétente ;

(Décret n° 2005-1170 du 13 septembre 2005, art. 13) « 3° Quiconque aura exploité une installation soumise à autorisation sans satisfaire aux règles générales et prescriptions techniques prévues à l'article L. 512-5 du code de l'environnement et aux articles 17, 17-2, 17-3 et 18 du présent décret ; »

4° Quiconque aura exploité une installation soumise à déclaration sans satisfaire aux prescriptions générales ou particulières prévues aux articles 28, 29 et 30 du présent décret ;

5° Quiconque aura omis de procéder aux notifications prévues aux articles 20 (1er alinéa) et 31 (1er alinéa) du présent décret ;

6° *(Décret n° 94-484 du 9 juin 1994, art. 36.)* « Quiconque aura omis de faire la déclaration ou la notification prévue aux articles 34 et 34-1 du présent décret ; »

7° *(Décret n° 94-484 du 9 juin 1994, art. 37.)* « Quiconque, après cessation de l'exploitation d'une installation classée, n'aura pas respecté les prescriptions d'un arrêté préfectoral pris en application des articles 34-3, 34-4 ou 34-5 ; »

8° Quiconque aura omis de fournir les informations prévues *(Décret n° 96-18 du 5 janvier 1996, art. 16)* « à l'article 35 » du présent décret ;

9° Quiconque aura omis d'adresser la déclaration prévue à l'article 38 du présent décret ;

10° *(Décret n° 94-484 du 9 juin 1994, art. 38.)* « Quiconque aura mis en œuvre des substances, des produits, des organismes ou des procédés de fabrication soumis à agrément en vertu du quatrième alinéa de l'article 4 de la loi du 19 juillet 1976 susvisée sans avoir obtenu l'agrément ou sans avoir respecté les conditions prévues par cet agrément. »

(Décret n° 2000-258 du 20 mars 2000, art. 10.) « Les personnes morales peuvent être déclarées responsables pénalement, dans les conditions prévues par l'article 121-2 du code pénal, des infractions définies au présent article. Elles encourent la peine d'amende selon les modalités prévues à l'article 131-41 du même code. »

Titre III bis
Génétique
(Décret n° 94-484 du 9 juin 1994, art. 39)

Article 43-1
(Décret n° 94-484 du 9 juin 1994, art. 39)

I. – La mise en œuvre d'organismes génétiquement modifiés dans une installation figurant à la nomenclature des installations classées est soumise à agrément.

II. – Un arrêté du ministre chargé des établissements classés fixe la composition du dossier à fournir à l'appui de la demande.

L'agrément est délivré par l'autorité compétente pour délivrer l'autorisation ou donner récépissé.

Il ne peut être accordé que de manière expresse. Le délai maximum de délivrance de l'agrément, qui court à partir de la date de notification de l'accusé de réception que l'autorité compétente adresse à l'exploitant lorsque le dossier est complet, est de trois mois. Ce délai peut être prolongé par une décision motivée lorsque des consultations sont nécessaires.

Les délais prévus ci-dessus courent à partir de l'accusé de réception que le préfet adresse à l'exploitant lorsque le dossier est complet.

III. – La demande d'agrément pour la mise en œuvre d'organismes génétiquement modifiés dans une installation classée est transmise à la commission de génie génétique, notamment pour déterminer le classement des organismes mis en œuvre. Cet avis peut ne pas être demandé dans le cas des opérations relevant du ministre de la défense. L'autorité compétente dispose d'un délai de huit jours à compter de la date de l'accusé de réception du dossier complet pour transmettre la demande d'avis à la commission de génie génétique.

La commission dispose d'un délai de quarante-cinq jours pour formuler son avis. Si elle ne s'est pas prononcée dans ce délai, son avis est réputé favorable.

IV. – La commission de génie génétique est consultée par le ministre chargé des installations classées sur les règles générales applicables aux installations classées figurant à la rubrique 2680 de la nomenclature, fixées en application des articles 7 et 10-1 de la loi du 19 juillet 1976. Elle dispose d'un délai de deux mois pour formuler son avis. Si elle ne s'est pas prononcée dans ce délai, son avis est réputé favorable.

© Dunod – La photocopie non autorisée est un délit.

Titre III ter
Dispositions relatives aux installations soumises à agrément
(Décret n° 94-609 du 13 juillet 1994, art. 7)

Article 43-2
(Décret n° 94-609 du 13 juillet 1994, art. 7)

Lorsque l'installation est soumise à agrément en application de l'article 9 de la loi du 15 juillet 1975 précitée, cet agrément est délivré, suspendu ou retiré dans les conditions suivantes :

I. – *(Décret n° 97-503 du 21 mai 1997, art. 44-III-1.)* « L'agrément de l'exploitant d'une installation soumise à autorisation est délivré en même temps que celle-ci. L'arrêté précise la nature et l'origine des déchets qui peuvent être traités, les quantités maximales admises et les conditions de leur élimination. Il fixe, le cas échéant, des prescriptions particulières spécifiques à certaines catégories de déchets.

« L'exploitant d'une installation déjà autorisée est considéré comme agréé si l'arrêté d'autorisation comporte les indications mentionnées à l'alinéa précédent. Dans le cas contraire, l'agrément est accordé par arrêté complémentaire, pris en application de l'article 18 du présent décret.

« En cas de changement d'exploitant, le nouvel exploitant en informe le préfet dans le mois qui suit la prise en charge de l'exploitation. L'agrément est délivré dans les formes prévues par l'article 18 ci-dessus. »

II. – *(Décret n° 97-503 du 21 mai 1997, art. 44-III-2)* « L'exploitant d'une installation soumise à déclaration est réputé agréé » si la déclaration faite conformément aux dispositions de l'article 25 ci-dessus précise la nature des déchets à traiter, les quantités maximales et les conditions d'élimination. Dans le cas contraire, l'exploitant adresse au préfet une déclaration complémentaire.

Le préfet peut notifier à l'exploitant, dans les deux mois à compter de la réception de la déclaration, une décision motivée refusant l'agrément ou imposant des prescriptions spéciales, s'il constate que l'installation n'est pas à même de respecter les obligations imposées par le décret prévu au 1er alinéa de l'article 9 de la loi du 15 juillet 1975 précitée.

III. – L'agrément peut être suspendu ou retiré par arrêté motivé du préfet en cas de manquement de l'exploitant à ses obligations. L'intéressé doit recevoir une mise en demeure et avoir la possibilité d'être entendu. *(Décret n° 97-503 du 21 mai 1997, art. 44-III-3)* « Toutefois » le retrait ou la suspension est prononcé par le ministre chargé des Installations classées lorsque celui-ci est compétent en application du premier alinéa de l'article 5 de la loi n° 76-663 du 19 juillet 1976 relative aux installations classées pour la protection de l'environnement.

Titre IV
Dispositions transitoires

Article 44

À titre transitoire, la nomenclature des établissements dangereux, insalubres ou incommodes résultant du décret du 20 mai 1953 modifié constitue la nomenclature des installations classées pour la protection de l'environnement prévue à l'article 2 de la loi du 19 juillet 1976.

Pour l'application de l'alinéa précédent, les établissements dangereux, insalubres ou incommodes de 1re et 2e classe sont les installations soumises à autorisation et les établissements dangereux, insalubres ou incommodes de 3e classe sont les installations soumises à déclaration.

Le rayon d'affichage prévu aux articles 3, 6 et 8 du présent décret est celui qui figure à la nomenclature des établissements dangereux, insalubres ou incommodes ; à défaut, il est fixé à 500 mètres.

Article 45

Les dispositions du présent décret ne sont pas applicables aux demandes d'autorisation pour lesquelles une enquête a été ouverte antérieurement à la date d'entrée en vigueur du présent décret.

Titre V
Dispositions diverses

Article 46

Un arrêté conjoint du ministre chargé des installations classées, du ministre de l'intérieur et du ministre des finances fixe les conditions d'indemnisation du commissaire enquêteur.

Article 47

Les attributions conférées au préfet par la loi du 19 juillet 1976 et par le présent décret sont exercées à Paris par le préfet de police.

Article 48

L'article 2 du décret du 23 mars 1973 est modifié comme suit :

« Art. 2. – Le bénéfice des réductions de taux prévues pour les artisans et pour les autres entreprises… (le reste sans changement). »

Article 49
(Décret n° 87-279 du 16 avril 1987, art. 11)

Sont abrogées toutes dispositions contraires à celles du présent décret et en particulier les dispositions suivantes :

1° Le décret n° 64-303 du 1er avril 1964 ;

2° Le deuxième alinéa de l'article 6, les articles 12 et 31 du décret du 23 février 1973 susvisé.

Sont supprimés à l'article 7 du décret du 23 février 1973 susvisé les mots : « et, s'il y a lieu, celui du Conseil supérieur des établissements classés ».

Article 50

Modifié par décret n° 94-484 du 9 juin 1994, art. 1 (JORF 12 juin 1994).

Le garde des sceaux, ministre de la justice, le ministre de l'intérieur, le ministre de la défense, le ministre de la culture et de l'environnement, le ministre délégué à l'économie et aux finances, le ministre de l'équipement et de l'aménagement du territoire, le ministre de l'agriculture, le ministre de l'industrie, du commerce et de l'artisanat, le ministre du travail et le ministre de la santé et de la sécurité sociale sont chargés, chacun en ce qui le concerne, de l'exécution du présent décret, qui sera publié au *Journal officiel* de la République française.

C. Textes européens relatifs à la directive Seveso II

Les principaux textes des 15 États membres ayant transcrit ou élaboré des mesures conformes à la directive 96/82/CE du 9 décembre 1996 (directive Seveso II) concernant la maîtrise des dangers liés aux accidents majeurs impliquant des substances dangereuses parus au 1er janvier 2005 peuvent être consultés à l'adresse suivante :

http://europa.eu.int/eur-lex/lex/fr/index.htm

Faire une **recherche simple** par **numéro CELEX** : **71996L0082**

Les 10 nouveaux États membres n'ont pas encore pris des dispositions conformes à cette directive.

© Dunod – La photocopie non autorisée est un délit.

LISTE DES ABRÉVIATIONS

A :	installation classée à autorisation
ACMS :	Association interprofessionnelle des centres médicaux et sociaux de la région Île-de-France
ADNR :	règles relatives au transport fluvial des matières dangereuses
ADR :	règles relatives au transport routier de matières dangereuses
AFNOR :	Association française de normalisation
AMDEC :	analyse des modes de défaillance, de leurs effets et de leur criticité
APAVE :	association spécialisée dans la maîtrise des risques
AS :	installation classée à autorisation avec servitudes d'utilité publique
BIT :	Bureau international du travail à Genève
BLEVE :	explosion des vapeurs en expansion provenant d'un liquide en ébullition
BRTICP :	Bureau des risques technologiques et des industries chimiques et pétrolières
CCR :	Centre commun de recherche (européen) à Istra (Italie)
CDCIR :	Centre de documentation européen sur les risques industriels
CDH :	conseil départemental d'hygiène
CE :	marquage qualification européenne
CEN :	Comité européen de normalisation
CMD :	catastrophe à moyens dépassés
CNAMTS :	Caisse nationale de l'assurance maladie des travailleurs salariés
COAD :	centre opérationnel et d'aide à la décision
CODIS :	centre opérationnel départemental de l'incendie et de secours
COGIS :	centre opérationnel de gestion interministériel des secours
COTIF :	Convention de Berne sur les transports du 9 mai 1980
CPAM :	caisse primaire d'assurance maladie
CRAM :	caisse régionale d'assurance maladie
CTA :	centre de traitement de l'alerte
D :	installation classée à déclaration simple
DCCNa :	dichlorocyanurate de sodium
DDASS :	direction départementale des affaires sanitaires et sociales
DDE :	direction départementale de l'équipement
DDSC :	direction de la défense et de la sécurité civiles
DOS :	directeur des opérations de secours (plan Rouge)
DPPR :	direction de la prévention des pollutions et des risques (ministère de l'Écologie)
DRASS :	direction régionale des affaires sanitaires et sociales
DRE :	direction régionale de l'équipement

© Dunod – La photocopie non autorisée est un délit.

DRIRE : direction régionale de l'industrie, de la recherche et de l'environnement
DSM : directeur des secours médicaux
EEA : Agence européenne pour l'environnement
EINECS : inventaire européen des nouvelles substances commercialisées
EN : normes européennes
GIR : groupement d'intervention régional
GTT : groupes de travail techniques au MAHB européen
HAZOP : *hazard and operability*, méthode d'analyse de risques industriels
IATA : association internationale proposant des règles relatives au transport aérien
IMDG : règles relatives au transport maritime de matières dangereuses
INERIS : Institut national de l'environnement industriel et des risques
INRS : Institut national de recherche et de sécurité
ISO : normes internationales
LID : limite inférieure de détonation
LIE : limite inférieure d'explosibilité
LII : limite inférieure d'inflammabilité
LSD : limite supérieure de détonation
LSE : limite supérieure d'explosibilité
LSI : limite supérieure d'inflammabilité
MAHB : Bureau européen des risques d'accidents majeurs
MARS : statistiques européennes d'accidents majeurs
MIC : isocyanate de méthyle
NF : normes françaises de l'AFNOR
OACI : organisme international proposant des règles relatives au transport aérien
OIT : Organisation internationale du travail
ONU : Organisation des Nations unies
ORSEC : Organisation des secours après une catastrophe naturelle ou technologique
PCF : poste de commandement fixe (plan ORSEC)
PCO : poste de commandement opérationnel (plan ORSEC)
PPI : plan particulier d'intervention (plan d'urgence externe française)
PSS : plan de secours spécialisé
RAP : règlement d'administration publique (décrets au Conseil d'État)
RID : règles relatives au transport des matières dangereuses par chemin de fer
S : installation classée à autorisation avec servitudes d'utilité publique (ou AS)
SAMU : service d'aide médicale d'urgence
SMUR : service mobile d'urgence et de réanimation
SPP : sapeur-pompier professionnel
SPV : sapeur-pompier volontaire
TCDD : 2,3,7,8 tétrachloro-dibenzo-paradioxine
TGI : tribunal de grande instance
TMS : troubles musculo-squelettiques
UIISC : unité d'instruction et d'intervention de la sécurité civile
VLE : valeur limite d'exposition (concentrations de produits toxiques dans l'air)
VME : valeur moyenne d'exposition (concentrations de produits toxiques dans l'air)

BIBLIOGRAPHIE

Cette bibliographie propose seulement quelques références parmi les plus récentes, mise à part quelques ouvrages classiques plus anciens, donnant des informations complémentaires intéressantes pour le lecteur qui veut approfondir tel ou tel autre aspect. Ces ouvrages et documents proposent également une bibliographie en rapport direct avec les sujets traités.

L'abondance de la littérature sur les risques et les accidents industriels majeurs ne permet pas d'être exhaustif, cependant il est à signaler que l'INERIS publie une liste de références bibliographiques ainsi que de nombreux rapports d'étude touchant aux risques industriels majeurs ; ces documents peuvent être consultés sur Internet (www.ineris.fr) ou en contactant l'INERIS – Parc technologique Alata – BP 2 – 60550 Verneuil-en-Halatte.

Des documents intéressants peuvent être également obtenus auprès des deux organismes suivants :

- Ministère de l'Écologie et du Développement durable – 20 avenue de Ségur 75007 Paris
- INRS – 30 rue Olivier Noyer 75014 Paris – Tél. 01-40-44-30-00 – http://www.inrs.fr

Chapitre 1

PAILLEMAERTS et DEJEANT-PONSI, *Droits de l'homme et environnement*, Conseil de l'Europe, 2002.

Dossier d'information : La prévention des risques industriels, Ministère de l'Aménagement du territoire et de l'Environnement, nov. 2001.

BARNIER, *Atlas des risques majeurs*, Plon, 1992.

Problèmes politiques et sociaux : science, démocratie et risques majeurs, La Documentation Française, 1999.

MOUTON et CHABOUD, *La sécurité en entreprise*, Dunod, 2003.

Major hazard control, BIT, Genève, 1988.

SEILLAN, *L'obligation de sécurité du chef d'entreprise*, Dalloz, 1988.

Dictionnaire du développement durable, AFNOR, 2004.

FERONE, DEBOS *et al.*, *Ce que développement durable veut dire*, Eyrolles, 2003.

MALINGREY, *Introduction au droit de l'environnement*, Tech & Doc.

© Dunod – La photocopie non autorisée est un délit.

Chapitre 2

Le risque majeur industriel, Ministère de l'Industrie, Paris, 1986.
MARTINET, *Risques technologiques majeurs*, Cours, IUT de Lorient, 2002.
RAMADE, *Dictionnaire encyclopédique des pollutions*, Dunod, 2000.
BOUYSSOU, *Théorie générale du risque*, Economia, 1997.
SALAMITOU, *Management environnemental*, Dunod, 2004.
MARTEL, *Guide du risque chimique*, Dunod, 3e édition, 2002.
Sécurité dans l'utilisation des produits chimiques au travail, BIT, Genève, 1993.
MARGOSSIAN, *Guide pratique des risques professionnels*, Dunod, 2003.
LELEU, *Réactions chimiques dangereuses*, ED 697, INRS.
Produits dangereux : guide d'évaluation des risques, ED 1476, INRS.
WHITHERS, *Major industrial risks*, Gower Technical Press, Aldershot, 1988.
Main publications and communications in the field of accidental risks, INERIS DRA, 2005.
Toxic and hazardous industrial chemicals safety Manuel, International Technical Information Institute, Tokyo, 1981.

Chapitre 3

BRETHERICK, *Handbook of reactive chemical hazards*, Butterworths, Londres, 1985.
MUIR, *Hazards in the chemical laboratory*, The Chemical Society, Londres, 1977.
SAX, *Dangerous properties of industrial materials*, Reinhold, New York, 1968.
Fire hazard properties of flammable liquids, gases, volatile solids, Boston Fire Protection Association, 1969.
MARSHALL, *Major chemical hazards*, Ellis Horwood, UK, 1987.
A guide to hazard and operability studies, Chemical Industries Association, Londres, 1977.
CALZIA, *Les substances explosives et leurs nuisances*, Dunod, 1969.
HILADO, *Flammability handbook for plastics*, Technomics, Stamford, 1969.
RENOUX et BOULAND, *Les aérosols*, Tech & Doc.
CHAIGNEAU et LE MOAN, Étude de la pyrolyse des matériaux en matières plastiques, *Annales pharmaceutiques françaises*, 1969, 1970, 1973, 1976, etc.
Les mélanges explosifs, ED 335, INRS.
LEPRETTE, Le BLEVE : un résumé rapide, *Prévention sécurité*, n° 70, 2003.
Guide des méthodes d'évaluation des effets d'une explosion de gaz à l'air libre, INERIS DRA, 1999.
Développement d'une méthodologie d'évaluation des effets thermiques et toxiques des incendies d'entrepôts, INERIS DRA, 2000.

Chapitre 4

PATTY, *Industrial hygiene and toxicology*, John Wiley, New York.
ELKINS, *The chemistry of industrial toxicology*, John Wiley, New York.
Fiches toxicologiques, INRS.

Fiches de toxicologie, ACMS.
MELLOR, *A comprehensive treatise on inorganic and theoretical chemistry*, Longman, Londres, 1947.
LAWLESS-SMITH, *Inorganic high-energy oxydisers*, Marcel Dekker, New York, 1968.
Influence de la valeur des seuils d'effet sur les distances de sécurité à considérer lors de rejet de substances toxiques, INERIS DRA, 2001.
DANDRES, *Le chlore*, ED 231, INRS.
Les maladies professionnelles, ED 835, INRS.
FILLET et CANTACUZENE, *Dioxins and its analogs*, Tech & Doc.

Chapitre 5

Prévention des accidents industriels majeurs, BIT, Genève, 1991.
BAUCOMONT et GOUSSET, *Traité de droit des installations classées*, Tech & Doc.
Code de l'environnement.
Code du travail.
FERONE, D'ARCIMOLS *et al.*, *Le développement durable*, Eyrolles, 2001.
Guide d'application de la directive Seveso, secrétariat d'État chargé de l'environnement et de la prévention des risques technologiques, juin 1989.
Installations classées pour la protection de l'environnement, *Journaux officiels*, 2002.
Guide technique : application de la classification des substances et préparations dangereuses à la nomenclature des installations classées, INERIS DRA, 2004.
Le contentieux des installations classées, ministère de l'Écologie, Direction de la prévention des pollutions et des risques.

Chapitre 6

MONCHY, *Maintenance : méthodes et organisations*, Dunod, 2e édition, 2003.
J. HÈNG, *Pratique de la maintenance préventive*, Dunod, 2e édition, 2005.
CUSSLER et MOGGRIDGE, *Conception de produits chimiques*, Dunod, 2002.
Guide d'évaluation des risques, ED 840, INRS.
Formalisation du savoir et des outils dans le domaine des risques majeurs, INERIS DRA, 2003.
Guide méthodologique d'évaluation des dangers liés en la mise en œuvre de réactions chimiques, INERIS DRA, 2001.
Méthode d'analyse des risques et expertise : analyse des risques, ARAMIS, INERIS, 2004.
Étude bibliographique relative au développement de réactions chimiques non contrôlées, INERIS DRA, 2000
Conception des lieux de travail – Démarche, méthode et connaissances techniques, ED 718, INRS.
LAURENT, *Sécurité des procédés chimiques : connaissances de base et méthodes d'analyse des risques*, Tech & Doc, 2003.
High risk safety technology, IChemE, Rugby (UK), 1985.

© Dunod – La photocopie non autorisée est un délit.

D

E

F

© Dunod – La photocopie non autorisée est un délit.

S

T

U

V

© Dunod – La photocopie non autorisée est un délit.

W

49521 - (I) - (0,9) - CSB90° - ALL - VCT
Dépôt légal : Février 2006
Imprimerie CHIRAT - 42540 Saint-Just-la-Pendue
N° 8220

Imprimé en France